CB051335
Matemática
para Universidades
e Concursos
Análise Combinatória e Probabilidade

Antônio Nunes de Oliveira
Marcos Cirineu Aguiar Siqueira
Luiz Maggi

Matemática para Universidades e Concursos

Análise Combinatória e Probabilidade

Editores: José Roberto Marinho e Victor Pereira Marinho
Projeto gráfico e Diagramação: Horizon Soluções Editoriais
Capa: Horizon Soluções Editoriais

Texto em conformidade com as novas regras ortográficas do Acordo da Língua Portuguesa.

Dados Internacionais de Catalogação na Publicação (CIP)
(Câmara Brasileira do Livro, SP, Brasil)

Oliveira, Antônio Nunes de

Matemática para universidades e concursos: análise combinatória e probabilidade. / Antônio Nunes de Oliveira, Marcos Cirineu Aguiar Siqueira, Luiz Maggi. - São Paulo: LF Editorial, 2024.

Bibliografia
ISBN: 978-65-5563-466-2

1. Análise combinatória - Estudo e ensino
2. Concursos públicos - Guias de estudo 3. Matemática- Concursos públicos 4. Matemática - Estudo e ensino 5. Probabilidades - Estudo e ensino I. Siqueira, Marcos Cirineu Aguiar.
II. Maggi, Luiz. III. Título.

24-213918 CDD-510.76

Índices para catálogo sistemático:
1. Matemática: Concursos: Questões comentadas 510.76

Eliane de Freitas Leite - Bibliotecária - CRB 8/8415

ISBN: 978-65-5563-466-2

Impresso no Brasil | *Printed in Brazil*

LF Editorial
Fone: (11) 2648-6666 | Loja (IFUSP)
Fone: (11) 3936-3413 | Editora
www.livrariadafisica.com.br | www.lfeditorial.com.br

Conselho Editorial

MATEMÁTICA PARA UNIVERSIDADES E CONCURSOS

Análise Combinatória e Probabilidade

ANTÔNIO NUNES DE OLIVEIRA
Professor do Instituto Federal de Educação, Ciência e Tecnologia do Ceará, *Campus* Cedro
Graduado em Física, mestre em Ensino de Ciências e Matemática e Doutor em Engenharia de Processos

MARCOS CIRINEU AGUIAR SIQUEIRA
Professor do Instituto Federal de Educação, Ciência e Tecnologia do Ceará, *Campus* Maracanaú
Especialista em Pesquisa Científica

LUIZ MAGGI
Professor aposentado pela Pontifícia Universidade Católica de Minas Gerais
Mestre em Educação Matemática e Mestre em Educação

REVISÃO TÉCNICA:

Prof. Dr. Gladeston da Costa Leite (UECE-CCT)
Prof. Me. Diego Ponciano de Oliveira Lima (IFCE – *Campus* Maracanaú)
Prof. Dr. Antônio Marcos da Costa Silvano (IFCE – Campus Cedro)
Prof. Me. Antônio Edson (IFCE – Campus Cedro)

REVISÃO ORTOGRÁFICA E GRAMATICAL

Prof. Dr. Everton Alencar Maia (Professor Adjunto da UECE-FECLI)
Profª. Antônia Batista de Melo (Mestranda em Linguística pela Universidade de Taubaté, professora do Liceu de Iguatu-Ce e da Escola Modelo de Iguatu)

A todos os que ensinam com zelo e dedicação os valiosos conhecimentos por si adquiridos e que buscam, na Educação, uma forma de transformar a sociedade tornando-a mais justa e igualitária.

PREFÁCIO

Bem-vindo ao fascinante mundo da Análise Combinatória e Probabilidade, uma temática que desvenda os segredos da contagem e dá chance de algo acontecer, fornecendo as chaves para desafios matemáticos e problemas lógicos. Este livro é um guia essencial para aqueles que buscam não apenas compreender, mas também dominar as inúmeras técnicas dessa área fundamental no contexto de concursos.

A Análise Combinatória é uma peça fundamental no quebra-cabeça da matemática, sendo uma habilidade essencial para enfrentar os desafios dos concursos, onde a eficiência e a precisão são cruciais para um bom desempenho. Além disso, torna-se uma ferramenta indispensável para o estudo da probabilidade, um tema bem abordado nos certames realizados pelo país. Este livro foi elaborado com propósito de simplificar conceitos aparentemente complexos, conduzindo o leitor por meio de abordagens claras e exemplos práticos.

Ao longo do texto, exploraremos desde os princípios básicos da contagem até técnicas avançadas, proporcionando uma jornada progressiva que permitirá ao leitor desenvolver suas habilidades em Análise Combinatória e Probabilidade de forma sólida e confiante. Cada capítulo é estruturado para apresentar conceitos de maneira intuitiva, mas sem esquecer a definição formal, seguidos por exercícios graduados que desafiam o leitor a aplicar o conhecimento recém-adquirido.

Os autores prepararam este material, assim como em outras obras escritas por eles, com compromisso de oferecer uma abordagem acessível e amigável, permitindo que estudantes de diferentes níveis de habilidade possam progredir de maneira consistente e tornando a prática agradável. Encorajamos o leitor a mergulhar neste livro com entusiasmo, explorando os conceitos apresentados e aplicando os ensinamentos em problemas de seu cotidiano.

Apesar de seu foco na preparação para concursos, este material pode sem dúvida ser referência para um estudo curricular no ensino superior regular de qualquer universidade do Brasil.

Que este compêndio seja um valioso companheiro em sua jornada de preparação, não somente para concursos, capacitando-os a enfrentar os desafios matemáticos com confiança e habilidade. Boa leitura e sucesso em seus estudos!

Prof. Dr. Gladeston da Costa Leite

APRESENTAÇÃO

Após concluir minha graduação em Física em 2008, na Universidade Estadual do Ceará, Faculdade de Educação, Ciências e Letras de Iguatu (UECE/FECLI), comecei um longo período de preparação para aprovação em concursos públicos federais o qual findou no final de 2013, quando passei em três concursos públicos federais: Instituto Federal de Educação, Ciência e Tecnologia do Pará (IFPA), Campus Rural de Marabá, tendo sido aprovado em primeiro lugar (em um concurso de uma única vaga); Instituto Federal de Educação, Ciência e Tecnologia do Piauí (IFPI) Campus Picos, também aprovado em primeiro lugar (em um concurso de três vagas), e Instituto Federal de Educação Ciências e Tecnologia do Ceará (IFCE), com aprovação em segundo lugar (de longe o concurso com maior oferta de vagas de que participei, 11 vagas). A falta de livros direcionados às pessoas que estão se preparando para os exames e concursos públicos me motivou a pensar na elaboração da coleção *Física para Universidades e Concursos* e, posteriormente, na coleção *Matemática Para Universidades e Concursos.* Este volume é dedicado a tratar da Análise Combinatória e Probabilidade, sendo fruto do trabalho colaborativo meu, do Professor Marcos Cirineu e do professor Luiz Maggi. Para conclusão contamos com valiosas sugestões dos revisores, aos quais somos imensamente gratos. Aqui você encontrará uma vasta quantidade de questões específicas para aplicar seus conhecimentos, relacioná-los e ampliá-los à medida em que se prepara para as provas da graduação, para aprovação em concursos públicos para professor do seu estado ou município, do ensino básico, técnico e tecnológico dos Institutos Federais de Educação, de universidades cujos concursos seguem essa linha, ingressar em pós-graduações etc.

Antônio Nunes de Oliveira

Suas sugestões para o aprimoramento desta obra serão muito bem-vindas e podem ser enviadas para o e-mail prof.nunesviera@gmail.com.

Visite o nosso canal no YouTube: MATEMÁTICA PARA UNIVERSIDADES E CONCURSOS. Lá você encontrará soluções de questões do ENADE, concursos públicos e exames de pós-graduação.

ABREVIATURAS E SIGLAS

INSTITUTO AOCP	Associação civil sem fins econômicos, de caráter organizacional, filantrópico, assistencial, promocional, recreativo e educacional, sem cunho político ou partidário.
COMPERVE UFRN	Comissão Permanente do Vestibular da Universidade Federal do Rio Grande do Norte
COPEMA IFAL	Comissão Permanente de Magistério do Instituto Federal de Alagoas
CSEP IFPI	Comissão de Seleção de Pessoal do Instituto Federal do Piauí
FADESP	Fundação de Amparo e Desenvolvimento da Pesquisa
FCM	Fundação de Apoio à Educação e Desenvolvimento Tecnológico de Minas Gerais - Fundação CEFETMINAS
FUNRIO	Fundação de Apoio a Pesquisa, Ensino e Assistência à Escola de Medicina e Cirurgia do Rio de Janeiro e ao Hospital Universitário Gaffrée e Guinle, da Universidade Federal do Estado do Rio de Janeiro
IFAC	Instituto Federal de Educação, Ciência e Tecnologia do Acre
IFAL	Instituto Federal de Educação, Ciência e Tecnologia de Alagoas
IFB	Instituto Federal de Educação, Ciência e Tecnologia de Brasília
IF SUDESTE MG	Instituto Federal de Educação, Ciência e Tecnologia do Sudeste de Minas Gerais
IFMT	Instituto Federal de Educação, Ciência e Tecnologia do Mato Grosso
IFNMG	Instituto Federal de Educação, Ciência e Tecnologia do Norte de Minas Gerais
IFPA	Instituto Federal de Educação, Ciência e Tecnologia do Pará
IFPI	Instituto Federal de Educação, Ciência e Tecnologia do Piauí
IFRN	Instituto Federal de Educação, Ciência e Tecnologia do Rio Grande do Norte
IFRS	Instituto Federal de Educação, Ciência e Tecnologia do Rio Grande do Sul
IFSul	Instituto Federal de Educação, Ciência e Tecnologia Sul-rio-grandense
UFMT	Universidade Federal do Mato Grosso

SUMÁRIO

1. Análise Combinatória

OBJETIVOS DE APRENDIZAGEM:

Após estudar este capítulo, você deverá ser capaz de:

- Definir o objeto de estudo da Análise Combinatória;
- Enunciar e aplicar o Princípio Fundamental da Contagem;
- Definir diagrama de árvore e aplicá-lo na ilustração e na resolução de problemas de combinatória;
- Apresentar a definição de fatorial e aplicá-la nas resoluções de questões;
- Identificar os diversos tipos de combinatória e modelar situações básicas que envolvem contagem;
- Resolver as principais questões relacionadas ao assunto que foram cobradas no Enade, em concursos públicos e em exames de pós-graduação nas últimas décadas.

1.1 Introdução

A Análise Combinatória é a parte da Matemática que se ocupa com o estudo dos problemas de contagem, normalmente expressos como arranjos, como permutações ou como combinações. De maneira mais generalista, Morgado, Carvalho e Fernandez (1991, p. 2), afirmam que *"a Análise Combinatória é a parte da Matemática que analisa estruturas e relações discretas"*.

Ao longo deste capítulo, você irá desenvolver e aperfeiçoar sua habilidade de contar, colocando em prática os princípios básicos da contagem que lhe serão apresentados.

1.2 Diagrama de árvore

Um diagrama de árvore consiste em uma ferramenta visual comumente usada para representar dados hierárquicos com estrutura assemelhada a uma árvore. Em um diagrama de árvore, os dados são organizados por meio de um conjunto de nós conectados por linhas que dão a ideia de ramos de uma árvore, também chamadas de arestas. O primeiro nó é chamado de 'nó raiz', e os nós subsequentes são chamados de 'nós filhos' ou 'nós folhas', dependendo de sua posição da árvore. Os nós filhos podem se ramificar formando uma estrutura hierárquica.

Historicamente falando, o conceito didático de diagrama de árvore deu origem a um objeto bem mais geral e que tem sido muito estudado na Análise Combinatória moderna, o grafo.[1], definido como um par de conjuntos de vértices e arestas, $\Gamma(V, A)$. Do ponto de vista prático, a teoria dos grafos costuma ser utilizada somente em circunstâncias cuja dificuldade resolutiva exige heurísticas muito bem formalizadas e, portanto, um rigor matemático elevado. De um modo geral, em concursos públicos, os diagramas de árvore, construídos de forma intuitiva e associados diretamente a uma expressão combinatória, costumam ser suficientes para resolver as questões propostas.

Como forma de ilustrar a aplicação do diagrama de árvore para resolução de um problema de contagem, considere a seguinte situação: José precisa fazer um trajeto partindo de uma cidade A, passando por uma cidade B e chegando a uma cidade C. Para ir da cidade A até a cidade B, ele possui *três* alternativas de trajetos e, para ir da cidade B até a cidade C ele tem *duas* opções de trajeto. Há quantas maneiras possíveis de José se deslocar da cidade A para a cidade C, passando pela cidade B? Como uma alternativa para resolver este problema, considere a Figura 1.1, a qual representa os trajetos por meio de um diagrama de árvore.

Figura 1.1 – Diagrama de árvore.

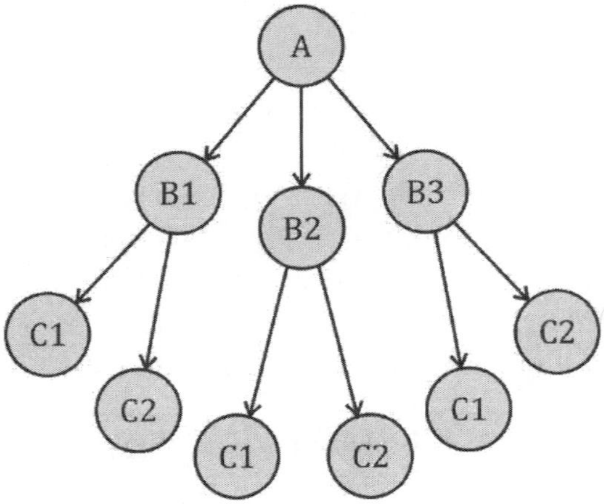

Fonte: Os autores (2024).

Na Figura 1.1, a cidade A ocupa o nó raiz, a cidade B ocupa três nós filhos, sendo que estes possuem duas ramificações cada, sendo estas ocupadas pela cidade C. Observando a Figura 1.1, percebemos que existem 6 caminhos possíveis para se chegar a C, saindo de A e passando por B:

[1] No final do capítulo, precisamente na secção 1.14, consta uma lista de referências sugeridas para o leitor interessado em travar contato com o estudo dos grafos.

Caminho 1: A $\longrightarrow$ B1 $\longrightarrow$ C1;
Caminho 2: A $\longrightarrow$ B1 $\longrightarrow$ C2;
Caminho 3: A $\longrightarrow$ B2 $\longrightarrow$ C1;
Caminho 4: A $\longrightarrow$ B2 $\longrightarrow$ C2;
Caminho 5: A $\longrightarrow$ B3 $\longrightarrow$ C1;
Caminho 6: A $\longrightarrow$ B3 $\longrightarrow$ C2.

Portanto, há 6 maneiras possíveis de José se deslocar da cidade A para cidade C, passando pela cidade B.

O diagrama de árvore consiste em uma maneira prática de você visualizar as possibilidades de percurso e, assim, resolver problemas de contagem. Entretanto, em situações mais complexas, precisamos de um método mais prático, pois torna-se impraticável a representação de uma enorme quantidade de nós.

Foi pensando em resolver problemas assim que chegamos ao Princípio Fundamental da Contagem, o qual lhe possibilitará resolver problemas deste tipo com grande eficiência e rapidez, sem precisar visualizar graficamente. Mesmo assim, sempre que for possível, sugerimos que você faça uma representação visual do problema.

1.3 O Princípio Fundamental da Contagem (PFC)

Se uma decisão d_1 *pode ser tomada de* x *maneiras distintas e se, uma vez tomada a decisão* d_1, *a decisão* d_2, *subsequente, puder ser tomada de* y *maneiras distintas então o número de maneiras distintas de se tomarem as decisões* d_1 *e* d_2 *é* xy (o produto)[2].

É importante salientar que alguns textos preferem discernir entre dois princípios fundamentais de contagem, o *Princípio Multiplicativo* (Regra do 'e') e o *Princípio Aditivo* (Regra do 'ou'). Neste caso, admitindo a cardinalidade de um conjunto C como o número total de elementos que ele possui, $\#C$, poderíamos estruturar as regras fundamentais de contagem, utilizando uma linguagem mais rigorosa, da seguinte forma:

Princípio Multiplicativo: Dados dois conjuntos A e B contendo elementos que se relacionam de forma complementar, ou seja, de modo que só faz sentido conceber um elemento de A e um elemento de B associados, o número de maneiras distintas de realizar a ação composta será dado por $N = \#(A \times B) = (\#A).(\#B)$.

---

[2] Perceba que, se tivéssemos que escolher apenas uma das duas decisões para tomar, o número de maneiras distintas passaria a ser a soma $x + y$.

Exemplo 1.1

Se Francisco possui 2 diferentes pares de meias e 3 pares de sapatos distintos, de quantas maneiras poderá se calçar?

Perceba que meias e sapatos se complementam, de modo que representaremos as maneiras de Francisco se calçar através de pares ordenados. Adotando as meias nas abscissas e os sapatos nas ordenadas, teremos:

Meias: $A=X=\{m_1;m_2\}$

Sapatos: $B=Y=\{s_1;s_2;s_3\}$

Formas de se calçar: $A\times B=\{(m_1;s_1),(m_1;s_2),(m_1;s_3),(m_2;s_1),(m_2;s_2),(m_2;s_3)\}$

Ou seja,

$$N = \#(A \times B) = (\#A).(\#B) = 2.3 = 6.$$

∴ Francisco poderá se calçar de 6 maneiras distintas. □

Princípio Aditivo: Dados dois conjuntos A e B disjuntos e contendo elementos que se relacionam de forma substitutiva, ou seja, de modo que só faz sentido conceber um elemento de A ou um elemento de B em separado, exclusivamente, o número de maneiras distintas de realizar a ação resultante será dado por $N = \#(A \cup B) = (\#A) + (\#B)$.

Exemplo 1.2

Se Francisco possui 2 diferentes pares de tênis e 3 pares de chinelos, de quantas maneiras poderá se calçar?

Perceba que tênis e chinelos se substituem (não dá para usá-los ao mesmo tempo), de modo que representaremos as maneiras de Francisco se calçar através de conjuntos com elementos de mesma natureza. Deste modo,

Pares de tênis: $A = \{t_1; t_2\}$

Chinelos: $B = \{c_1; c_2; c_3\}$

A e B são disjuntos: $A \cap B = \emptyset$

Formas de se calçar: $A \cup B = \{t_1; t_2; c_1; c_2; c_3\}$

Ou seja,

$$N = \#(A \cup B) = (\#A) + (\#B) = 2 + 3 = 5.$$

∴ Francisco poderá se calçar de 5 maneiras distintas. □

De fato, toda a Análise Combinatória elementar está assentada sobre esses dois princípios básicos, de modo que todas as fórmulas que utilizaremos no futuro podem ser deduzidas através deles. Seria, então, mais apropriado falar nos "dois Princípios Fundamentais da Contagem", e que são extensivos à Teoria das Probabilidades. Veremos, mais à frente, que a modelagem correta de problemas de combinatória exige de nós decidirmos se, a partir de um conjunto de origem, formaremos novos *conjuntos* ou se formaremos *uplas*, e ainda, se os elementos do conjunto de partida (ou conjunto de base) podem *se repetir* ou não nos resultados. Em suma, é isso que vai fazer a diferença na hora de contar.

Exercício Resolvido 1.1

a) Resolva o problema proposto sobre a viagem de José e obtenha o número de maneiras possíveis de ele se deslocar da cidade A para cidade C, passando pela cidade B, usando o Princípio Multiplicativo.

b) De quantas formas distintas José consegue ir da cidade A para a cidade C, passando pela cidade B e voltar da cidade C para a cidade A, passando por B?

c) De quantas maneiras distintas José consegue ir da cidade A para a cidade C e depois voltar a cidade A, passando por B (ida e volta), sem repetir estradas?

Sugestão de Solução.

a) Seja a decisão d_1, a escolha de José pelo caminho de ir da cidade A para a cidade B. Ele pode tomar essa decisão de 3 maneiras distintas.

Seja a decisão d_2, a escolha de José pelo caminho de ir da cidade B para a cidade C. Ele pode tomar essa decisão de 2 maneiras distintas.

Pelo Princípio Fundamental da Contagem/Princípio Multiplicativo, o número de maneiras (n) de José ir da cidade A para cidade C, passando por B, é:

$$n = \#(d_1) \times \#(d_2) = 3 \times 2 = 6 \text{ maneiras distintas.}$$

b) Decisão d_1: José deslocar-se da cidade A para a cidade B. Tal decisão pode ser tomada de 3 maneiras distintas;

Decisão d_2: José deslocar-se da cidade B para a cidade C. Tal decisão pode ser tomada de 2 maneiras distintas;

Decisão d_3: José deslocar-se da cidade C para a cidade B. Tal decisão pode ser tomada de 2 maneiras distintas;

Decisão d_4: José deslocar-se da cidade B para a cidade A. Tal decisão pode ser tomada de 3 maneiras distintas.

Podemos aplicar o Princípio Fundamental da Contagem generalizado para quatro decisões:

Total de possibilidades = $\#(d_1) \times \#(d_2) \times \#(d_3) \times \#(d_4)$

Total de possibilidades = $3 \times 2 \times 2 \times 3 = 36$ maneiras distintas.

c) Decisão d_1: José deslocar-se da cidade A para a cidade B. Tal decisão pode ser tomada de 3 maneiras distintas;

Decisão d_2: José deslocar-se da cidade B para a cidade C. Tal decisão pode ser tomada de 2 maneiras distintas;

Decisão d_3: José deslocar-se da cidade C para a cidade B. Tal decisão pode ser tomada de 1 maneira distinta, apenas. Perceba que José teve duas possibilidades de ir de B para C, uma vez que ele tenha escolhido uma delas na ida, resta uma única possibilidade de escolha do trajeto de volta para que ele não repita o caminho;

Decisão d_4: José deslocar-se da cidade B para a cidade A. Tal decisão pode ser tomada de 2 maneiras distintas. Perceba que José teve três possibilidades de ir de A para B, uma vez que ele tenha escolhido uma delas na ida, restam duas possibilidades de escolha do trajeto de volta para que ele não repita o caminho.

Aplicando o Princípio Fundamental da Contagem generalizado para quatro decisões, considerando-se a restrição de não repetir percurso, temos:

Total de possibilidades = $\#(d_1) \times \#(d_2) \times \#(d_3) \times \#(d_4)$

Total de possibilidades = $3 \times 2 \times 1 \times 2 = 12$ maneiras distintas.

□

Exercício Resolvido 1.2

Considere os seguintes algarismos: 0, 1, 2, 3, 4, 5, 6 e 7.

a) Quantos números de 4 algarismos podemos formar?

b) Quantos números de 4 algarismos distintos podemos formar?

c) Quantos números ímpares de 4 algarismos distintos podemos formar?

d) Quantos números pares de 4 algarismos distintos podemos formar?

Sugestão de Solução.

a) O algarismo zero não pode ser o primeiro dígito, já que um número não pode começar com um algarismo 0. Logo, para o primeiro dígito, há 7 possibilidades de algarismos.

Como neste item um algarismo pode se repetir, para cada um dos três algarismos restantes haverá 8 possibilidades de algarismos.

Não pode ser zero	Sem restrição	Sem restrição	Sem restrição
7 possibilidades	8 possibilidades	8 possibilidades	8 possibilidades

Pelo PFC, temos

$$n = 7 \times 8 \times 8 \times 8 = 3584 \text{ números.}$$

b) *Primeiro dígito*: Não pode ser o zero. Logo, para o primeiro dígito só há 7 possibilidades de algarismos;

Segundo dígito: Não pode ser o que ocupou o primeiro dígito, mas pode ser o zero ou qualquer um dos demais. Logo, para o segundo dígito há 7 possibilidades;

Terceiro dígito: Não podem ser os algarismos que ocuparam o primeiro e o segundo dígitos. Sendo assim, resta 6 possibilidades para o terceiro dígito;

Quarto dígito: Não podem ser os algarismos que ocuparam o primeiro, segundo e terceiro dígitos. Portanto, restam 5 possibilidades para o quarto dígito.

Não pode ser zero	Sem restrição	Sem restrição	Sem restrição
7 possibilidades	7 possibilidades	6 possibilidades	5 possibilidades

Pelo PFC, temos

$$n = 7 \times 7 \times 6 \times 5 = 1470 \text{ números.}$$

c) *Quarto dígito*: Para que um número seja ímpar o quarto algarismo deve ser ímpar. Portanto, restam 4 possibilidades para o quarto dígito.

Primeiro dígito: Não pode ser o zero. Como devem ser algarismos distintos, também não pode ser o algarismo usado como quarto dígito. Logo, para o primeiro dígito só há 6 possibilidades de algarismos;

Segundo dígito: Não pode ser o que ocupou o primeiro dígito nem o que ocupou a posição do quarto dígito, mas pode ser o zero ou qualquer um dos demais. Logo, para o segundo dígito há 6 possibilidades;

Terceiro dígito: Não podem ser os algarismos que ocuparam o primeiro, segundo e o segundo dígitos. Sendo assim, resta 5 possibilidades para o terceiro dígito.

Não pode ser zero	Sem restrição	Sem restrição	Sem restrição
6 possibilidades	6 possibilidades	5 possibilidades	4 possibilidades (1,3,5 ou 7)

Pelo PFC, temos

$$n = 6 \times 6 \times 5 \times 4 = 720 \text{ números.}$$

d) *Quarto dígito*: Para que um número seja par o quarto algarismo deve ser par. Portanto, restam 4 possibilidades para o quarto dígito.

Primeiro dígito: Não pode ser o zero. Como devem ser algarismos distintos, também não pode ser o algarismo usado como quarto dígito. Logo, para o primeiro dígito só há 6 possibilidades de algarismos;

Segundo dígito: Não pode ser o que ocupou o primeiro dígito nem o que ocupou a posição do quarto dígito, mas pode ser o zero ou qualquer um dos demais. Logo, para o segundo dígito há 6 possibilidades;

Terceiro dígito: Não podem ser os algarismos que ocuparam o primeiro, segundo e o segundo dígitos. Sendo assim, resta 5 possibilidades para o terceiro dígito.

Não pode ser zero	Sem restrição	Sem restrição	Sem restrição
6 ou 7			4 possibilidades (0,2,4 ou 6)

- Caso o zero não tenha sido escolhido como o quarto dígito, haverá 6 possibilidades para o primeiro dígito;

- No caso de o zero já ter sido escolhido como o quarto dígito haverá 7 possibilidades para o primeiro dígito.

A final haverá quantas possibilidades para o primeiro dígito? Indeterminação/impasse!!!

Em casos assim o interessante é abrir o problema em mais de um caso, neste problema, dois casos.

Caso 1:

Não pode ser zero	Sem restrição	Sem restrição	Sem restrição
7	6	5	1 possibilidades (0)

Pelo PFC, temos

$$n_1 = 7 \times 6 \times 5 \times 1 = 210 \text{ números.}$$

Caso 2:

Não pode ser zero	Sem restrição	Sem restrição	Sem restrição
6	6	5	3 possibilidades (2,4 ou 6)

Pelo PFC, temos

$$n_2 = 6 \times 6 \times 5 \times 3 = 540 \text{ números.}$$

O número total de possibilidades corresponde à soma da quantidade de números pares terminados em 0 com a quantidade de números pares terminados em 2, 4 ou 6.

$$n = n_1 + n_2 = 210 + 540 = 750 \text{ números.}$$

□

■ **COMENTÁRIO:**

Existe, a propósito, uma curiosa solução por complementação: dado que já conheçamos os resultados dos itens b) e c), perceba que a quantidade de números pares é necessariamente igual à diferença entre a quantidade total de números e a quantidade de números ímpares, ou seja:

$$\#P = \#T - \#I = 1470 - 720 = 750 \text{ números pares.}$$

1.4 Fatorial

Seja n um inteiro positivo e maior que 1. Definimos o fatorial de n, denotado por $n!$, da seguinte forma:

$$n! = n.(n-1).(n-2)\ldots 3.2.1\,; \quad n \geq 2, \quad n \in \mathbb{N}. \qquad (1.1)$$

Perceba que o fatorial de um número nada mais é que o produto dele por todos os seus antecessores naturais.

Excepcionalmente, define-se o fatorial de um e o fatorial de zero como sendo a unidade:

$$1! = 1 \;\; e \;\; 0! = 1.$$

Uma justificativa essencialmente prática para esse fato (argumentação empírica) baseia-se no conceito de *permutação*, que veremos mais à frente.

Exercício Resolvido 1.3

Simplifique as expressões:

a) $\frac{10!}{5!}$.

b) $\frac{12!}{3!9!}$.

c) $2 \times 4 \times 6 \times 8 \ldots \times (2n)$;

d) $\frac{(k!)^3}{\{(k-1)!\}^2}$;

e) $n^2 \times (n-2)! \times \left(1 - \frac{1}{n}\right)$.

Sugestão de Solução.

a) $\frac{10!}{5!} = \frac{10\times9\times8\times7\times6\times5!}{5!} = 30.240$;

b) $\frac{12!}{3!\times9!} = \frac{12\times11\times10\times9!}{3\times2\times1\times9!} = \frac{12\times11\times10}{3\times2\times1} = 4 \times 5 \times 11 = 220$;

c) $(2 \times 1) \times (2 \times 2) \times (2 \times 3) \times (2 \times 4) \times \ldots \times (2 \times n) = 2^n \times n!$;

d) $k! = k \times (k-1) \times (k-2) \times \ldots \times 3 \times 2 \times 1 = k \times (k-1)!$;

Logo,

$$(k!)^3 = k^3\{(k-1)!\}^3.$$

Assim,

$$\frac{(k!)^3}{\{(k-1)!\}^2} = \frac{k^3 \times \{(k-1)!\}^3}{\{(k-1)!\}^2} = k^3 \times (k-1)!$$

$$\frac{(k!)^3}{\{(k-1)!\}^2} = k^2 \times \{k \times (k-1) \times (k-2) \ldots \times 3 \times 2 \times 1\}.$$

Portanto,

$$\frac{(k!)^3}{\{(k-1)!\}^2} = k^2 \times k!$$

e) $n^2 \times (n-2)! \times \left(1 - \frac{1}{n}\right) = n^2 \times (n-2)! \times \frac{(n-1)}{n} = n \times (n-1) \times (n-2)!$,

$$n^2 \times (n-2)! \times \left(1 - \frac{1}{n}\right) = n! \qquad \square$$

Exercício Resolvido 1.4

Resolva a seguinte equação fatorial: $(1 - 3x)! = \frac{1}{2-3x}$.

Sugestão de Solução.

Observe que, apesar de termos definido a operação fatorial apenas para os números naturais, nesse caso, a variável x pode ser real, desde que $1 - 3x$ e $\frac{1}{2-3x}$ sejam ambos números naturais. Nesse caso, basta construirmos uma *bijeção* entre um subconjunto dos números reais e o próprio conjunto dos naturais. Em seguida, nós utilizaremos justamente esse fato para resolver o problema! Vejamos:

Primeiramente, é preciso ter em mente que $2 - 3x \neq 0 \Rightarrow x \neq {}^2/_3$ e que, no âmbito da matemática elementar, também vale $1 - 3x \geq 0 \Rightarrow x \leq {}^1/_3$.

Multiplicando em cruz, obtemos,

$$(2 - 3x)(1 - 3x)! = 1 \Rightarrow (2 - 3x)! = 1$$

E, portanto,

(i) $2 - 3x = 0 \Rightarrow x = +{}^2/_3$ (Não convém!)

ou então,

(ii) $2 - 3x = 1 \Rightarrow x = +{}^1/_3$

$\therefore\ S = \left\{\frac{1}{3}\right\}$ □

■ **COMENTÁRIO:**

Ainda sobre a bijeção supracitada: imagine uma caixa preta cuja entrada (*input*) é um número real e cuja saída (*output*) é um número natural do tipo fatorial, ou seja, do tipo $\{1; 2; 6; 24; 120; \dots\}$. É o que acontece no primeiro membro da equação...

1.5 Conjuntos e uplas: formalizando os conceitos

Dentro da Análise Combinatória é crucial decidir se a contagem que se pretende fazer se dá sobre conjuntos ou sobre uplas. Por isso, vamos conceituar tais objetos em seguida.

1.5.1 Conjuntos

Define-se conjunto como toda a coleção de objetos elementares (que chamaremos simplesmente de elementos) cuja ordem de ocorrência não é levada em consideração. Por exemplo, no caso de um conjunto de dois elementos, vale

$A = \{a_1; a_2\} = \{a_2; a_1\}$

Nos conjuntos definidos ordinariamente, não se considera eventuais repetições:

$A = \{a_1; a_1; a_2\} = \{a_1, a_2\}$

Admitimos, para a sua representação, que os elementos sempre serão escritos com letras minúsculas e os conjuntos propriamente ditos, com letras maiúsculas.

Existem conjuntos finitos e conjuntos infinitos, conjuntos discretos e conjuntos contínuos, cada um dos quais com as suas especificidades.

Também utilizamos a seguinte nomenclatura:

- Conjunto vazio ($\emptyset$) : não possui elementos;
- Conjunto unitário: possui um único elemento;
- Conjunto binário: possui dois elementos;
- Conjunto universo (U): o conjunto mais amplo considerado dentro do contexto do problema estudado.

Para representar geometricamente os conjuntos discretos usualmente utilizamos os chamados diagramas de Venn-Euler (ou simplesmente diagramas de Venn), como segue:

Figura 1.2 – Diagrama de Venn-Euler.

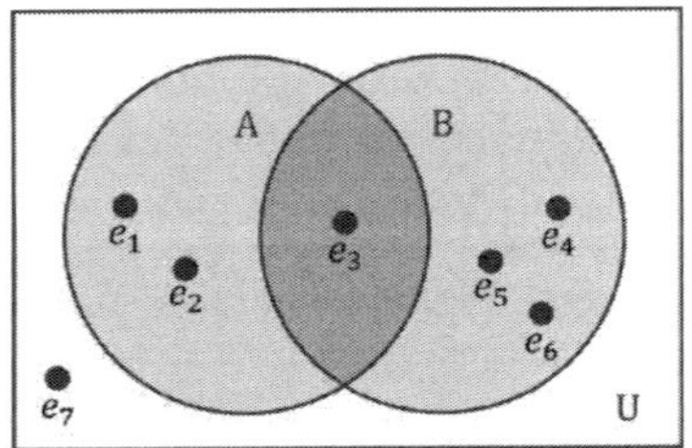

Fonte: Os autores (2024).

Perceba que os diagramas de Venn representam perfeitamente dicotomias (pertence a A *versus* não pertence a A – o que está dentro e o que está fora do círculo), no entanto, em situações mais complexas, como no caso das tricotomias, costuma ser mais conveniente uma representação tabular. Por exemplo, no caso de fios de cobre que são inspecionados pelo controle de qualidade de uma empresa e categorizados quanto à espessura como 'fios muito finos (MF)', 'espessura dentro das normas (DN)' e 'fios muito grossos (MG)', e categorizados quanto à condutibilidade como 'condutibilidade baixa (CB)', 'condutibilidade dentro do padrão (DP)' e 'condutibilidade alta (CA)'. Nesse caso, existem três possibilidades distintas para cada critério de análise, de modo que caberia criar uma tabela com três linhas para representar a categoria 'espessura do fio (A)' e três colunas para representar a categoria 'condutibilidade do fio (B)'. Repare que, matematicamente, a tabela abaixo equivale perfeitamente a uma matriz de ordem 3, fato que é bastante explorado dentro da Álgebra Linear:

Tabela 1.1 – Espessura *versus* condutibilidade dos fios de cobre F.

Condutividade (B)	Espessura (A)		
	MF	DN	MG
CB	15	95	10
DP	12	125	8
CA	14	133	6

Fonte: Os autores (2024).

Relações entre conjuntos e elementos

Relações de Pertinência: Sempre que um dado elemento estiver incluído na coleção que caracteriza o conjunto diremos que ele pertence a tal conjunto e utilizaremos o símbolo $\in$. Do contrário, dizemos que o dito elemento 'não pertence' ao referido conjunto $(\notin)$.

Exemplo 1.3

Seja A um conjunto cujos elementos são e_1 e e_2, isto é, $A = \{e_1; e_2\}$, então é correto afirmar que:

i) $e_1 \in A$.

ii) $e_2 \in A$.

iii) $e_3 \notin A$. □

Relações de Inclusão: Sempre que todos os elementos de um conjunto fizerem parte de um outro conjunto, dizemos que ele está contido no outro $(\subset)$. Uma variante dessa relação de inclusão é a relação está contido ou é igual $(\sqsubseteq)$, que costuma aparecer em vários textos.

A relação de inclusão reversa chama-se 'contém', ($\sqsupset$), e 'não contém', ($\not\sqsupset$). Analogamente, 'contém ou é igual' ($\sqsupseteq$) e 'não contém nem é igual',($\not\sqsupseteq$).

Daqui para frente, para evitar confusões, nós evitaremos o uso da igualdade nas relações de continência. Ela aparecerá no capítulo de Probabilidade, porém não em exercícios. Vamos aceitar como verdade que

(i) "todo o conjunto está contido em si mesmo";

(ii) "todo o conjunto considerado no problema específico está contido no dado Universo, que deve ser definido de antemão";

(iii) "o vazio é subconjunto de todo e qualquer conjunto".

Exemplo 1.4

Sejam os conjuntos $A = \{e_1; e_2\}$ e $B = \{e_1;\ e_2; e_3\}$ então é verdade que:

i) $A \subset B$.

ii) $A \subset A$. Qualquer conjunto está contido em si mesmo.

iii) $\emptyset \subset B$. O vazio é subconjunto de qualquer conjunto.

iv) Admitindo $U = \{e_1;\ e_2; e_3; \dots; e_n\}$, então $B \subset U$. □

Operações com conjuntos

As principais operações entre conjuntos são as operações de união ($\cup$), intersecção ($\cap$) e diferença ($-$), a partir da qual se define o conceito de complementaridade ($A^C = \bar{A}$). Sejam A e B dois conjuntos quaisquer. Seguem as definições[3]:

União (ou reunião) de Conjuntos: $A \cup B = \{e_i\colon e_i \in A\ \vee\ e_i \in B\}$

Intersecção de Conjuntos: $A \cap B = \{e_i\colon e_i \in A\ \wedge\ e_i \in B\}$

Diferença de Conjuntos: $A - B = \{e_i\colon e_i \in A\ \wedge\ e_i \notin B\}$

Conjunto Complementar: $A^C = \bar{A} = \{e_i\colon e_i \notin A\}$. Fica implícito o fato de que $e_i \in U$. Lê-se a expressão inicial como '*A complementar*' ou '*não-A*')

Além disso, os conjuntos, de um modo geral, gozam de algumas propriedades especiais que merecem destaque. Sejam três conjuntos quaisquer A, B e C, então:

---

[3] O conectivo lógico $\vee$ chama-se conectivo disjuntivo 'ou' e o conectivo $\wedge$ chama-se conectivo conjuntivo 'e'. É importante assinalar que o 'ou' supracitado possui acepção inclusiva, ou seja, ele inclui a intersecção dos conjuntos envolvidos. Existe um outro 'ou', que é exclusivo por não admitir a intersecção, simbolizado por $\underline{\vee}$.

P1 – Comutatividade: $A \cup B = B \cup A$ e, identicamente, $A \cap B = B \cap A$;

P2 – Associatividade: $A \cup (B \cup C) = (A \cup B) \cup C$ e, identicamente, vale a relação análoga com intersecções, $A \cap (B \cap C) = (A \cap B) \cap C$;

P3 – Distributividade: $A \cup (B \cap C) = (A \cup B) \cap (A \cup C)$ e, identicamente, vale a seguinte relação $A \cap (B \cup C) = (A \cap B) \cup (A \cap C)$;

P4 – Elemento Neutro: $A \cup \emptyset = A$ e, ainda, $A \cap U = A$.

P5 – Primeira Lei de Morgan: $\overline{A \cap B} = \bar{A} \cup \bar{B}$

P6 – Segunda Lei de Morgan: $\overline{A \cup B} = \bar{A} \cap \bar{B}$

O Princípio da Inclusão-Exclusão Combinatória

Como lembra bem Craveiro (2016), a ideia básica da combinatória enumerativa é desenvolver técnicas para quantificar objetos de um dado conjunto finito sem a necessidade de listar todos os seus elementos. O princípio da inclusão-exclusão combinatória quantifica as uniões entre um número qualquer de conjuntos descontando as intersecções para evitar contagens duplas. Na prática, ele corresponde a uma generalização do princípio aditivo, sendo extremamente útil dentro da combinatória enumerativa como, por exemplo, na dedução de uma fórmula que quantifica as permutações caóticas. Como veremos em seguida, ele pode ser facilmente adaptado ao caso de conjuntos disjuntos.

TEOREMA 1.1: Dados dois conjuntos A e B quaisquer contidos no universo U, valerá sempre a relação $\#(A \cup B) = \#A + \#B - \#(A \cap B)$.

Demonstração:

Para contar o número de elementos total da união de dois conjuntos, nós somamos os elementos do primeiro conjunto com os elementos do segundo conjunto e, nessa adição, perceba que a intersecção foi contabilizada duas vezes. Por isso, precisamos subtrai-la.

c.q.d.

Aplicada a mesma ideia a três conjuntos:

TEOREMA 1.2: Dados dois conjuntos A, B e C quaisquer contidos no universo U, valerá sempre a relação:

No caso de três conjuntos envolvidos, pode-se provar facilmente que vale o resultado:

$$\#(A \cup B \cup C) = \#A + \#B + \#C - \#(A \cap B) - \#(A \cap C) - \#(B \cap C) + \#(A \cap B \cap C)$$

Demonstração:

Basta utilizar a mesma argumentação do teorema anterior. Deixamos a formalização do raciocínio ao encargo do leitor.

Procure visualizar, no diagrama de Venn, as contagens duplas:

Figura 1.3 – Diagrama de Venn-Euler para três conjuntos.

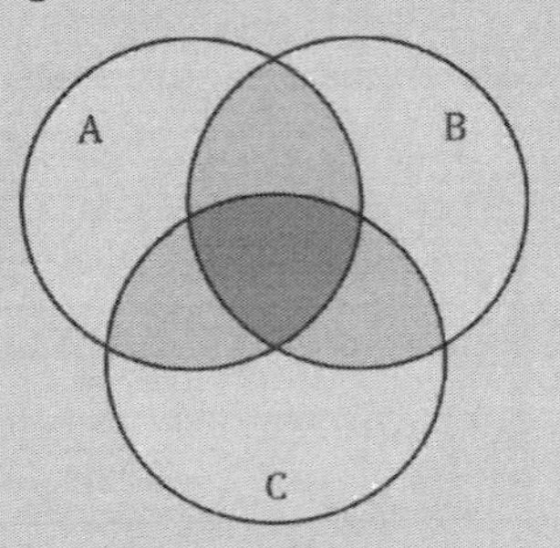

Fonte: Os autores (2023).

c.q.d.

Aplicada, desta vez, a dois conjuntos disjuntos:

TEOREMA 1.3: Dados dois conjuntos A e B, com $A \cap B = \emptyset$, ambos contidos no universo U, valerá sempre a relação $\#(A \cup B) = \#A + \#B$.

Demonstração:

É imediata. Basta fazer $\#(A \cap B) = 0$.

c.q.d.

No caso de uma partição:

No caso de tais conjuntos serem também complementares, ou seja, se a sua reunião dá o próprio Universo (casos totais T), podemos idealizar uma partição para descrever essa situação particular. Supondo que um dos conjuntos partes é desejável e difícil de contar, D, já o outro, que é indesejável, é fácil de contar, I,o cálculo da combinatória se viabiliza simplesmente fazendo:

Figura 1.4 – Diagrama de Venn-Euler para uma partição.

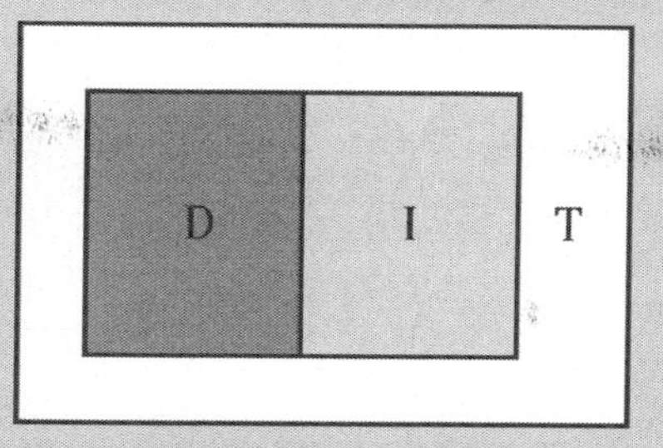

Fonte: Os autores (2024).

Partindo das premissas de que $D \cap I = \emptyset$ e de que $T = D \cup I$ e tendo em vista que $\#T$ e $\#I$ são mais fáceis de calcular diretamente que $\#D$, segue que

$$\#T = \#(D \cup I) = \#D + \#I$$

$$\therefore \#D = \#T - \#I$$

c.q.d.

Um atalho que costuma facilitar bastante o trabalho, encurtando as contas, é o seguinte:

TEOREMA 1.4: Dados três conjuntos A e B quaisquer contidos no universo U, valerá sempre a relação $\#(A \cup B \cup C) = \#U - \#(\bar{A} \cap \bar{B} \cap \bar{C})$.

Demonstração:

Sabemos que se M é um subconjunto qualquer do universo, então $\#M + \#\overline{M} = \#U$, donde $\#M = \#U - \#\overline{M}$. Tomando o conjunto M como $M = A \cup B \cup C$, podemos fazer $\#M = \#U - \#(\overline{A \cup B \cup C})$ e, pela segunda lei de Morgan, segue que

$$\#(A \cup B \cup C) = \#U - \#(\bar{A} \cap \bar{B} \cap \bar{C})$$

c.q.d.

1.5.2 Uplas

Definimos upla como toda a coleção de objetos elementares, que aqui chamaremos de coordenadas, e cuja ordem de ocorrência é levada em consideração. As uplas com duas coordenadas são chamadas pares ordenados, a primeira delas chamamos *abscissa* e a segunda, *ordenada*. As uplas de três coordenadas são chamadas de triplas ordenadas e suas coordenadas são as *abscissas, ordenadas* e *cotas*, nesta ordem.

Graficamente, representamos os pares ordenados como pontos de um plano cartesiano:

Figura 1.5 – Plano cartesiano ortogonal.

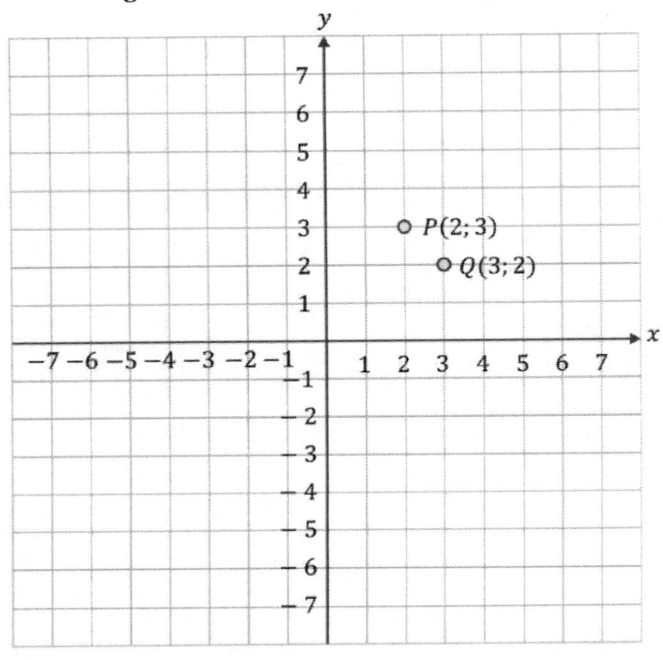

Fonte: Os autores (2024).

Observe como, nitidamente, o ponto $P(2; 3)$ é diferente do ponto $Q(3; 2)$, de modo que a ordem dos dados considerados (2 e 3) faz diferença no resultado. Identicamente, as triplas ordenadas são representadas no espaço cartesiano tri-ortogonal (eixos x, y e z).

Exemplo 1.5

Nas eleições de um sindicato, escolhe-se três pessoas para a diretoria. Sabendo que Alberto foi eleito para presidente, Bernardo para vice-presidente e Carlos para tesoureiro, representa-se o resultado matematicamente como $(a; b; c)$.

Perceba que, por exemplo, $(c; b; a)$ corresponde a outro resultado possível, ou seja, $(c; b; a) \neq (a; b; c)$. □

Acima de três coordenadas, costumamos chamar a upla com n coordenadas simplesmente de $n -$ upla.

1.6 Arranjos Simples

Realizar um Arranjo Simples de um dado conjunto, corresponde a escolher e organizar p elementos distintos em uma ordem específica a partir de um dado conjunto de n elementos distintos, sem repetição de elementos.

Exemplo 1.6

Uma eleição que ocorrerá em certo centro acadêmico empossará como presidente a pessoa mais votada e como vice-presidente a segunda mais votada. Sabendo que Alberto, Bernardo, Carlos e Diego se candidataram, de quantas formas distintas poderá ocorrer o resultado dessa eleição?

Esse tipo de situação pode ser modelado com um par ordenado $(2 - \text{upla})$ tal que a abscissa representa o presidente eleito e a ordenada, o respectivo vice-presidente. Note que, representando as pessoas por suas iniciais, $(a; b) \neq (b; a)$, pois, no primeiro caso, Alberto seria o presidente e Bernardo o vice já, no segundo caso, aconteceria o contrário. Note também que não faz sentido, por exemplo, o par ordenado $(a; a)$, pois uma mesma pessoa não pode ser eleita para ambos os cargos ao mesmo tempo, ou seja, não se admite repetição.

□

Veja a definição de Arranjo Simples na linguagem formal:

DEFINIÇÃO 1.1: Seja um conjunto de partida (ou conjunto de base) B com $\#B = n \in \mathbb{N}^*$ elementos ao todo. Chama-se "Arranjo Simples de n classe p" ou "Arranjo Simples de n (elementos tomados) p a p" o número total de $p - uplas$ com $p \leq n,\ p \in \mathbb{N}^*,\ n \in \mathbb{N}^*$ que se pode construir a partir dos elementos de B sem repeti-los.

$$B = \{a_1;\ a_2; \dots ; a_n\} \rightarrow U = (\ \_\ ;\ \_\ ; \dots ;\ \_\ ;\ \_\ ;\ \_\ )$$

$$\downarrow \quad \downarrow \quad \downarrow \quad \downarrow \quad \downarrow$$

$$c_0 \quad c_1 \quad c_{p-3} \quad c_{p-2} \quad c_{p-1}$$

Com $\#B = n$ (conjunto de partida) $dim\ (U) = p$ (upla de chegada) e $n \geq p$.

TEOREMA 1.5: O número de arranjos simples que se pode formar a partir de um conjunto de n elementos tomados p a p é dado por

$$A_n^p = \frac{n!}{(n-p)!}, \qquad n \geq p, \quad p \in \mathbb{N}^*, \qquad n \in \mathbb{N}^*. \tag{1.2}$$

Demonstração:

Seja um conjunto $\{a_1;\ a_2;\ \dots;\ a_n\}$ e todas as $p - uplas$ geradas a partir dele necessariamente com $p < n$. Didaticamente, podemos pensar em n candidatos que podem ocupar p vagas. Raciocinando com as escolhas de cada elemento, um a um, obteremos

Figura 1.6 – Distribuição de n dados em uma $p - upla$.

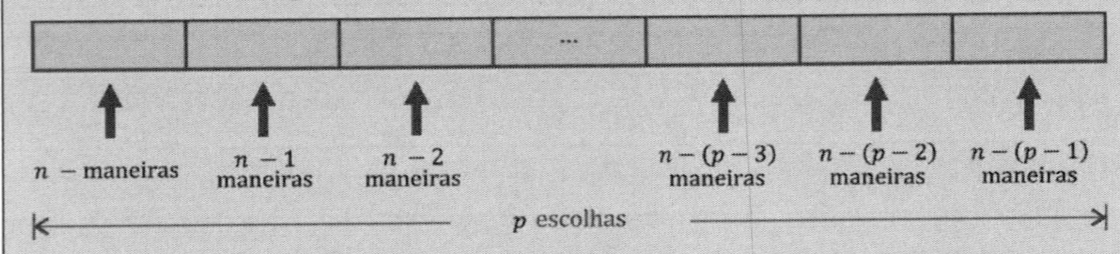

Fonte: Os autores (2024).

Note que, para a escolha da *primeira* coordenada, existem n candidatos possíveis no conjunto de partida (ou ainda, $n - 0$ candidatos possíveis), já para a *segunda* escolha, só haverá $n - 1$ candidatos, já que o elemento escolhido para a primeira posição não poderá se repetir. Analogamente, para a *terceira* posição, excluindo os dois elementos já escolhidos, só haverá $n - 2$ candidatos, e assim, sucessivamente. Considerando que há p escolhas a serem feitas, então, seguindo essa lógica, para a $p - ésima$ posição haverá $n - (p - 1)$ candidatos.

Deste modo, pelo Princípio Fundamental da Contagem, ou seja, utilizando o Princípio Multiplicativo, o número total de possibilidades para as p escolhas a serem feitas será de

$$A_n^p = n.(n-1).(n-2)\dots.(n-p+1)$$

Para simplificar a expressão, podemos multiplicar a expressão, em cima e embaixo por $(n-p).(n-p-1).(n-p-2)\dots 3.2.1$, como segue:

$$A_n^p = \frac{n.(n-1).(n-2)\dots.(n-p+1).(n-p).\dots 3.2.1}{(n-p).(n-p-1)\dots 3.2.1}$$

$$\therefore\ A_n^p = \frac{n!}{(n-p)!}, \qquad n \geq p, \quad p \in \mathbb{N}^*, \qquad n \in \mathbb{N}^* \tag{1.2}$$

c.q.d.

De posse do **Teorema 1.5**, já podemos resolver de maneira prática o problema da eleição (**Exemplo 1.6**) para o centro acadêmico. Basta adotar $n = 4$ candidatos para $p = 2$ vagas.[4]:

$$N = A_4^2 = \frac{4!}{(4-2)!} = \frac{4!}{2!} = \frac{4.3.2!}{2!} = 4.3,$$

$$N = 12 \text{ resultados distintos possíveis.}$$

Nesse caso específico, fica fácil confirmar essa previsão simplesmente fazendo a enumeração de todos os casos possíveis com Alberto (a), Bernardo (b), Carlos (c) e Diego (d). Observe que cada par ordenado possui um significado condizente com o contexto proposto no enunciado da questão. Observe também que, na prática, nem sempre podemos construir um quadro como o que segue, pois é comum que o número de arranjos seja demasiadamente grande.

Figura 1.7 – Enumeração do arranjo simples de 4 elementos classe 2.

$(a; b)$	$(a; c)$	$(a; d)$
$(b; a)$	$(b; c)$	$(b; d)$
$(c; a)$	$(c; b)$	$(c; d)$
$(d; a)$	$(d; b)$	$(d; c)$

Fonte: Os autores (2024).

Portanto, 12 resultados possíveis.

□

[4] Existem problemas envolvendo Arranjos Simples em que $p > n$, de modo que, para fazer uso da fórmula que deduzimos, se faz necessário inverter essa convenção logística, adotando o conjunto majoritário como conjunto dos candidatos e o conjunto minoritário como conjunto das vagas, mesmo que, fisicamente, isso soe estranho ou incoerente. Lembre-se que, na prática, o que está em jogo é apenas a alocação de dados de um conjunto mais populoso para uma upla igualmente ou menos populosa ($\#B \geq \dim U$).

Exercício Resolvido 1.5

Dispondo dos algarismos 1,2,3,4, 5 e 6, quantos números de quatro algarismos distintos podemos formar?

Sugestão de Solução.

Temos 6 possibilidades de escolha do algarismo dos milhares, 5 possibilidades para o algarismo das centenas, 4 possibilidades para o algarismo das dezenas e 3 possibilidades para o algarismo das unidades, conforme Tabela 1.11.

MILHAR	CENTENA	DEZENA	UNIDADE
6 possibilidades	5 possibilidades	4 possibilidades	3 possibilidades

Aplicando o PFC, temos

$$N = 6.5.4.3 = 360 \text{ números},$$

onde foi considerada a ordem dos números, isto é, o número $2345 \neq 5432$, por exemplo.

O número de Arranjos de 6 elementos tomados 4 a 4 (A_6^4) equivale a N, isto é:

$$N = A_6^4 = 6.5.4.3\,,$$

podendo ser reescrito como

$$N = A_6^4 = \frac{6.5.4.3.2.1}{2.1} = \frac{6!}{2!} = \frac{6!}{(6-4)!} = 360.$$

Neste problema $n = 6$ e $p = 4$, perceba que a expressão obtida corresponde à Equação (1.2), substituindo nela os valores de n e p.

Observação: Embora tenhamos uma equação específica para problemas que envolvem Arranjos, é importante notar que o PFC, aplicado diretamente, resolve qualquer problema envolvendo Arranjos. Fica, então, a opção de usar a fórmula ou o PFC.

Mais à frente, a ideia de Arranjo será útil no estudo do conceito de Combinação.

□

Exercício Resolvido 1.6

Dispondo dos algarismos 0,1,2,3,4 e 5, quantos números de quatro algarismos distintos podemos formar?

Sugestão de Solução.

Perceba que $(1;2;3;4) \neq (4;3;2;1)$, pois $1234 \neq 4321$, logo a ordem dos dígitos faz diferença no resultado.

Neste caso específico, partindo do conjunto de base $\{0; 1; 2; 3; 4; 5\}$ desejamos formar $4 - uplas$, que correspondem aos números de quatro algarismos, de modo que, ao todo, teremos $n = 6$ candidatos e $p = 4$ vagas, ou seja,

$$A_6^4 = \frac{6!}{(6-4)!} = \frac{6!}{2!} = 6.5.4.3 = 360 \text{ possibilidades simbólicas.}$$

O problema acontece com as possibilidades iniciadas com zero que, na prática, formarão números de três algarismos, e não de quatro algarismos, como, por exemplo, $(0; 1; 2; 3)$ que corresponde ao número 123, de três algarismos, de modo que precisaremos excluir todos os casos em que o arranjo tem o zero fixo na casa dos milhares e que correspondem a $n = 5$ candidatos (os algarismos 1, 2, 3, 4 e 5) para $p = 3$ vagas (os dígitos em aberto das centenas, das dezenas e das unidades):

$$A_5^3 = \frac{5!}{(5-3)!} = \frac{5!}{2!} = 5 \times 4 \times 3$$

$$A_5^3 = 60 \text{ possibilidades de números com três algarismos.}$$

Sendo assim,

$$N = 360 - 60 = 300 \text{ números de quatro algarismos.}$$

□

Exercício Resolvido 1.7

Quantos números ímpares de três algarismos podemos formar com 1, 2, 3, 4, 5, 6, 7, 8 e 9, de modo que não haja neles algarismos repetidos?

Sugestão de Solução.

Sabendo que todo o número ímpar necessariamente tem um algarismo ímpar no dígito das unidades, então esse número necessariamente terminará em 1, 3, 5, 7 ou 9 (cinco possibilidades).

Uma vez escolhido o dígito das unidades, os outros dois algarismos (o das dezenas e o das unidades) admitem somente 8 possibilidades, já que não se admite repetições. Deste modo, teremos

$$N = 5.A_8^2 = 5.\frac{8!}{(8-2)!} = 5.\frac{8!}{6!} = 5.\frac{8.7.6!}{6!},$$

$$N = 5.8.7 = 280 \text{ números diferentes.}$$

□

1.7 Arranjos com Repetição

Arranjos com repetição são arranjos em que os elementos podem ser selecionados mais de uma vez para compor uma sequência ordenada.

Exemplo 1.7

Uma loja de informática decidiu sortear um par de caixas de som e um teclado de computador entre os clientes que adquiriram a impressora a laser da marca HP no último mês. O sorteio será realizado com reposição, de modo que uma mesma pessoa pode ser sorteada duas vezes. Os compradores que concorrem ao prêmio são Alberto (a), Bernardo (b), Carlos (c) e Diego (d).

Podemos modelar este problema admitindo um conjunto de base $B = \{a; b; c; d\}$ como conjunto de partida e um par ordenado de chegada do tipo $U = (\_; \_)$ onde a abscissa representa o ganhador das caixas de som e a ordenada, o ganhador do teclado. Perceba que $(a; b) \neq (b; a)$ constituem resultados distintos para o sorteio e que, no presente caso, admitiremos $(a; a)$ como resultado possível. Teremos, então, um arranjo com repetição com $\#B = n = 4$ e $dim(U) = p = 2$.

□

Veja a definição de Arranjo com Repetição na linguagem formal:

DEFINIÇÃO 1.2: Seja um conjunto de partida (ou conjunto de base) B com $\#B = n \in \mathbb{N}^*$ elementos ao todo. Chama-se "Arranjo com Repetição de n classe p" ou "Arranjo com Repetição de n (elementos tomados) p a p" o número total de $p - uplas$ com $n, p \in \mathbb{N}^*$ que se pode construir a partir dos elementos de B *com eventuais repetições* dos elementos de B.

$$B = \{a_1;\ a_2; \dots; a_n\} \rightarrow U = (\ \_\ ;\ \_\ ; \dots ;\ \_\ ;\ \_\ ;\ \_\ )$$

$$\begin{array}{ccccc} \downarrow & \downarrow & \downarrow & \downarrow & \downarrow \\ c_0 & c_1 & c_{p-3} & c_{p-2} & c_{p-1} \end{array}$$

$\#B = n$ (conjunto de partida) $dim(U) = p$ (upla de chegada) $n, p \in \mathbb{N}^*$.

TEOREMA 1.6: O número de arranjos com repetição que se pode formar a partir de um conjunto de n elementos tomados p a p é dado por

$$AR_n^p = n^p, \qquad p \in \mathbb{N}^*, \qquad n \in \mathbb{N}^* \tag{1.3}$$

Demonstração:

Seja um conjunto $\{a_1;\ a_2; \dots; a_n\}$ e todas as $p - uplas$ geradas a partir dele. Didaticamente, podemos pensar em n candidatos (objetos disponíveis a serem escolhidos) que podem ocupar p vagas (elementos na sequência ordenada) admitindo-se a possibilidade de repetir quaisquer um deles. Raciocinando com as escolhas de cada elemento, um a um, a contagem será feita da seguinte forma:

Figura 1.8 – Distribuição de n dados em uma $p - upla$ com repetição.

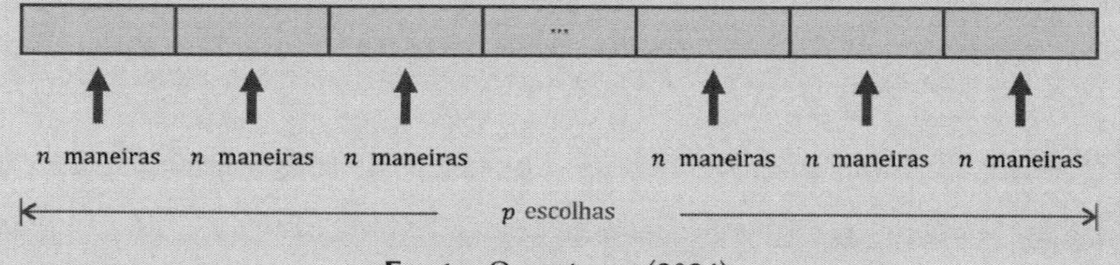

Fonte: Os autores (2024).

Deste modo, pelo Princípio Fundamental da Contagem, concluímos que

$$AR_n^p = \underbrace{n.n\dots n}_{\text{p fatores}}$$

$$\therefore \quad AR_n^p = n^p, \qquad p \in \mathbb{N}^*, \qquad n \in \mathbb{N}^*. \tag{1.3}$$

c.q.d.

Agora vamos resolver o problema do sorteio na loja de informática. Basta adotar $n = 4$ candidatos para $p = 2$ vagas, agora em um Arranjo com Repetição:

$N = AR_4^2 = 4^2 = 16$ resultados distintos possíveis.

Nesse caso específico, fica fácil confirmar essa previsão simplesmente fazendo a enumeração de todos os casos possíveis com Alberto (a), Bernardo (b), Carlos (c) e Diego (d):

Figura 1.9 – Enumeração do arranjo de 4 elementos classe 2 com repetição.

$(a;b)$	$(a;c)$	$(a;d)$	$(a;a)$
$(b;a)$	$(b;c)$	$(b;d)$	$(b;b)$
$(c;a)$	$(c;b)$	$(c;d)$	$(c;c)$
$(d;a)$	$(d;b)$	$(d;c)$	$(d;d)$

Fonte: Os autores (2024).

Note que, desta vez, contamos com uma coluna adicional de resultados, portanto, agora teremos 16 resultados possíveis.

□

Exercício Resolvido 1.8

Quantos números de três algarismos podemos formar com 1, 2, 3, 4, 5, 6, 7, 8 e 9, de modo que, neles, pode haver ou não algarismos repetidos?

Sugestão de Solução.

$$AR_9^3 = 9^3,$$

$$AR_9^3 = 729 \text{ números diferentes.}$$

□

Exercício Resolvido 1.9

Quantos números de três algarismos podemos formar com 0, 2, 3, 4, 5, 6, 7, 8 e 9, de modo que, neles, pode haver ou não algarismos repetidos?

Sugestão de Solução.

Desta vez, nos deparamos com o problema do zero no início, já que números como 023, na prática, possuem apenas dois algarismos e não devem ser contabilizados. Utilizaremos o Princípio da Inclusão-Exclusão para resolver o problema, ou seja, tomaremos todos os arranjos com repetição possíveis e subtrairemos todos os arranjos com repetição iniciados com zero (o zero fixo na casa das centenas e 9 candidatos para as 2 vagas restantes):

$$\#D = \#T - \#I$$

$$\#D = AR_9^3 - AR_9^2 = 9^3 - 9^2,$$

$$\#D = AR_9^3 - AR_9^2 = 648 \text{ números diferentes.}$$

□

1.8 Permutações

Permutar elementos de um dado conjunto equivale a rearranjar esses elementos, trocando-os de ordem sem descartar nenhum deles. Do ponto de vista didático, podemos admitir pelo menos quatro casos particulares de permutação:

a) *Permutação Simples*, tipo de permutação em que todos os elementos comparecem uma única vez (sem repetições) no processo de contagem.

b) *Permutação com Repetições*, tipo de permutação onde se admite elementos repetidos dentro da sequência de chegada conforme o conjunto de partida.

c) *Permutação Caótica*, situação na qual se condiciona os elementos a aparecerem no resultado fora de suas posições originais.

d) *Permutação Circular*, tipo de permutação em que os elementos de um conjunto formam uma sequência tal que o último elemento da fila pode ser considerado como antecessor do primeiro como, por exemplo, pessoas sentadas junto a uma mesa circular. Perceba que, se definirmos uma fila partindo de uma pessoa qualquer, a última pessoa da fila estará certamente ao lado da primeira. Geometricamente falando, cada uma das permutações circulares equivalentes entre si representa uma rotação dos elementos do conjunto original.

Cumpre dizer que, na prática, é possível definirmos outras modalidades de permutações, contudo estas são as mais frequentes dentro da literatura da Matemática Elementar e são as mais frequentes em provas de concurso público.

As permutações de letras para formar palavras distintas são chamadas de anagramas. Por exemplo, as palavras ROMA e AMOR são anagramas. Não é necessário, contudo, que os anagramas de uma palavra tenham significado (em qualquer idioma que seja).

1.8.1 Permutações Simples

A Permutação Simples se refere à ordenação de elementos distintos de um conjunto sem que haja repetição, isto é, cada elemento deve aparecer uma única vez em uma sequência ordenada e não há descarte de elementos ao longo do processo ordenatório.

Exemplo 1.8

Alberto, Bernardo, Carlos e Diego trabalham em uma biblioteca aos sábados e precisam dividir tarefas. Um dos quatro deve ficar no balcão para atender o público, outro deve se ocupar com o atendimento da demanda online, outro deve cadastrar os livros novos e um outro ficará encarregado das atividades administrativas. De quantas formas distintas poderá ocorrer a divisão das tarefas?

Esse tipo de situação pode ser modelada com uma $(4 - upla)$ ordenada tal que a abscissa representa o encarregado pelo balcão, a ordenada, o encarregado da demanda online, a cota representa o encarregado pelo cadastro de livros e a quarta coordenada (vamos apelidá-la de hipercota) representa a pessoa que realizará as atividades administrativas. Perceba que, representando as pessoas por suas iniciais, $(a; b; c; d) \neq (b; a; c; d)$, pois, no primeiro caso, Alberto ficaria com o balcão, Bernardo com o atendimento virtual, Carlos com o cadastro de livros e Diego com a administração. Já no segundo caso, as atribuições de Alberto e de Bernardo seriam trocadas. Note também que não faz sentido, por exemplo, a $4 - upla$ ordenada $(a; a; b; c)$, pois uma mesma pessoa não pode ter dois postos de trabalho distintos ao mesmo tempo, ou seja, não se admite repetição. Observe ainda, que a cardinalidade do conjunto de partida (conjunto de base) $B = \{a; b; c; d\}, \#B = 4$ é igual à dimensão da upla de chegada, expressa por $U = (\_; \_; \_; \_)$, $dim(U) = 4$, de modo que as escolhas são sempre feitas sem exclusão de elementos (todos os candidatos são alocados). □

Veja a definição de Permutação Simples na linguagem formal:

DEFINIÇÃO 1.3: Seja um conjunto de partida (ou conjunto de base) B com $\#B = n \in \mathbb{N}^*$ elementos ao todo. Chama-se "Permutação Simples de n elementos" o número total de $n - uplas$ com $n \in \mathbb{N}^*$ que se pode construir a partir dos elementos de B sem repeti-los.

$$B = \{a_1;\ a_2; \dots ; a_n\} \rightarrow U = (\ \_\ ;\ \_\ ; \dots ;\ \_\ ;\ \_\ ;\ \_\ )$$

$$\downarrow \quad \downarrow \quad \downarrow \quad \downarrow \quad \downarrow$$

$$c_0 \quad c_1 \quad c_{n-3} \quad c_{n-2} \quad c_{n-1}$$

$\#B = n$ (conjunto de partida) $dim(U) = n$ (upla de chegada) $n \in \mathbb{N}^*$

TEOREMA 1.7: O número de Permutações Simples que se pode formar a partir de um conjunto de n elementos é dado por

$$P_n = n!\,, \qquad n \in \mathbb{N}^* \tag{1.4}$$

Demonstração:

Permutação de um conjunto $\{a_1;\ a_2; \dots ; a_n\}$, formado por elementos distintos, corresponde a toda a $n - upla$ gerada a partir dele. Sempre que nenhum dos elementos a_i se repete, as permutações obtidas são ditas Permutações Simples. Para contar o número total de Permutações Simples possíveis de se obter a partir do conjunto dado, basta utilizar o Princípio Multiplicativo (Regra do 'e' ou Princípio Fundamental da Contagem). Imagine n objetos a serem escolhidos. Existem n maneiras diferentes de escolher o primeiro elemento, $n - 1$ maneiras diferentes de escolher o segundo elemento (pois não podemos repetir o elemento que acabamos de escolher), $n - 2$ maneiras de escolher o terceiro elemento e assim por diante, até que só restará uma possibilidade para escolher o último elemento, de modo que teremos algo do tipo:

Figura 1.10 – Distribuição de n dados em uma $n - upla$.

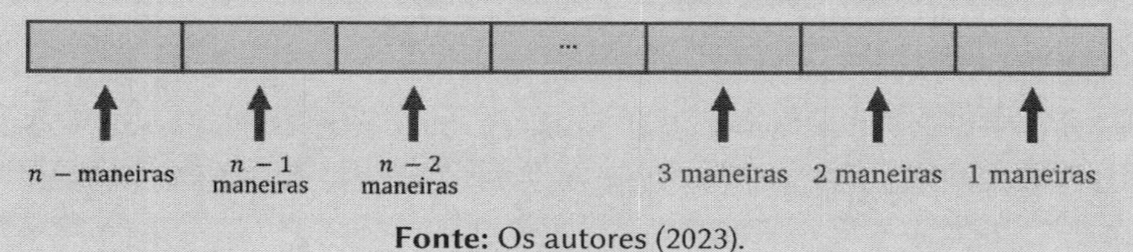

Fonte: Os autores (2023).

Deste modo, concluímos que

$$P_n = n.(n-1).(n-2)\dots 3.2.1,$$

$$\therefore \quad P_n = n!\,, \qquad n \in \mathbb{N}^*$$

c.q.d.

Sendo assim, o problema da biblioteca pode ser resolvido facilmente, do seguinte modo: $N = P_4 = 4! = 4.3.2.1 = 24$ formas distintas.

Mais uma vez, adotando a convenção simbólica das iniciais dos nomes das pessoas, Alberto (a), Bernardo (b), Carlos (c) e Diego (d), podemos tabelar a solução:

Figura 1.11 – Distribuição de 4 dados em uma $4 - upla$ ordenada.

$(a; b; c; d)$	$(a; b; d; c)$	$(a; c; b; d)$	$(a; c; d; b)$	$(a; d; b; c)$	$(a; d; c; b)$
$(b; a; c; d)$	$(b; a; d; c)$	$(b; c; a; d)$	$(b; c; d; a)$	$(b; d; a; c)$	$(b; d; c; a)$
$(c; a; b; d)$	$(c; a; d; b)$	$(c; b; a; d)$	$(c; b; d; a)$	$(c; d; a; b)$	$(c; d; b; a)$
$(d; a; b; c)$	$(d; a; c; b)$	$(d; b; a; c)$	$(d; b; c; a)$	$(d; c; a; b)$	$(d; c; b; a)$

Fonte: Os autores (2024).

Portanto, 24 resultados possíveis.

Perceba que, na prática, a diferença entre Arranjo Simples e Permutação é que, enquanto no primeiro, elementos são descartados durante o processo de agrupamento, no segundo, todos os elementos são utilizados. Em ambas as situações, vale reforçar, a ordem dos elementos é considerada.

Exercício Resolvido 1.10

Quantos são os anagramas da palavra AMOR?

Sugestão de Solução.

Trata-se de ordenar os elementos de um conjunto. Tais elementos são as letras da palavra amor (4 letras distintas). Não há letras repetidas no conjunto de partida.

Pela definição de Permutação Simples, temos:

$$P_4 = 4! = 4.3.2.1,$$

$$P_4 = 24 \text{ anagramas.}$$

□

Exercício Resolvido 1.11

De quantas maneiras diferentes podemos organizar 5 pessoas em uma fila?

Sugestão de Solução.

Para isso, vamos construir $5 - uplas$ ordenadas e abstrair as pessoas utilizando letras para representá-las:

(A, B, C, D, E); $(A, B, C, E, D), (A, B, D, C, E), \ldots, (E, D, C, B, A)$

Efetuando a contagem, teremos:

$$P_5 = 5!,$$

$$P_5 = 120 \text{ maneiras diferentes.}$$

■ **COMENTÁRIO:**

Perceba que, neste caso, devido ao grande número de permutações, a representação gráfica tornou-se virtualmente impraticável, de modo que nós ficamos realmente na dependência da Álgebra para resolver o problema. Daí a grande importância do uso de fórmulas ou do PFC diretamente em tais situações.

□

1.8.2 Permutações com Repetição

A Permutação com Repetição se refere à ordenação de elementos distintos de um conjunto podendo haver ou não elementos repetidos nos resultados segundo as repetições que acontecem no conjunto de partida e não há descarte de elementos ao longo do processo ordenatório.

Exemplo 1.9

Uma prova objetiva de 10 questões do tipo verdadeiro ou falso possui gabarito com 7 questões verdadeiras e 3 falsas. De quantas maneiras distintas pode se configurar tal gabarito?

Esse tipo de situação pode ser modelada com uma $10 - upla$ ordenada tal que a abscissa representa o resultado da primeira questão, a ordenada, o resultado da segunda questão e assim por diante. Como são 10 questões e 10 respostas (10 candidatos e 10 vagas, sem descarte de candidatos) e como 7 resultados são igualmente verdadeiros e 3 igualmente falsos, o nosso conjunto de partida será $B = \{V; V; V; V; V; V; V; F; F; F\}$ com elementos repetidos. Isso certamente nos conduz a uma permutação com repetição. □

Veja a definição de Permutação com Repetição na linguagem formal:

DEFINIÇÃO 1.4: Seja um conjunto de partida (ou conjunto de base) B com $\#B = n \in \mathbb{N}^*$ elementos ao todo com um dos elementos repetidos α vezes e outro elemento repetido β vezes, $\alpha \in \mathbb{N}^*$, $\beta \in \mathbb{N}^*$. Chama-se "Permutação com Repetição de n elementos com um elemento repetido α vezes e outro repetido β vezes" o número total de $n - uplas$ com $n \in \mathbb{N}^*$ que se pode construir a partir dos elementos de B repetindo os elementos segundo as repetições constantes no conjunto de partida.

Observe o esquema que segue:

$$B = \{a_1;\ a_2; \dots; a_n\}\text{: } \alpha, \beta \rightarrow U = (\ \underset{c_0}{\underset{\downarrow}{\_}}\ ;\ \underset{c_1}{\underset{\downarrow}{\_}}\ ; \dots ;\ \underset{c_{n-3}}{\underset{\downarrow}{\_}}\ ;\ \underset{c_{n-2}}{\underset{\downarrow}{\_}}\ ;\ \underset{c_{n-1}}{\underset{\downarrow}{\_}}\ )$$

$\#B = n$ (conjunto de partida); $\dim(U) = n$ (upla de chegada); $n, \alpha, \beta \in \mathbb{N}^*$
$n \geq \alpha + \beta$ (Condição de concretude); Repetições: α, β.

TEOREMA 1.8: Dados n elementos distintos, $a_1, a_2, a_3, \dots, a_n$, com um deles repetido α vezes e outro repetido β vezes, existem $\frac{n!}{\alpha!\beta!}$ modos de ordenar esses elementos.

$$P_n^{\alpha,\beta} = \frac{n!}{\alpha!\,\beta!}; \qquad n \geq \alpha + \beta;\; n, \alpha, \beta \in \mathbb{N}^*. \tag{1.5a}$$

Na prática, ao dividir $n!$ por $\alpha!$ e por $\beta!$, o que estamos fazendo é eliminar as permutações feitas indevidamente com os elementos repetidos α vezes e β vezes. Os Exercícios resolvidos mais à frente devem deixar mais clara essa situação.

Demonstração:

Seja um conjunto $\{a_1;\ a_2;\ \ldots;\ a_n\}$, com algum dos seus elementos repetido, e todas as $n - uplas$ geradas a partir dele (do conjunto original). Sempre que algum dos elementos a_i se repete, as permutações obtidas são ditas permutações com repetição. Suponha inicialmente que somente um dos elementos se repete e ele se repete exatamente α vezes como, por exemplo, o conjunto de partida $B = \{a_1; a_1; a_1; a_2; a_3\}$. Uma das permutações possíveis é:

$(\boldsymbol{a_1}; a_2; \boldsymbol{a_1}; \boldsymbol{a_1}; a_3)$

Os a_1s da **primeira**, **terceira** e **quarta** posições podem ser permutados (trocados de lugar) à vontade que não irão gerar novas soluções, o que dá, nesse caso, $P_3 = 3! = 6$ soluções idênticas para cada configuração encontrada, e o número total de permutações possíveis se reduz a

$$P_5^3 = \frac{5!}{3!} = \frac{120}{6} = 20$$

Nesse caso, todas as permutações dos elementos repetidos necessariamente irão gerar uma mesma permutação, ou seja, cada configuração escolhida possuirá necessariamente $\alpha!$ permutações idênticas, de modo que o número total de permutações distintas, com a repetição de um elemento α vezes será

$$P_n^\alpha = \frac{n!}{\alpha!}$$

No caso de um elemento repetido $\alpha!$ vezes e outro repetido $\beta!$ vezes, basta repetir o processo, o que nos leva, analogamente, ao resultado:

$$P_n^{\alpha,\beta} = \frac{n!}{\alpha!\,\beta!}; \quad s.c.c.^5 \tag{1.5a}$$

c.q.d.

[5] *Sub congruis conditionibus* (sob as devidas condições).

Retomando, agora, o caso da prova objetiva, o problema se reduz a permutar 10 símbolos (V ou F) sendo 7 Vs e $3Fs$ de modo que faremos simplesmente

$$P_{10}^{7,3} = \frac{10!}{7!\,3!} = \frac{10.9.8.7!}{7!.6} = 120 \text{ configurações possíveis.}$$

Indutivamente, para o caso geral de um elemento repetido α vezes, um elemento repetido β vezes etc. até um último elemento que se repete ω vezes, teremos

$$P_n^{\alpha,\beta,\ldots,\omega} = \frac{n!}{\alpha!\,\beta!\,\ldots\,\omega!} \tag{1.5b}$$

Exercício Resolvido 1.12

Quantos são os anagramas da palavra BANANA?

Sugestão de Solução.

Temos aqui uma permutação de 6 letras sendo que uma delas se repete 2 vezes (letra N) e a outra se repete 3 vezes (letra A). Segue então que,

$$P_6^{2,3} = \frac{6!}{2!.3!} = \frac{6.5.4.3!}{2!.3!} = \frac{6.5.4}{2!} = 6.5.2,$$

$$P_6^{2,3} = 60 \text{ anagramas.}$$

Perceba que se fossem 6 letras sem repetições teríamos uma permutação simples e o resultado seria 6!, no entanto, a letra N se repete 2 vezes. Para eliminar a permutação dos dois Ns, que foi contabilizada indevidamente, divide-se 6! por 2!. O mesmo procedimento foi feito para a letra A que aparece três vezes.

□

Exercício Resolvido 1.13

Quantos anagramas possui a palavra BATATA que não iniciam com letras repetidas?

Sugestão de Solução.

Iniciemos computando os casos indesejáveis:

i) Anagramas iniciados por AA ou por AAA: $\{B; A; T; T\}$

A	A				

$P_4^2 = \frac{4!}{2!} = 12$

ii) Anagramas iniciados por TT: $\{B; A; A; A\}$

T	T				

$P_4^3 = \frac{4!}{3!} = 4$

De modo que

$\#I = 12 + 4 = 16$ casos indesejáveis, que iniciam por letras repetidas.

Número total de possibilidades:

$$\#T = P_6^{2,3} = \frac{6!}{2!\,3!} = \frac{6.5.4.3!}{2.3!} = 60 \text{ anagramas possíveis.}$$

Pelo Princípio da Inclusão-Exclusão aplicado a dicotomias (partições binárias) quantificamos as situações desejáveis:

$$\#T = \#D + \#I \Rightarrow \#D = \#T - \#I$$

Ou seja,

$$\#D = 60 - 16 = 44 \text{ anagramas sem duplicação no início.}$$

□

1.8.3 Permutações Caóticas

Trata-se de um tipo de permutação em que nenhum dos elementos do resultado se encontra na sua posição de origem.

Exemplo 1.10

Dada a palavra PEDRA, a palavra ARPED integra o seu rol de permutações caóticas, pois todas as letras foram trocadas de lugar, porém a palavra EDARP não corresponde a uma permutação caótica de PEDRA porque a letra R permanece na quarta posição (da esquerda para a direita).

□

Conta-se que, a uma dada altura, Nicolaus Bernoulli (1687-1759) propôs a Leonhard Paul Euler (1707-1783) o seguinte problema: "De quantas formas distintas pode-se colocar n cartas em n envelopes, endereçadas a n destinatários diferentes, de modo que nenhuma das cartas seja colocada no envelope correto?" Com certeza, um daqueles problemas do tipo: "E se tudo der errado?". Esse problema ficou conhecido como O Problema das Cartas Mal Endereçadas e a resolução feita por Euler utiliza o conceito que hoje chamamos de *Permutações Caóticas*, *Desarranjos* ou *Desordenamentos*, que corresponde a todas as permutações de um dado conjunto condicionadas pelo fato de que nenhum dos elementos permutados pode ocupar a sua posição de origem.

A expressão matemática correspondente, deduzida por Euler é a seguinte:

$$D_n = n!\left[\frac{1}{0!} - \frac{1}{1!} + \frac{1}{2!} - \frac{1}{3!} + \cdots + \frac{(-1)^n}{n!}\right]. \tag{1.6}$$

Antes de demonstrar a fórmula, vamos propor um lema:

LEMA 1.1: Seja um conjunto do tipo $\{a_1;\ a_2; \ldots; a_n\}$ com todos os seus elementos distintos. O número de permutações em que a_1 ocupa a primeira posição **ou** a_2 ocupa a segunda posição, ..., **ou** a_n ocupa a n-ésima posição é dado por

$$\#P = \frac{n!}{1!} - \frac{n!}{2!} + \frac{n!}{3!} - \cdots + (-1)^{n+1}\frac{n!}{n!}$$

Demonstração:

Iniciamos definindo os conjuntos:

A_1: conjunto de todas as permutações do conjunto original tais que o elemento a_1 se encontra na posição 1;

A_2: conjunto de todas as permutações do conjunto original tais que o elemento a_2 se encontra na posição 2;

etc.

A_n: conjunto de todas as permutações do conjunto original tais que o elemento a_n se encontra na posição n.

Desejamos calcular o valor de $\#(A_1 \cup A_2 \cup \ldots \cup A_n) = \#(\cup_{i=1}^{n} A_i) =?$

(i) Pode-se provar facilmente que

$$\#A_1 = \#A_2 = \cdots = \#A_n = (n-1)!$$

$$\#(A_1 \cap A_2) = \#(A_1 \cap A_3) = \cdots = \#(A_{n-1} \cap A_n) = (n-2)!$$

$$\#(\underbrace{A_1 \cap A_2 \cap \ldots \cap A_k}_{\text{k termos}}) = \cdots = \#(A_1 \cap A_3 \cap \ldots \cap A_{k+1}) = (n-k)!$$

(ii) Mas nós sabemos que vale, para dois conjuntos,

$$\#(A_1 \cup A_2) = \#A_1 + \#A_2 - \#(A_1 \cap A_2)$$

Para três conjuntos,

$$\begin{aligned}\#(A_1 \cup A_2 \cup A_3) \\ &= \#A_1 + \#A_2 + \#A_3 - \#(A_1 \cap A_2) - \#(A_1 \cap A_3) \\ &- \#(A_2 \cap A_3) + \#(A_1 \cap A_2 \cap A_3)\end{aligned}$$

Para quatro conjuntos,

$$\begin{aligned}\#(A_1 \cup A_2 \cup A_3 \cup A_4) \\ &= \#A_1 + \#A_2 + \#A_3 + \#A_4 - \#(A_1 \cap A_2) - \#(A_1 \cap A_3) \\ &- \#(A_1 \cap A_4) - \#(A_2 \cap A_3) - \#(A_2 \cap A_4) - \#(A_3 \cap A_4) \\ &+ \#(A_1 \cap A_2 \cap A_3) + \#(A_1 \cap A_2 \cap A_4) + \#(A_1 \cap A_3 \cap A_4) \\ &+ \#(A_2 \cap A_3 \cap A_4) - \#(A_1 \cap A_2 \cap A_3 \cap A_4)\end{aligned}$$

E, finalmente, para n conjuntos, se considerarmos (i), obteremos

$$\#\left(\bigcup_{i=1}^{n} A_i\right) = \binom{n}{1}(n-1)! - \binom{n}{2}(n-2)! + \binom{n}{3}(n-3)! - \cdots + (-1)^{n+1}\binom{n}{n}0!$$

Ou seja,

$$\#P = \#\left(\bigcup_{i=1}^{n} A_i\right) = \frac{n!}{1!} - \frac{n!}{2!} + \frac{n!}{3!} - \cdots + (-1)^{n+1}\frac{n!}{n!} \qquad (1.7)$$

c.q.d.

A partir desse resultado, podemos deduzir a expressão das permutações caóticas:

TEOREMA 1.9: Seja um conjunto do tipo $\{a_1;\ a_2; \dots ; a_n\}$ com todos os seus elementos distintos. O número de permutações em que a_1 **não** ocupa a primeira posição **e** a_2 **não** ocupa a segunda posição, ..., **e** a_n **não** ocupa a n-ésima posição é dado por

$$D_n = n!\left[1 - \frac{1}{1!} + \frac{1}{2!} - \frac{1}{3!} + \cdots + (-1)^n \frac{1}{n!}\right] \quad (1.6)$$

Demonstração:

Utilizando o Princípio da Inclusão-Exclusão, o número de permutações em que nenhum dos elementos ocupa a sua posição original (lista de origem) corresponde exatamente à diferença entre todas as permutações possíveis e o número de permutações em que **pelo menos um** dos elementos se encontra na sua posição original, conforme o lema anterior. Sendo assim, basta fazer

$$D_n = n! - \#\left(\bigcup_{i=1}^{n} A_i\right)$$

$$D_n = n! - \left(\frac{n!}{1!} - \frac{n!}{2!} + \frac{n!}{3!} - \cdots + (-1)^{n+1}\frac{n!}{n!}\right)$$

$$\therefore\ D_n = n!\left[1 - \frac{1}{1!} + \frac{1}{2!} - \frac{1}{3!} + \cdots + (-1)^n \frac{1}{n!}\right] \quad (1.6)$$

Essa expressão pode ser escrita de forma mais compacta como

$$D_n = n!\sum_{i=0}^{n} \frac{(-1)^i}{i!} \quad (1.8)$$

c.q.d.

Uma variante mais moderna para o Problema da Cartas Mal Endereçadas é o Problema do Amigo Secreto: "De quantas formas diferentes poderemos sortear n pessoas em um amigo secreto de modo que ninguém sorteie o seu próprio nome?". Existe, inclusive, uma variante probabilística para esse enunciado: "Em uma brincadeira de amigo secreto que envolve n pessoas, qual a probabilidade de nenhum dos participantes sortear o seu próprio nome? Existe alguma maneira de tornar essa probabilidade próxima de 100%?". Tente resolver o problema!

Uma propriedade muito interessante das permutações caóticas é a sua relação de recorrência, que apresentamos no teorema que segue.

TEOREMA 1.10: Seja um conjunto com n elementos, $\{a_1;\ a_2; \dots ; a_n\}$ todos distintos. O número de permutações caóticas desse conjunto se relaciona com os números de permutações caóticas dos conjuntos imediatamente menores, de $n-1$ e $n-2$ elementos respectivamente, através da seguinte fórmula de recorrência:

$$D_n = (n-1).(D_{n-1} + D_{n-2}) \tag{1.9}$$

Demonstração:

Para provar essa expressão, basta desenvolver o segundo membro e chegar ao primeiro:

$$D_{n-1} + D_{n-2} = (n-1)! \sum_{i=0}^{n-1} \frac{(-1)^i}{i!} + (n-2)! \sum_{i=0}^{n-2} \frac{(-1)^i}{i!}$$

$$D_{n-1} + D_{n-2} = (n-1)(n-2)! \left(\sum_{i=0}^{n-2} \frac{(-1)^i}{i!} + \frac{(-1)^{n-1}}{(n-1)!} \right) + (n-2)! \sum_{i=0}^{n-2} \frac{(-1)^i}{i!},$$

$$D_{n-1} + D_{n-2} = (n-1)(n-2)! \sum_{i=0}^{n-2} \frac{(-1)^i}{i!} + (-1)^{n-1} + (n-2)! \sum_{i=0}^{n-2} \frac{(-1)^i}{i!},$$

$$D_{n-1} + D_{n-2} = (n-2)! \sum_{i=0}^{n-2} \frac{(-1)^i}{i!} (n-1+1) + \frac{n(n-1)!}{n(n-1)!} (-1)^{n-1},$$

$$D_{n-1} + D_{n-2} = n(n-2)! \sum_{i=0}^{n-2} \frac{(-1)^i}{i!} + \frac{n(n-2)!}{n(n-2)!} (-1)^{n-1},$$

$$D_{n-1} + D_{n-2} = n(n-2)! \left[\sum_{i=0}^{n-2} \frac{(-1)^i}{i!} + \frac{(-1)^{n-1}}{n(n-2)!} \right],$$

$$D_{n-1} + D_{n-2} = n(n-2)! \left[\sum_{i=0}^{n-2} \frac{(-1)^i}{i!} + \frac{(n-1)(-1)^{n-1}}{n(n-1)(n-2)!} \right],$$

$$D_{n-1} + D_{n-2} = n(n-2)! \left[\sum_{i=0}^{n-2} \frac{(-1)^i}{i!} + \frac{n(-1)^{n-1} - (-1)^{n-1}}{n(n-1)(n-2)!} \right],$$

$$D_{n-1} + D_{n-2} = n(n-2)! \left[\sum_{i=0}^{n-2} \frac{(-1)^i}{i!} + \frac{n(-1)^{n-1} + (-1)^n}{n(n-1)(n-2)!} \right],$$

$$D_{n-1} + D_{n-2} = n(n-2)! \left[\sum_{i=0}^{n-2} \frac{(-1)^i}{i!} + \frac{(-1)^n}{n(n-1)(n-2)!} + \frac{n(-1)^{n-1}}{n(n-1)(n-2)!} \right],$$

$$D_{n-1} + D_{n-2} = n(n-2)!\left[\sum_{i=0}^{n-2}\frac{(-1)^i}{i!} + \frac{(-1)^{n-1}}{(n-1)!} + \frac{(-1)^n}{n!}\right],$$

$$D_{n-1} + D_{n-2} = n(n-2)!\left[\sum_{i=0}^{n}\frac{(-1)^i}{i!}\right].$$

Multiplicando dos dois lados por $n-1$, obtemos

$$(n-1).(D_{n-1} + D_{n-2}) = n(n-1)(n-2)!\left[\sum_{i=0}^{n}\frac{(-1)^i}{i!}\right],$$

$$(n-1).(D_{n-1} + D_{n-2}) = n!\left[\sum_{i=0}^{n}\frac{(-1)^i}{i!}\right] = D_n,$$

$$\therefore\quad D_n = (n-1).(D_{n-1} + D_{n-2}) \tag{1.9}$$

c.q.d.

Exercício Resolvido 1.14

Seis funcionários de uma repartição trabalham cada um em uma mesa, todos na mesma sala. O chefe da repartição determinou que os funcionários trocassem de mesa entre eles. Os funcionários podem ser realocados na sala de modo que nenhum funcionário passe a ocupar a mesa que ocupava antes da realocação. De quantas maneiras distintas isto pode ser feito?

Sugestão de Solução.

$$D_6 = 6!\left[\frac{1}{0!} - \frac{1}{1!} + \frac{1}{2!} - \frac{1}{3!} + \frac{1}{4!} - \frac{1}{5!} + \frac{1}{6!}\right] = 720\left(1 - 1 + \frac{1}{2} - \frac{1}{6} + \frac{1}{24} - \frac{1}{120} + \frac{1}{720}\right),$$

$$D_6 = \left(720 - 720 + \frac{720}{2} - \frac{720}{6} + \frac{720}{24} - \frac{720}{120} + \frac{720}{720}\right) = 360 - 120 + 30 - 6 + 1,$$

$$D_6 = 265 \text{ maneiras.}$$

□

Exercício Resolvido 1.15

Existe uma forma alternativa para resolução de problemas de permutação caótica, que consiste em dividir $n!$ pelo número de Euler, isto é

$$D_n \cong \frac{n!}{e}, \tag{1.10}$$

onde $e \cong 2{,}718$. O resultado procurado será sempre o número inteiro mais próximo do valor obtido.

Sugestão de Solução.

Sabemos que os desarranjos são dados pela expressão:

$$D_n = n! \sum_{i=0}^{n} \frac{(-1)^i}{i!}$$

Sabemos também, do Cálculo de Séries, que a função exponencial natural tem a seguinte expansão em série de Taylor:

$$e^x = 1 + \frac{x}{1!} + \frac{x^2}{2!} + \frac{x^3}{3!} + \cdots, \qquad -\infty < x < \infty$$

Ou seja,

$$e^x = \sum_{i=0}^{+\infty} \frac{x^i}{i!}$$

Compare visualmente os dois somatórios e perceba que é possível colocar um em função do outro facilmente. Vamos partir da expressão dos desarranjos:

$$D_n = n! \sum_{i=0}^{n} \frac{(-1)^i}{i!}$$

$$\frac{D_n}{n!} = \sum_{i=0}^{n} \frac{(-1)^i}{i!}$$

$$\lim_{n\to\infty} \frac{D_n}{n!} = \lim_{n\to\infty} \sum_{i=0}^{n} \frac{(-1)^i}{i!} = e^{-1}$$

Isso significa que a probabilidade (razão) dos desarranjos converge. Seja, então, N um valor muito grande de n, podemos considerar que vale

$$\frac{D_N}{N!} \cong \frac{1}{e}$$

$$D_N \cong \frac{N!}{e} \tag{1.10}$$

□

▪ COMENTÁRIOS:

1) Quanto maior for N, melhor será a aproximação (menor o erro cometido);

2) Nós retomaremos essa discussão da convergência da probabilidade dos desarranjos no próximo capítulo.

Exercício Resolvido 1.16

Em uma festa de final de ano, quatro pessoas resolvem brincar de amigo secreto. Cada nome é escrito em um pedaço de papel e inserido em uma urna. A seguir, cada participante retira um deles ao acaso. Existe um número x de possibilidades de retirada dos nomes para que nenhum dos participantes da brincadeira pegue o seu próprio nome. Esse número x corresponde à quantidade de permutações caóticas com os nomes dados, determine-o.

Sugestão de Solução.

Pela expressão de Euler para permutação caótica, temos

$$x = 4!\left[\frac{1}{0!} - \frac{1}{1!} + \frac{1}{2!} - \frac{1}{3!} + \frac{1}{4!}\right] = 24\left(1 - 1 + \frac{1}{2} - \frac{1}{6} + \frac{1}{24}\right),$$

$$x = 24\left(\frac{12 - 4 + 1}{24}\right) = 9.$$

Alternativamente,

$$x = \frac{24}{2{,}718} \cong 8{,}83 \approx 9 \text{ possibilidades.}$$

□

1.8.4 Permutações Circulares

A Permutação Circular, a rigor, constitui uma Permutação Simples tal que o último elemento da fila é considerado como antecessor do primeiro, como acontece, por exemplo, com pessoas sentadas em torno de uma mesa circular.

Exemplo 1.11

Alberto (a), Bernardo (b), Carlos (c) e Diego (d) pretendem fazer uma reunião de modo que eles irão se assentar em torno de uma mesa circular. De quantas maneiras diferentes eles poderão se acomodar?

Perceba que, na prática, a configuração $(a; b; c; d)$ é igual a $(d; a; b; c)$, pois pode ser obtida a partir dela por simples rotação, partindo da premissa de que Diego (d) e Alberto (a) estão sentados um do lado do outro.

□

Veja a definição de Permutação Circular na linguagem formal:

DEFINIÇÃO 1.5: Seja um conjunto de partida (ou conjunto de base) B com $\#B = n \in \mathbb{N}^*$ elementos ao todo. Chama-se "Permutação Circular de n elementos" o número total de $n - uplas$ com $n \in \mathbb{N}^*$ que se pode construir a partir dos elementos de B sem repeti-los, tal que, em cada fila formada, o último elemento é considerado como antecessor do primeiro.

$$B = \{a_1;\ a_2; \ldots; a_n\} \rightarrow U = (\ \_\ ;\ \_\ ; \ldots ;\ \_\ ;\ \_\ ;\ \_\ ):\ c_0\ e\ c_{n-1} \text{ são vizinhos}$$

$$\downarrow \quad \downarrow \quad \downarrow \quad \downarrow \quad \downarrow$$

$$c_0 \quad c_1 \quad c_{n-3} \quad c_{n-2} \quad c_{n-1}$$

$\#B = n$ (conjunto de partida) $dimU =$ n (upla de chegada) $n \in \mathbb{N}^*$

TEOREMA 1.11: A permutação circular de n elementos (PC_n) pode ser obtida através de seguinte equação

$$PC_n = (n-1)!, \quad n \in \mathbb{N}^*. \tag{1.11}$$

Demonstração:

Vamos discutir, inicialmente, a situação particular: "De quantas maneiras diferentes quatro pessoas podem sentar-se em torno de uma mesa circular?". Em princípio, nomeando as pessoas com as letras $a, b, c\ e\ d$, existem $P_4 = 4! = 24$ permutações distintas para as quatro pessoas, contudo, devido à disposição circular, acontece que as sequências $abcd, bcda, cdab\ e\ dabc$ são todas equivalentes, pois correspondem a meras rotações umas das outras. Tome como referência a letra superior direita e faça a leitura no sentido horário. Perceba que uma configuração pode ser obtida facilmente a partir de outra, simplesmente girando o conjunto no sentido anti-horário:

Figura 1.12 – Permutações circulares de quatro elementos.

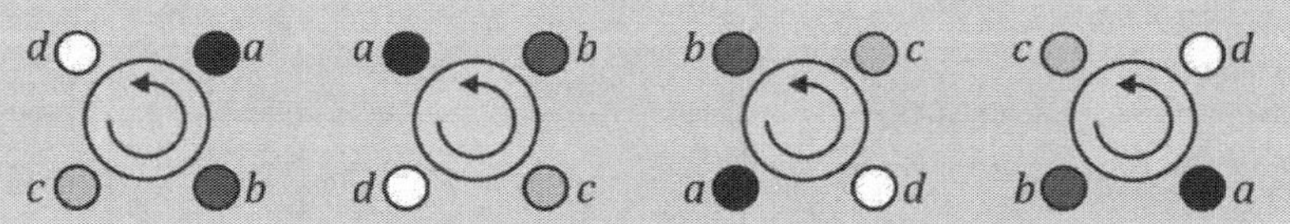

Fonte: Os autores (2024).

Perceba, ainda que há quatro configurações equivalentes porque há exatamente quatro movimentos rotacionais possíveis de serem executados. Se é verdade que essa equivalência acontece com todos os quartetos possíveis, então, na verdade, existem somente $^{4!}/_{4} = 6$ possibilidades distintas.

Generalizando para uma quantidade qualquer n de pessoas, percebemos que existirão exatamente n configurações equivalentes, cada uma delas referente a uma unidade de rotação (um movimento dos n possíveis) e, raciocinando indutivamente, obteremos

$$PC_n = \frac{n!}{n},$$

$$\therefore \ PC_n = (n-1)!\,; \quad n \in \mathbb{N}^*. \qquad (1.11)$$

c.q.d.

Como acaba de ser exposto, as quatro pessoas, Alberto, Bernardo, Carlos e Diego poderão se acomodar em torno da mesa apenas de 6 maneiras diferentes. Para cada configuração possível (anagramas), existirão outras 4 configurações inteiramente equivalentes por rotações.

Veja o caso geral. Repare que, apesar dos vizinhos serem rigorosamente os mesmos em sentidos contrários, $(a; b; c; d) \neq (b; a; d; c)$, ou seja, se nós percorremos a fila no sentido horário e no sentido anti-horário, chegaremos a soluções distintas, mesmo se os vizinhos forem os mesmos caso a caso. Isso acontece porque a única operação aceitável com permutações circulares é o "passeio" rotacional, ou seja, todas as rotações possíveis **em um dado sentido pré-fixado**. No caso, $(a; b; c; d)$ e $(b; a; d; c)$ são imagens especulares uma da outra obtidas por **rebatimento**, como uma pulseira posta sobre a mesa e virada, e não por **rotações**.

Figura 1.13 – Todas as permutações circulares para quatro pessoas.

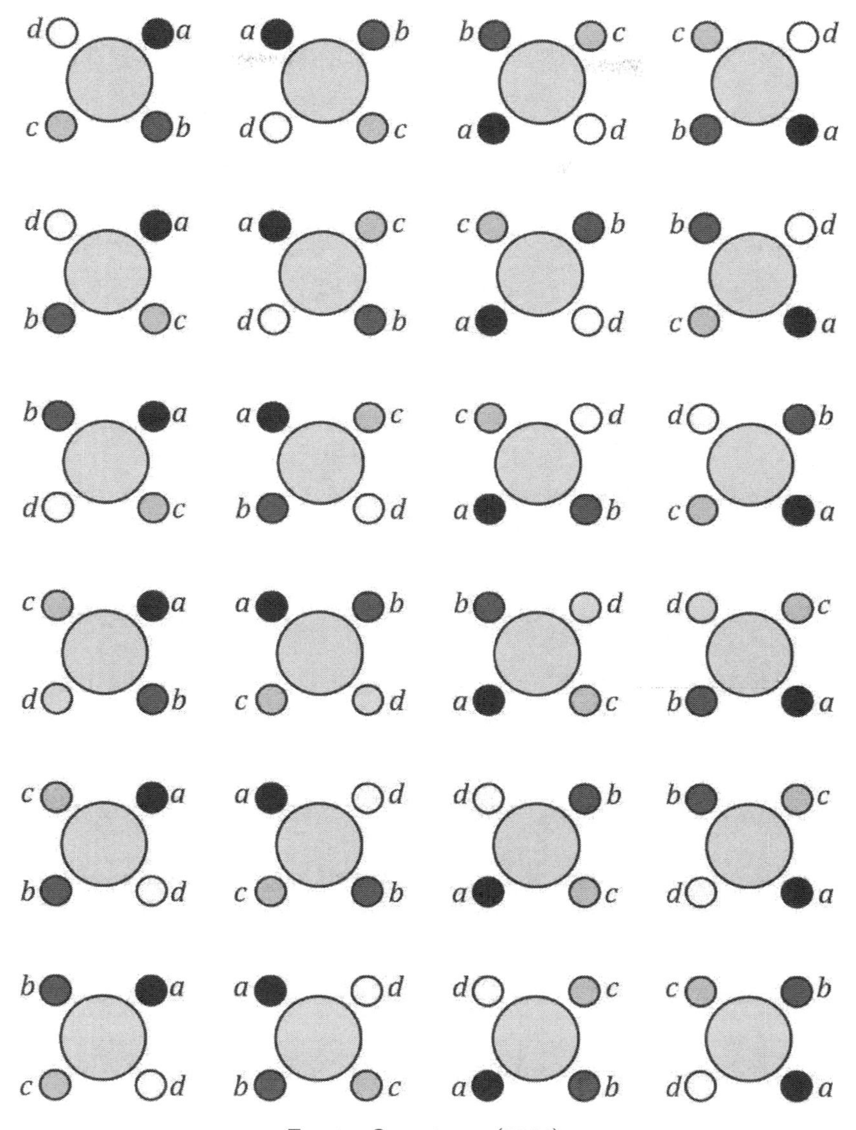

Fonte: Os autores (2024).

Perceba que *abcd* aparece na figura acima na primeira linha e primeira coluna, já *badc* aparece na sexta linha e primeira coluna. Confira, na Figura 1.14, que elas são, de fato, imagens especulares, de modo que basta "virar" uma sobre o papel para obter a outra. Tecnicamente falando, dizemos que essas representações gráficas são antípodas ópticos, enantiômeros, enanciômeros ou figuras quirais:

Figura 1.14 – *abcd* e *adcb* são soluções distintas, apesar das vizinhanças serem as mesmas. Essas configurações são obtidas por rebatimento, e não por rotações.

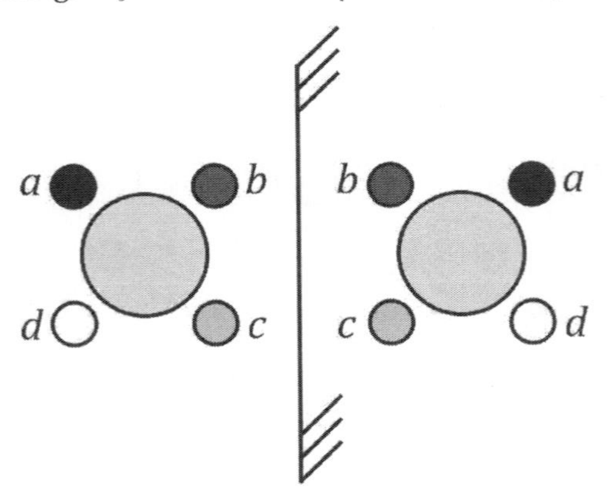

Fonte: Os autores (2024).

DESAFIO 1.1
Construa uma fórmula matemática capaz de resolver, no caso geral, as seguintes combinatórias: a) Permutações circulares com repetição; b) Permutações caóticas (desarranjos) com repetição.

Seguem dois problemas de aplicação sobre Permutações Circulares:

Exercício Resolvido 1.17
Suponha uma mesa de formato circular com três cadeiras ao seu redor, C1, C2 e C3. De quantas formas distintas três pessoas podem sentar-se ao redor dessa mesa. **Sugestão de Solução nº 1:** A Figura 1.9 nos mostra todas as combinações possíveis para o problema.

Figura 1.15 – Permutação Circular.

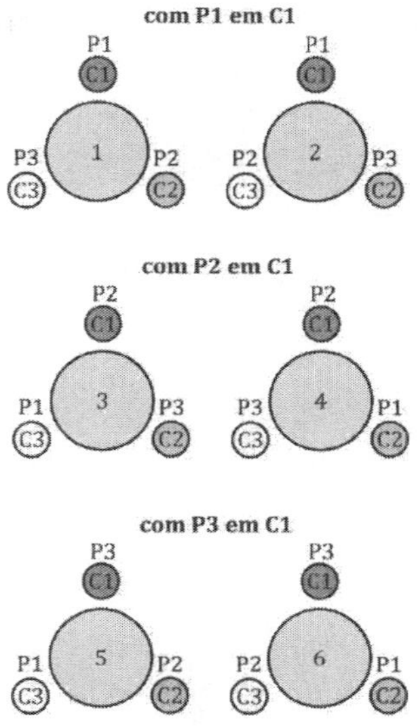

com P1 em C1
P1
C1
P3
C3
1
P2
C2
P1
C1
P2
C3
2
P3
C2
com P2 em C1
P2
C1
P1
C3
3
P3
C2
P2
C1
P3
C3
4
P1
C2
com P3 em C1
P3
C1
P1
C3
5
P2
C2
P3
C1
P2
C3
6
P1
C2

Fonte: Os autores (2024).

Perceba que 6 e 3 podem ser obtidas de 1 por rotações no sentido horário, logo elas são equivalentes e devem ser contadas como uma única possibilidade. Da mesma forma, 3 e 5 são equivalentes a 2. O que caracteriza as formas distintas das pessoas se sentarem são somente suas posições relativas.

Figura 1.16 – Permutações Circulares idênticas rotacionadas.

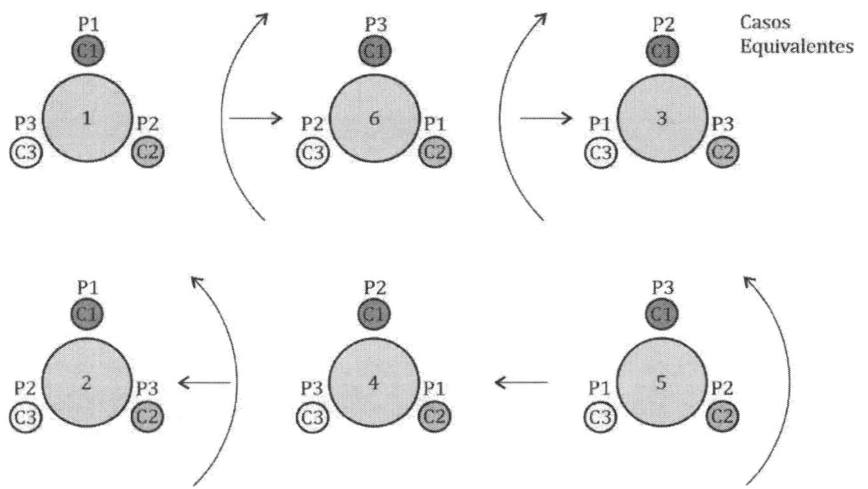

Casos
Equivalentes
P1
C1
P3
C3
1
P2
C2
P3
C1
P2
C3
6
P1
C2
P2
C1
P1
C3
3
P3
C2
P1
C1
P2
C3
2
P3
C2
P2
C1
P3
C3
4
P1
C2
P3
C1
P1
C3
5
P2
C2

Fonte: Os autores (2024).

Portanto, temos apenas 2 formas distintas para estas pessoas se sentarem.

Sugestão de Solução nº 2:

Considere três pessoas e três cadeiras. A primeira pessoa a sentar-se teria 3 possibilidades de escolha de cadeira, a segunda teria 2 possibilidades de escolha de cadeira e a terceira teria apenas uma opção, certo? Teríamos,

$$P_3 = 3! = 3.2.1 = 6.$$

Perceba, no entanto, que cada uma das possibilidades foi contada 3 vezes (3 contagens indevidas), logo

$$PC_3 = \frac{3!}{3} = \frac{3.2!}{3} = 2! = 2 \text{ formas distintas.}$$

Pensando dessa forma, podemos generalizar o resultado para n cadeiras:

$$PC_n = \frac{n!}{n} = \frac{n(n-1)!}{n} = (n-1)!$$

Utilizando a equação chegamos a mesma conclusão anterior:

$$PC_n = (3-1)! = 2.1, \ PC_n = 2.$$

Existe outra forma de resolver? Pense!

□

Exercício Resolvido 1.18

Suponha que uma roda gigante tenha 10 cabines numeradas de 1 a 10. De quantas formas distintas dez pessoas podem brincar nesta roda gigante sem que uma mesma configuração se repita e dado que duas dessas pessoas não querem sentar-se uma ao lado da outra?

Sugestão de Solução.

Nomeando as pessoas com letras maiúsculas e considerando uma leitura feita no sentido horário, se as pessoas A e B não aceitam sentar-se uma ao lado da outra, então tanto as configurações que incluem AB quanto as que incluem BA (coisas diferentes) devem ser evitadas. Usaremos, portanto, o Princípio da Inclusão-Exclusão admitindo, nos casos indesejáveis, AB e, posteriormente, BA como um único "bloco", ou seja, como se fosse uma única pessoa:

$$\#D = \#T - \#I$$

$$\#D = PC_{10} - 2.PC_9$$

$$\#D = (10-1)! - 2.(9-1)! = 9! - 2.8!$$

$$\therefore \ \#D = 7.8! = 282.240 \text{ formas distintas.}$$

□

1.9 Combinações

A combinação é uma prática que está relacionada à escolha de elementos para formação de conjuntos. As combinações costumam ser classificadas em três tipos:

a) *Combinação simples*, tipo de combinação em que os elementos não se repetem e não interessa a ordem na qual os elementos aparecem;

b) *Combinação composta* (ou Combinação Completa ou Com Repetição), quando se admitem elementos repetidos na combinação.

c) *Combinação condicionada*, como próprio nome sugere, corresponde ao tipo de combinação em que se impõem condições aos elementos. De um modo geral, exige-se que um determinado número de elementos participe ou seja excluído da combinação.

1.9.1 Combinações Simples:

Nós identificamos Combinações Simples sempre que percebemos que, a partir de um conjunto dado, precisamos formar outros conjuntos, em princípio, menos populosos e cujos elementos não se repetem.

Exemplo 1.12

Quatro amigos, Alberto (a), Bernardo (b), Carlos (c) e Diego (d) são bolsistas de iniciação científica e o seu orientador conseguiu financiamento para dois estudantes participarem de um congresso. Como o índice de rendimento acadêmico dos quatro amigos é o mesmo, ele resolveu sortear dois nomes. De quantas formas diferentes pode acontecer o resultado desse sorteio?

Podemos modelar este problema admitindo um conjunto de base $B = \{a; b; c; d\}$ como conjunto de partida e um conjunto binário $C = \{\_; \_\}$ de chegada. Perceba que $\{a; b\} = \{b; a\}$, pois a ordem do sorteio não muda o resultado. Admitiremos, ainda, que $\{a; a\}$ não é um resultado aceitável, pois uma mesma pessoa não pode ser sorteada duas vezes. Teremos, então, uma Combinação Simples com $\#B = n = 4$ (candidatos) e $\#C = p = 2$ (vagas).

□

Veja a definição de Combinação Simples na linguagem formal:

DEFINIÇÃO 1.6: Seja um conjunto de partida (ou conjunto de base) B com $\#B = n \in \mathbb{N}^*$ elementos ao todo. Chama-se "Combinação Simples de n

classe p" ou "Combinação Simples de n (elementos tomados) p a p" o número total de conjuntos de p elementos com $n, p \in \mathbb{N}^*, p \leq n$ que se pode construir a partir dos elementos de B *sem repetir* os seus elementos.

$$B = \{a_1;\ a_2; \dots; a_n\} \rightarrow C = \{\_\ ;\ \_\ ; \dots;\ \_\ ;\ \_\ ;\ \_\}$$

$$\downarrow \quad \downarrow \quad \downarrow \quad \downarrow \quad \downarrow$$

$$c_0 \quad c_1 \quad c_{p-3} \quad c_{p-2} \quad c_{p-1}$$

$$\#B = n \text{ (conjunto de partida) } \#C = p \text{ (conjunto de chegada) } n, p \in \mathbb{N}^*, p \leq n.$$

TEOREMA 1.12: O número de Combinações Simples que se pode formar a partir de um conjunto de n elementos tomados p a p é dado por

$$C_n^p = \binom{n}{p} = \frac{n!}{p!\,(n-p)!}; \quad n, p \in \mathbb{N}^*;\ p \leq n \qquad (1.12b)$$

Demonstração:

Seja um conjunto $\{a_1;\ a_2; \dots; a_n\}$ e todas as $p - conjuntos$, menos populosos, gerados a partir dele. Didaticamente, podemos pensar em n candidatos (objetos disponíveis a serem escolhidos) que podem ocupar p vagas (elementos na sequência não-ordenada) rejeitando-se a possibilidade de repetir quaisquer um deles. Raciocinando com as escolhas de cada elemento, um a um, a contagem será feita da seguinte forma: dado um resultado qualquer, pensado inicialmente como um arranjo, ao fazermos a sua transposição para conjunto, perceberemos que todas as suas permutações são equivalentes, de modo que cada arranjo terá exatamente $p!$ arranjos outros equivalentes a ela. Consideremos, por exemplo, os arranjos de 3 elementos, quando convertemos as triplas ordenadas em conjuntos:

$$\{a; b; c\} = \{a; c; b\} = \{b; a; c\} = \{b; c; a\} = \{c; a; b\} = \{c; b; a\}$$

$$\{a; b; d\} = \{a; d; b\} = \{b; a; d\} = \{b; d; a\} = \{d; a; b\} = \{d; b; a\}$$

$$\dots \quad \dots \quad \dots \quad \dots \quad \dots \quad \dots$$

$$\{e; f; g\} = \{e; g; f\} = \{f; e; g\} = \{f; g; e\} = \{g; e; f\} = \{g; f; e\}$$

Nesse caso, serão sempre $3! = 6$ conjuntos idênticos a serem "descontados" dos arranjos calculados inicialmente.

Deste modo, o número total de Combinações Simples de n objetos p a p $\left[\text{Notações: } C_n^p, C_{n,p}, \text{ou ainda } \binom{n}{p}\right]$, no caso geral, pode ser obtido através da expressão:

$$C_n^p = \frac{A_n^p}{p!}, \quad (1.12a)$$

ou ainda,

$$C_n^p = \frac{n!}{p!\,(n-p)!}, \quad n, p \in \mathbb{N}^*; \quad n \geq p \quad (1.12b)$$

c.q.d.

Sendo assim, o caso dos bolsistas de iniciação científica ($n = 4$) que irão participar de um sorteio para duas pessoas ($p = 2$) se reduz ao cálculo da seguinte combinação:

$$C_4^2 = \binom{4}{2} = 6 \text{ resultados diferentes possíveis.}$$

RELEMBRANDO:

1) Algumas vezes, por razões didáticas, costuma-se apelidar n de "número de candidatos" e p de "número de vagas", porém essas letras também podem ser, eventualmente, pensadas no sentido contrário.

2) A Combinação Simples se diferencia do Arranjo Simples pelo fato de que, na primeira, a ordem dos objetos combinatórios não é considerada (forma-se *conjuntos*), já no segundo ela deve ser (forma-se *p-uplas*). Ou seja, se a ordem não for importante o problema trata de uma combinação, no entanto, caso a ordem seja importante trata-se de um problema de arranjo. No caso do Arranjo Simples faz-se primeiro a escolha dos p elementos a serem utilizados para, em seguida, permutá-los.

3) Em outras palavras, a combinação de n objetos p a p (também chamada de combinação de n objetos classe p) equivale ao número de conjuntos que é possível formar com p elementos a partir de um conjunto mais amplo de n elementos. Já o arranjo de n objetos p a p (também chamada de arranjo de n objetos classe p) equivale ao número de *uplas* que é possível formar com p elementos a partir de um conjunto de partida de n elementos.

4) No caso da Combinação Simples, a divisão de A_n^p por $p!$ ocorre devido ao fato de, no arranjo, a ordem dos elementos ter sido considerada (*p-uplas*), o que resultou em $p!$ **contagens indevidas** para cada subconjunto. Isso justifica a divisão por $p!$.

DESAFIO 1.2

Explique como devem ser calculados os Arranjos Simples e as Combinações Simples no caso de $p > n$. Como interpretar esse tipo de situação? Como ficam as relações matemáticas nesse caso?

1.9.2 Triângulo de Pascal: Combinações Simples e Números Binomiais

O Triângulo de Pascal consiste numa disposição de números em forma triangular e é construído usando-se as seguintes regras:

a) Os números nas bordas do triângulo são sempre iguais a 1;

b) Os demais números (que não estão nas bordas) são obtidos somando-se os dois números que estão diretamente acima deles.

Cada linha do triângulo representa os coeficientes binomiais do produto notável correspondente à soma de dois números quaisquer elevada à potência correspondente ao número da linha. Além disso, a soma de tais coeficientes será sempre uma potência de 2.

O triângulo de Pascal recebe esse nome em homenagem ao matemático francês Blaise Pascal (1623 - 1662), que estudou profundamente suas propriedades e aplicações.

Os elementos de cada linha do triângulo de Pascal podem ser obtidos empregando-se a equação de Combinação Simples:

$$\boldsymbol{C_0^0} \rightarrow 1 = 1 = 2^0$$

$$\boldsymbol{C_1^0} \quad \boldsymbol{C_1^1} \rightarrow 1 + 1 = 2 = 2^1$$
$$\boldsymbol{C_2^0} \quad \boldsymbol{C_2^1} \quad \boldsymbol{C_2^2} \rightarrow 1 + 2 + 1 = 4 = 2^2$$
$$\boldsymbol{C_3^0} \quad \boldsymbol{C_3^1} \quad \boldsymbol{C_3^2} \quad \boldsymbol{C_3^3} \rightarrow 1 + 3 + 3 + 1 = 8 = 2^3$$
$$\boldsymbol{C_4^0} \quad \boldsymbol{C_4^1} \quad \boldsymbol{C_4^2} \quad \boldsymbol{C_4^3} \quad \boldsymbol{C_4^4} \rightarrow 1 + 4 + 6 + 4 + 1 = 16 = 2^4$$
$$\boldsymbol{C_5^0} \quad \boldsymbol{C_5^1} \quad \boldsymbol{C_5^2} \quad \boldsymbol{C_5^3} \quad \boldsymbol{C_5^4} \quad \boldsymbol{C_5^5} \rightarrow 1 + 5 + 10 + 10 + 5 + 1 = 32 = 2^5$$
$$\boldsymbol{C_6^0} \quad \boldsymbol{C_6^1} \quad \boldsymbol{C_6^2} \quad \boldsymbol{C_6^3} \quad \boldsymbol{C_6^4} \quad \boldsymbol{C_6^5} \quad \boldsymbol{C_6^6} \rightarrow 1 + 6 + 15 + 20 + 15 + 6 + 1 = 64 = 2^6$$
$$\boldsymbol{C_n^0} \; \dots \dots \dots \dots \dots \dots \dots \dots \; \boldsymbol{C_n^n} \rightarrow 1 + \quad \dots \quad + 1 = \boldsymbol{2^n}$$
$$\dots \dots \dots \dots \dots \dots \dots \dots \dots \dots \dots \rightarrow 1 + \quad \dots \quad + 1 = \cdots.$$

Vale a pena salientar que o número binomial corresponde exatamente à combinação admitindo-se, extensivamente, n ou p nulos:

$$\binom{n}{p} = C_n^p = C_{n,p}, \qquad n, p \in \mathbb{N} \; e \; n \geq p \qquad (1.12c)$$

Didaticamente, também podemos pensar os números binomiais em termos de linha e coluna do Triângulo de Pascal: $\binom{L}{C}$. Nesse caso, iniciaremos a contagem pela linha zero e coluna zero.

O Triângulo de Pascal é útil em diversas áreas da matemática, como na Teoria das Probabilidades, na Análise Combinatória e na Álgebra. Ele também apresenta diversas propriedades interessantes como a simetria em relação ao eixo central e a ocorrência de números triangulares em sua diagonal principal, além da famosa Relação de Stifel, que é utilizada na sua construção:

$$\binom{n-1}{p-1} + \binom{n-1}{p} = \binom{n}{p} \tag{1.13}$$

□

DESAFIO 1.3

Mostre que a soma dos elementos da $n - ésima$ linha do Triângulo de Pascal vale exatamente 2^n .

DESAFIO 1.4

Encontre uma expressão matemática para a soma dos elementos da $n - ésima$ coluna do Triângulo de Pascal.

Exercício Resolvido 1.19

Quantas saladas de frutas diferentes podemos criar com Abacaxi, Morango, Pera, Maçã, Goiaba e Uva se desejamos agrupá-las de três em três?

Sugestão de Solução.

Perceba que a ordem dos elementos não modifica o agrupamento.

Como são seis frutas e desejamos agrupá-las de três em três:

$$C_6^3 = \binom{6}{3} = \frac{6!}{3!\,(6-3)!} = \frac{6.5.4.3!}{3.2.1.3!},$$

$$C_6^3 = 20 \text{ saladas diferentes.}$$

□

Exercício Resolvido 1.20

Determine o conjunto $C = \{1,2,3,4,5,6,7,8\}$:

a) Determine os subconjuntos de C que tenham 2 elementos.

b) Determine os subconjuntos de C que tenham 3 elementos.

c) Determine os subconjuntos de C que tenham 4 elementos.

d) Determine os subconjuntos de C que tenham 5 elementos.

Sugestão de Solução.

a) Perceba inicialmente que conjuntos do tipo $\{1,3\}$ e $\{3,1\}$ são conjuntos iguais, pois um conjunto é caracterizado por seus elementos e não pela ordem com a qual eles aparecem.

Inicialmente vamos calcular o arranjo A_8^2,

$$A_8^2 = \frac{8!}{(8-2)!},$$

Perceba, que no arranjo a ordem dos elementos é importante, logo, cada subconjunto foi contado 2! vezes. Para encontrarmos a combinação devemos extrair os elementos contatos indevidamente, o que pode ser feito dividindo A_8^2 por 2!. Portanto,

$$C_8^2 = \frac{8!}{2!.(8-2)!} = \frac{8.7.6!}{2!.6!}$$

$$C_8^2 = 28 \text{ subconjuntos.}$$

b) Inicialmente vamos calcular o arranjo A_8^3,

$$A_8^2 = \frac{8!}{(8-3)!},$$

No arranjo a ordem dos elementos é importante, logo, cada subconjunto foi contado 3! vezes. Para encontrarmos a combinação devemos extrair os elementos contatos indevidamente, o que pode ser feito dividindo A_8^3 por 3!. Portanto,

$$C_8^2 = \frac{8!}{3! \times (8-3)!} = \frac{8.7.6.5!}{3!.5!} = 8.7,$$

$$C_8^2 = 56 \text{ subconjuntos.}$$

c) Inicialmente vamos calcular o arranjo A_8^4,

$$A_8^4 = \frac{8!}{(8-4)!},$$

Perceba, que no arranjo a ordem dos elementos é importante, logo, foram contados 4! elementos de forma indevida. Para encontrarmos a combinação devemos extrair os elementos contatos indevidamente, o que pode ser feito dividindo A_8^4 por 4!. Portanto,

$$C_8^4 = \frac{8!}{4!.(8-4)!} = \frac{8.7.6.5.4!}{4!.4!} = \frac{8.7.6.5}{4.3.2.1} = 2.7.1.5,$$

$$C_8^4 = 70 \text{ subconjuntos.}$$

d) Inicialmente vamos calcular o arranjo A_8^5,

$$A_8^5 = \frac{8!}{(8-5)!},$$

Perceba, que no arranjo a ordem dos elementos é importante, logo, foram contados 5! elementos de forma indevida. Para encontrarmos a combinação devemos extrair os elementos contatos indevidamente, o que pode ser feito dividindo A_8^4 por 4!. Portanto,

$$C_8^5 = \frac{8!}{5!.(8-5)!} = \frac{8.7.6.5.4.3!}{4!.3!} = \frac{8.7.6.5.4}{4.3.2.1} = 8.7.1.5,$$

$$C_8^4 = 280 \text{ subconjuntos.}$$

Perceba que é possível, a partir desses exemplos, generalizar a equação para obter a combinação de n elementos combinados p a p. Tal generalização corresponde às equações (7.1) e (7.2).

□

Exercício Resolvido 1.21

Nós chamamos de Conjunto das Partes o conjunto de todos os subconjuntos possíveis de um dado conjunto. Seja um conjunto qualquer com n elementos distintos. Determine a cardinalidade do seu Conjunto das Partes.

Sugestão de Solução.

O número de subconjuntos que podemos formar a partir de um conjunto de n elementos e que possuem p elementos, $p < n$, é dado por:

$$\binom{n}{p}$$

Porém o Conjunto das Partes inclui subconjuntos com n elementos (que corresponde ao próprio conjunto), $n-1$ elementos, $n-2$ elementos, ..., 2 elementos, 1 elemento, e mais o conjunto vazio, que é subconjunto de qualquer conjunto por definição. Sendo assim, o número total de subconjuntos será

$$\#\wp = \binom{n}{0} + \binom{n}{1} + \cdots + \binom{n}{n}$$

Mas essa é uma propriedade conhecida do Triângulo de Pascal:

$$\#\wp = 2^n$$

▪ **COMENTÁRIO:**

A título de exemplificação, seja o conjunto $A = \{a; b; c\}$. O seu Conjunto das Partes será o seguinte: $\wp = \{\emptyset; \{a\}; \{b\}; \{c\}; \{a; b\}; \{a; c\}; \{b; c\}; \{a; b; c\}\}$

Perceba que, de fato, $\#\wp = 2^3 = 8$ elementos.

□

1.9.3 Combinações Compostas (Combinações Completas ou com Repetição):

As Combinações Completas se caracterizam sempre que, a partir de um conjunto dado, precisamos formar outros conjuntos nos quais se admitem elementos repetidos. Observe o seguinte problema:

Exemplo 1.13

Certa padaria vende cinco tipos de doces: bem-casados (b), cupcakes (c), doces finos (d), macarons (m) e suspiros (s). De quantas maneiras um cliente pode escolher três doces para levar?

A resposta pode parecer C_5^3, mas não é. Seria um problema de Combinação Simples se tivesse sido exigido a aquisição de três doces **diferentes**. Perceba que, neste caso, está implícita a possibilidade de escolhas repetidas como $\{b, b, c\}$ ou $\{b, b, b\}$, por exemplo. □

Veja a definição de Combinação com Repetição na linguagem formal:

DEFINIÇÃO 1.7: Seja um conjunto de partida (ou conjunto de base) B com $\#B = n \in \mathbb{N}^*$ elementos ao todo. Chama-se "Combinação com Repetição de n classe p" ou "Combinação Completa de n (elementos tomados) p a p" o número total de conjuntos de p elementos com $n, p \in \mathbb{N}^*$ que se pode construir a partir dos elementos de B *com eventuais repetições de elementos nos resultados.*

$$B = \{a_1;\ a_2; \dots ; a_n\} \rightarrow C = \{\ \_\ ;\ \_\ ; \dots ;\ \_\ ;\ \_\ ;\ \_\}$$

$$\downarrow \quad \downarrow \quad \downarrow \quad \downarrow \quad \downarrow$$

$$c_0 \quad c_1 \quad c_{p-3} \quad c_{p-2} \quad c_{p-1}$$

Podem-se repetir os elementos.

$\#B = n$ (conjunto de partida) $\#C = p$ (conjunto de chegada) $n, p \in \mathbb{N}^*$.

TEOREMA 1.13: O número de Combinações com Repetição (Combinações Completas) que se pode formar a partir de um conjunto de n elementos tomados p a p é dado pela expressão

$$CR_n^p = \frac{(n+p-1)!}{p!\,(n-1)!}\ ; \quad n \geq p; \quad n, p \in \mathbb{N}^*. \qquad (1.14a)$$

Demonstração:

Seja um conjunto $\{a_1;\ a_2; \dots ; a_n\}$ formado por elementos distintos. Chamamos de Combinações Compostas, Combinações Completas ou Combinações com Repetição a todos os conjuntos de p elementos, com possíveis repetições, gerados a partir dele. Vamos resolver, inicialmente, o problema particular proposto (**Exemplo 1.13**) da forma mais simples, utilizando permutações e, em seguida, vamos generalizá-lo com uma fórmula.

Nós podemos modelar esse tipo de situação utilizando apenas os símbolos + e |, da seguinte forma: cada um dos tipos de doces disponíveis pode ser representado por um espaço (lacuna) e tais lacunas são separados por barras verticais. Para simplificar a escrita, utilizamos as letras: bem-casados (b), cupcakes (c), doces finos (d), macarons (m) e suspiros (s), como abaixo.

Figura 1.17 – Modelo geométrico para o Exemplo 1.13.

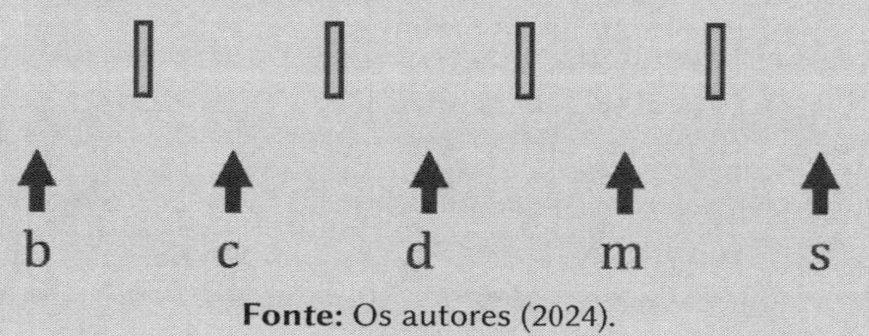

Fonte: Os autores (2024).

A escolha de uma dada categoria será assinalada com o símbolo de +, de modo a termos, por exemplo:

| + + | + | |, que significa $\{C, C, D\}$

+ | | | + | +, que significa $\{B, M, S\}$

Deste modo, tudo o que precisamos fazer é permutar 7 símbolos (4 barras e 3 mais) para efetuar a contagem, obtendo

$CR_5^3 = P_7^{4,3} = \frac{7!}{4!3!} = 35$ possibilidades de escolhas distintas.

Generalizando o raciocínio indutivamente, utilizaremos $n - 1$ barras e p símbolos de mais, totalizando $n + p - 1$ símbolos e podemos concluir que

$$CR_n^p = P_{n+p-1}^{n-1,p} = \frac{(n + p - 1)!}{p!\,(n - 1)!}, \qquad n \geq p;\ n, p \in \mathbb{N}^*. \tag{1.14b}$$

c.q.d.

▪ COMENTÁRIO:

De uma forma mais simples de memorizar, também vale

$$CR_n^p = C_{n+p-1}^p \tag{1.14c}$$

Exercício Resolvido 1.22

Demonstre a validade da identidade anterior para quaisquer $n, p \in \mathbb{N}^*$:

$$CR_n^p = C_{n+p-1}^p$$

Sugestão de Solução.

Sabemos que, para as combinações com repetição, vale

$$CR_n^p = \frac{(n + p - 1)!}{p!\,(n - 1)!}, \qquad n \geq p;\ n, p \in \mathbb{N}^*.$$

Mas, se fizermos a mudança de variáveis $N = n + p - 1$, então valerá:

$$N - p = n + p - 1 - p = n - 1$$

$$N - p = n - 1$$

Ou seja, como $n + p - 1 = N$ e $n - 1 = N - p$, substituindo na expressão inicial, obteremos

$$CR_n^p = \frac{N!}{p!\,(N-p)!}$$

$$CR_n^p = C_N^p$$

E, finalmente,

$$CR_n^p = C_{n+p-1}^p, \quad n \geq p;\ n, p \in \mathbb{N}^*.$$

□

Exercício Resolvido 1.23

Alberto decidiu comprar quatro sanduíches para viagem dentre os seguintes sabores disponíveis na lanchonete: sanduíche natural de frango (α), natural vegano (β), peru e ricota (γ), atum simples (δ), caprese (θ), parmesão (λ) ou mortadela (μ). De quantas maneiras diferentes ele poderá fazer a compra?

Sugestão de Solução.

Note que esse problema **não** envolve Combinações Simples, já que Alberto poderá pedir dois ou mais sanduíches iguais, por exemplo, todos de atum (δ), ou então três de atum (δ) e um de peru e ricota (γ). Podemos modelar este problema admitindo um conjunto de base $B = \{\alpha; \beta; \gamma; \delta; \theta; \lambda; \mu\}$ como conjunto de partida e um conjunto de chegada quaternário $C = \{\_; \_; \_; \_\}$. Perceba que $\{\alpha; \beta; \gamma; \delta\} = \{\delta; \beta; \gamma; \alpha\}$, pois a ordem da compra não muda o resultado. Admitiremos, ainda, que $\{\alpha; \alpha; \alpha; \alpha\}$ é um resultado aceitável, pois um mesmo tipo de sanduíche pode ser escolhido em mais de uma unidade. Teremos, então, uma Combinação com Repetição com $\#B = n = 7$ (candidatos) e $\#C = p = 4$ (vagas), como segue:

$$CR_n^p = C_{n+p-1}^p$$

$$CR_7^4 = C_{7+4-1}^4 = C_{10}^4 = \frac{10!}{4!\,6!}$$

$$CR_7^4 = 210 \text{ maneiras diferentes.}$$

□

Exercício Resolvido 1.24

De quantas maneiras é possível escolher um sorvete de três bolas entre os sabores manga, abacaxi, goiabada, cereja e limão?

Sugestão de Solução.

Figura 1.18 – Ilustração esquemática para o ER 1.24.

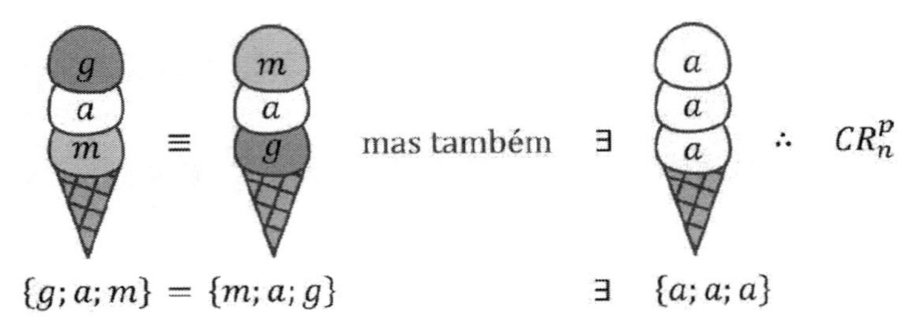

Fonte: Os autores (2024).

1°) Conjunto de partida (ou conjunto de base):

$$B = \{m; a; g; c; e\}$$

2°) Conjunto de chegada:

$$C = \{-; -; -\}$$

3°) Parâmetros:

(i) $\#B = n = 5$

(ii) $\#C = p = 3$

(iii) A ordem não importa: $\{m; a; g\} = \{g; a; m\}$

4°) Combinatória:

$$N = CR_3^5 = \frac{(5-1+3)!}{(5-1)!\,3!} = \frac{7!}{4!\,3!} = \frac{7.6.5.4!}{4!\,.3.2.1},$$

$$N = CR_3^5 = 35 \text{ maneiras.}$$

□

1.9.4 Combinações condicionadas:

Trata-se de uma variante das Combinações Simples e das Combinações Completas tal que subtraímos ou adicionamos valores a n ou a p formando expressões do tipo:

$$C_{n\pm k}^{p} = \frac{(n \pm k)!}{p!\,(n \pm k - p)!}, \qquad n \pm k \geq p; \quad n, k, p \in \mathbb{N}^{*} \tag{1.15}$$

Trata-se se uma Combinação Simples ou de uma Combinação Completa onde se faz alguma exigência acerca da forma pela qual os elementos devem aparecer dentro da combinação. Uma condição muito frequente em concursos públicos é que dois ou mais elementos devem aparecer juntos ou então que nunca devem aparecer juntos. Veja o exemplo:

Exemplo 1.14

De quantas formas diferentes podemos escolher quatro pessoas entre Adriano, Bernardo, Carlos, Diego, Estêvão, Fabrício e Gilberto para uma excursão de modo que Adriano e Bernardo viajem juntos?

Fixadas as duas pessoas que devem viajar juntas, restam somente cinco candidatos para as duas vagas remanescentes:

$$N = \binom{5}{2} = 10\; maneiras$$

□

■ **COMENTÁRIO:**

Existem inúmeras possibilidades de condicionamento. O caso anterior é o seguinte:

$$C_{n-k}^{p-k} = \frac{(n-k)!}{(p-k)!\,(n-p)!} \tag{1.16}$$

Com $n = 7, p = 4$ e $k = 2$.

É importante frisar que grande parte desses problemas podem ser resolvidos, de maneira mais prática, indiretamente pelo Princípio da Exclusão Combinatória, como o problema que segue:

Exercício Resolvido 1.25

Oito estudantes, Alberto, Bernardo, Carlos, Diego, Elder, Fabrício, Gabriel e Hélio decidiram fazer uma excursão, porém só há acomodação para quatro pessoas. De quantas maneiras poderá se formar o grupo de modo que pelo menos um dentre Alberto, Bernardo e Carlos participe da viagem?

Sugestão de Solução.

i) Agrupamentos indesejáveis, que excluem Alberto, Bernardo e Carlos:

$$\binom{5}{4} = \frac{5!}{4!\,1!} = 5 \text{ agrupamentos indesejáveis.}$$

ii) Total de agrupamentos possíveis:

$$\binom{8}{4} = \frac{8!}{4!\,1!} = 8.7.6.5 = 1680 \text{ agrupamentos possíveis.}$$

Conclusão:

$$N = \binom{8}{4} - \binom{5}{4} = 1680 - 5 = 1675 \text{ maneiras diferentes.}$$

□

DESAFIO 1.5

Oito estudantes, Alberto, Bernardo, Carlos, Diego, Elder, Fabrício, Gabriel e Hélio decidiram fazer uma excursão, porém só há acomodação para quatro pessoas. De quantas maneiras poderá se formar o grupo de modo que **pelo menos dois** dentre Alberto, Bernardo e Carlos participem da viagem?

1.10 Os lemas de Kaplansky

Um problema difícil de Análise Combinatória e que possui solução surpreendentemente simples é o problema de contar o número de combinações possíveis de elementos de uma fila tal que não apareçam elementos consecutivos nos agrupamentos formados. Esse problema foi resolvido pelo matemático canadense Irwing Kaplansky (1917-2006), que publicou sua solução no *Bulletin of The American Mathematical Society* em 1943. Naquela ocasião, o objetivo maior de Kaplansky era resolver um outro problema famoso, o Problema de Lucas, ou *Ménage Pròbleme.*

1.10.1 Primeiro lema de Kaplansky

Considere o seguinte problema: "Partindo do conjunto $\{1; 2; 3; 4; 5; 6; 7; 8; 9\}$, de quantos maneiras distintas podemos formar um subconjunto com 3 elementos de modo que não haja, nele, números consecutivos?"

Raciocinando com uma fila aberta, nos moldes convencionais, podemos utilizar uma representação semiótica para o problema, fazendo:

$$\{2; 5; 7\} = - + - - + - + - -$$

Nesse caso, escrevemos 3 sinais de (+) e 6 sinais de (-) dispostos de modo que não haja dois sinais (+) juntos.

Utilizando, agora, uma representação lacunar:

Figura 1.19 – Modelo geométrico para o problema proposto.

LACUNAS DE KAPLANSKY

Fonte: Os autores (2024).

$$\therefore N = C_7^3 = \binom{7}{3}.$$

No caso geral, vale a seguinte regra:

Seja $f(n; p)$ o número de maneiras distintas de se escolher um subconjunto com p elementos a partir do conjunto de base $\{1; 2; 3; \dots; n\}$ de modo que não haja, nele, números consecutivos. Então, valerá

$$f(n; p) = C_{n-p+1}^{p} = \binom{n-p+1}{p} \tag{1.17}$$

c.q.d.

Exercício Resolvido 1.26

De quantas maneiras distintas Ricardo, professor de Matemática, poderá ministrar 3 aulas de reposição para o vestibular, na primeira semana de dezembro, de modo que tais aulas não aconteçam em dias consecutivos? Inclua o final de semana.

Sugestão de Solução.

Neste caso, basta tomar $n = 7$ e $p = 3$ e aplicar no Primeiro Lema de Kaplansky:

$$N = f(n; p) = C^{p}_{n-p+1} = \binom{n-p+1}{p}$$

$$N = f(7; 3) = C^{3}_{5} = \binom{5}{3} = 10 \text{ maneiras distintas}$$

□

1.10.2 Segundo lema de Kaplansky

Resta uma pergunta a fazer: "Como ficaria a contagem de elementos não consecutivos se a disposição da fila fosse circular, ou seja, se o primeiro e o último elementos da fila fossem vizinhos?" Existe um problema muito conhecido, que foi cobrado no vestibular do Instituto Militar de Engenharia (IME) no ano de 1986 e que ilustra bem a aplicação prática desse segundo lema:

Exercício Resolvido 1.27

(IME – 1986) 12 cavaleiros estão sentados em torno de uma mesa redonda. Cada um dos 12 cavaleiros considera seus vizinhos como rivais. Deseja-se formar um grupo de cinco cavaleiros para libertar uma princesa. Nesse grupo não poderá haver cavaleiros rivais. Determine de quantas maneiras é possível escolher esse grupo.

Sugestão de Solução.

Uma estratégia possível de usar é separar a nossa análise em dois casos distintos possíveis. Sem perda de generalidade, podemos considerar:

(i) O cavaleiro c_{12} participa do grupo:

- Nesse caso, os cavaleiros c_1 e c_{11} não participam do grupo;

- Teremos, então, que selecionar 4 cavaleiros dentre $c_2, c_3, c_4, c_5, c_6, c_7, c_8, c_9 \; e \; c_{10}$ de modo que eles não sejam vizinhos:

$$\underline{c_2}, c_3, c_4, \underline{c_5}, c_6, \underline{c_7}, c_8, c_9 \; e \; \underline{c_{10}}$$

$$+ \; - \; - \; + \; - \; + \; - \; - \; +$$

$$N = 9 \text{ símbolos } (N = \#B = 9)$$

$$P = 4 \text{ escolhidos } (P \neq C = 4)$$

Os escolhidos não são vizinhos

$$\therefore \quad C_{9-4+1,4} = C_6^4 = 15 \text{ maneiras.}$$

No caso geral, teríamos:

$$N = n - 3 \; e \; P = p - 1$$

$$f(n-3; p-1) = C^{p-1}_{(n-3)-(p-1)+1},$$

$$f(n-3; p-1) = C^{p-1}_{n-p-1}.$$

(ii) O cavaleiro c_{12} não participa do grupo:

Nesse caso, devemos escolher 5 cavaleiros dentre todos os outros onze $c_1, c_2, c_3, c_4, c_5, c_6, c_7, c_8, c_9, c_{10} \; e \; c_{11}$, como segue:

$$\underline{c_1}, c_2, c_3, \underline{c_4}, c_5, \underline{c_6}, c_7, c_8, \underline{c_9}, c_{10} \; e \; \underline{c_{11}}$$

$$+ \; - \; - \; + \; - \; + \; - \; - \; + \; - \; + \equiv \{c_1; c_4; c_6; c_9; c_{11}\}$$

$$N = 11 \text{ símbolos } (N = \#B = 11)$$

$$P = 5 \text{ escolhidos } (P = \#C = 5)$$

$$C_{11-5+1,5} = C_{7,5} = 21.$$

No caso geral, teríamos:

$$N = n - 1 \; e \; P = p, \qquad f(n-1; p) = C^p_{n-p}$$

Por fim, para os cavaleiros, vale $N = 15 + 21 = 36$ maneiras distintas.

□

Sendo assim, o caso geral fica:

$$N = f(n-3; p-1) + f(n-1; p) = C^{p-1}_{n-p-1} + C^p_{n-p} = \frac{n}{n-p} C^p_{n-p}$$

Seja, portanto, $g(n;p)$ o número de possibilidades de escolher um subconjunto com p elementos do conjunto $\{1; 2; 3; 4; \ldots; n\}$, admitindo 1 e n consecutivos (disposição circular), de modo que não haja números consecutivos. Então,

$$g(n;p) = \frac{n}{n-p} C^p_{n-p} = \frac{n}{n-p} \binom{n-p}{p} \tag{1.18}$$

c.q.d.

Exercício Resolvido 1.28

Seja um concurso público iminente, de modo que alguns estudantes precisam de ajuda para completar o estudo do conteúdo programático proposto. De quantas maneiras distintas Ricardo, professor de Matemática, poderá ministrar 3 aulas ao longo da semana, durante o período de férias, de modo que tais aulas não aconteçam em dias consecutivos? Inclua o final de semana.

Sugestão de Solução.

Neste caso, entendemos que o sábado e o domingo são dias consecutivos. Basta, então, tomar $n = 7$ e $p = 3$ e aplicar no Segundo Lema de Kaplansky, pois a disposição dos dias é circular:

$$N = g(n; p) = \frac{n}{n-p} C_{n-p}^{p} = \frac{n}{n-p}\binom{n-p}{p}$$

$$N = g(7; 3) = \frac{7}{7-3} C_4^3 = \frac{7}{4}\binom{4}{3} = 7 \text{ maneiras distintas}$$

□

1.10.3 O caso geral dos lemas de Kaplansky

Podemos generalizar a contagem de subconjuntos com um espaçamento qualquer em fila aberta a partir de um artifício geométrico, que nos remete ao primeiro lema:

Exercício Resolvido 1.29

De quantos modos distintos podemos selecionar um subconjunto de $B = \{1; 2; 3; 4; \ldots; 14\}$, contendo 4 elementos, de modo que os elementos do conjunto obtido diferem pelo menos em 3 unidades?

Sugestão de Solução.

1°) Observe que, uma vez que tenha sido escolhido um elemento qualquer k, os elementos $k-2; k-1,\ k+1$ e $k+2$ não poderão aparecer, pois diferem de k em menos de 3 unidades.

2°) Disposição geral:

$$+ - - - + - - + - - - - + -$$

2º) Configuração mínima:

$$+ - - + - - + - - +$$

3º) No nosso caso são 4 (+) e 10 (−), mas como a configuração mínima já usa 6 (−), restam 4 (−) para colocar antes, entre ou depois dos (+). São 5 posições possíveis:

$$CR_5^4 = C_8^2 = 28 \text{ modos distintos.}$$

□

■ **COMENTÁRIO:**

Uma forma possível de se representar essa situação é a seguinte:

$x_1 + x_2 + x_3 + x_4 + x_5 = 4, \ x_i \in \mathbb{N}$

Dada a configuração inicial mínima:

$$+ - - + - - + - - +$$

A equação linear determina os acréscimos a serem feitos para chegar, por exemplo, à configuração possível:

$O + O + O + O + O$

$(0; 1; 0; 2; 1) \equiv + - - - + - - + - - - - + -$

Garcia (2017) propõe um problema que ilustra muito bem essa generalização do primeiro lema de Kaplansky. Veja o exercício resolvido a seguir:

Exercício Resolvido 1.30

Partindo do conjunto $B = \{1; 2; 3; \ldots; 25\}$, de quantos modos distintos podemos formar subconjuntos dele contendo elementos que diferem entre si de, no mínimo 4 unidades?

Resolução.

1º) Com vistas a garantir o distanciamento mínimo de 4 unidades entre cada par de elementos, nós definimos uma configuração mínima para as escolhas onde os sinais de (+) (elementos escolhidos) estão separados por 3 sinais de (−) (elementos não escolhidos), como segue:

Configuração mínima: $+ - - - + - - - + - - - + - - - +$

2º) Ao todo, o problema nos impõe 5 (+) e 20 (−), dos quais já utilizamos 12 (−) na configuração mínima, restando 8 (−), que ficaram ociosos. Para eles, existem 6 possíveis lugares (lacunas de Kaplansky):

$$0 + 0 + 0 + 0 + 0 + 0$$

Ou seja, nós nos deparamos com uma combinação com repetição de $n = 6$ lugares (candidatos) para $p = 8$ possíveis sinais (vagas), como segue:

$$CR_6^8 = C_{13}^8 = 1287 \text{ possibilidades.}$$

□

■ **COMENTÁRIO:** Isso equivale a encontrar as soluções naturais para a seguinte equação linear:

$$x_1 + x_2 + x_3 + x_4 + x_5 + x_6 = 8.$$

Por exemplo, uma das soluções possíveis é $(1; 2; 0; 4; 0; 1)$, que corresponde ao resultado já incrementado:

$$-^1 + - - - -^2 -^3 + - - - + - - - -^4 -^5 -^6 -^7 + - - - + -^8$$

Ou seja: $\{2; 8; 12; 20; 24\}$.

Perceba que, dado esse caso geral, o lema de Kaplansky se caracteriza como um mero caso particular com configuração mínima dada: $+ - + - + - (\ldots) + - +$.

DESAFIO 1.6

De quantos modos distintos podemos selecionar um subconjunto de $B = \{1; 2; 3; 4; \ldots; 15\}$ de modo que os elementos do conjunto obtido diferem pelo menos em 3 unidades?

DESAFIO 1.7

Seja o conjunto $B = \{b_1; b_2; b_3; \ldots; b_{15}\}$ dispostos de forma circular, ou seja, de modo que os elementos b_1 e b_{15} são vizinhos. De quantas maneiras distintas podemos formar agrupamentos de 4 elementos de modo que a distância entre eles no círculo original seja de, no mínimo, 3 unidades?

1.11 Os números de Stirling

James Stirling (1652-1770) foi um matemático escocês, contemporâneo de Leonhard Euler e de Isaac Newton, que deu inúmeras contribuições relevantes para o desenvolvimento do Cálculo Infinitesimal e das séries infinitas, tendo também contribuído com a Matemática Discreta. Existem basicamente dois tipos de números de Stirling, os de tipo 1 ou de primeira espécie e os de tipo 2 ou de segunda espécie.

1.11.1 Os números de Stirling de primeiro tipo

São definidos da seguinte forma:

DEFINIÇÃO 1.8: Chama-se número de Stirling de primeiro tipo a todo o número $s(n;k) = \begin{bmatrix} n \\ k \end{bmatrix}$; $k, n \in \mathbb{N}$; $n \geq k \geq 1$, que representa o número de maneiras de se permutar uma lista com n elementos em k ciclos.

Exemplo 1.15

O número de maneiras de n pessoas podem sentar-se em torno de k mesas circulares sem que nenhuma dessas mesas fique vazia.

Resposta: Corresponde, simplesmente a $N = s(n;k) = \begin{bmatrix} n \\ k \end{bmatrix}$.

Deste modo, as permutações circulares se reduzem a meros casos particulares dos números de Stirling do tipo 1:

$$PC_n = \begin{bmatrix} \boldsymbol{n} \\ \mathbf{1} \end{bmatrix} = (n-1)!$$

□

Pode-se provar inúmeras propriedades interessantes como:

$P1 - \begin{bmatrix} n \\ 0 \end{bmatrix} = 0$

$P2 - \begin{bmatrix} n \\ 1 \end{bmatrix} = (n-1)!$

$P3 - \begin{bmatrix} n \\ n \end{bmatrix} = 1$

$P4 - \begin{bmatrix} n \\ k \end{bmatrix} = 0, se\ k > n$

$P5 - \begin{bmatrix} n \\ k \end{bmatrix} = \begin{bmatrix} n-1 \\ k-1 \end{bmatrix} + (n-1)\begin{bmatrix} n-1 \\ k \end{bmatrix},\ n \geq k \geq 1.$

Repare que a propriedade $\boldsymbol{P5}$ lembra, de perto, a Relação de Stifel, com a qual se constrói o Triângulo de Pascal. A partir dela, de forma análoga, constrói-se o que chamaremos de Triângulo de Stirling do Primeiro Tipo, ou simplesmente, Primeiro Triângulo de Stirling, tal que a quantidade $\begin{bmatrix} \boldsymbol{L} \\ \boldsymbol{C} \end{bmatrix}$ está associada a $n = L$ = linha do triângulo e $k = C$ = coluna do triângulo, iniciando sempre pela linha zero e coluna zero:

Figura 1.20 – Triângulo de Stirling de primeiro tipo.

	$C = k$										
$L = n$	0	1	2	3	4	5	6	7	8	9	10
0	1										
1	0	1									
2	0	1	1								
3	0	2	3	1							
4	0	6	11	6	1						
5	0	24	50	35	10	1					
6	0	120	274	225	85	15	1				
7	0	720	11764	1624	735	175	21	1			
8	0	5040	13068	13132	6769	1960	322	28	1		
9	0	40320	109584	118124	67284	22449	4536	546	36	1	
10	0	362880	1026576	1172700	723680	269325	63273	9450	870	45	1

Fonte: Os autores (2024).

Exercício Resolvido 1.31

Demonstre as propriedades dos seguintes números de Stirling de primeira espécie:

a) $\begin{bmatrix} n \\ 0 \end{bmatrix} = 0.$

b) $\begin{bmatrix} n \\ 1 \end{bmatrix} = (n - 1)!$

c) $\begin{bmatrix} n \\ n \end{bmatrix} = 1.$

d) $\begin{bmatrix} n \\ k \end{bmatrix} = 0, se\ k > n.$

Sugestão de Solução.

a) De forma bem prática, basta considerar $\boldsymbol{n}$ pessoas que desejam se acomodar na ausência de mesas. O número de permutações é logicamente zero.

Cumpre dizer que existe uma prova rigorosa dada pela Matemática Discreta, porém, para os objetivos dessa obra, a argumentação acima é satisfatória.

b) Se existem n pessoas para se distribuir em torno de uma única mesa, então vale a permutação circular comum: $\begin{bmatrix} \boldsymbol{n} \\ \boldsymbol{1} \end{bmatrix} = PC_n = (n-1)!$

c) Se são n pessoas e n mesas, já que não admitimos mesas vazias, então a única forma de dispor o grupo é mesmo uma pessoa em cada mesa e só existe essa configuração possível.

d) Se o número de mesas é maior que o número de pessoas, então é inevitável que sobrem mesas vazias e o número de configurações possíveis é zero.

□

Exercício Resolvido 1.32

De quantas maneiras distintas 4 pessoas poderão sentar-se junto a 3 mesas circulares de modo que nenhuma dessas mesas fique vazia?

Sugestão de Solução.

Basta fazermos $n = L = 4$ e $k = C = 3$, e fazer a leitura no triângulo, de modo que ∴ $N = s(4;3) = \begin{bmatrix} 4 \\ 3 \end{bmatrix} = 6$ maneiras distintas

Observe:

Figura 1.21 – Triângulo de Stirling de primeiro tipo.

$L = n$ \ $C = k$	0	1	2	3
0	1			
1	0	1		
2	0	1	1	
3	0	2	3	1
4	0	6	11	6

Fonte: Os autores (2024).

■ **COMENTÁRIO:**

E, de fato, são 6 as possibilidades:

Figura 1.22 – Representação geométrica das permutações.

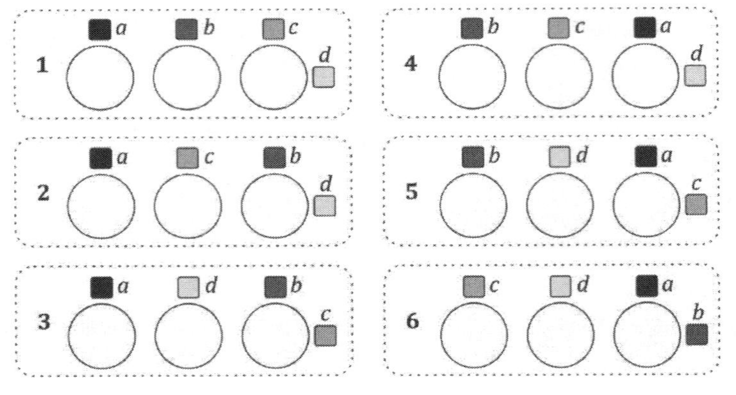

Fonte: Os autores (2024).

DESAFIO 1.8

Demostre a propriedade ***P5*** dos números de Stirling de primeira espécie e construa as 5 primeiras linhas e 5 primeiras colunas do triângulo.

1.11.2 Os números de Stirling de segundo tipo

São definidos como segue:

DEFINIÇÃO 1.9: Chama-se número de Stirling de segundo tipo a todo o número $S(n;k) = \left\{ {n \atop k} \right\};\ k, n \in \mathbb{N};\ n \geq k \geq 1$, que representa o número de maneiras de se particionar um conjunto com n elementos em k subconjuntos disjuntos e não-vazios (classes da partição).

Exemplo 1.16

Qual o número de maneiras nas quais n pessoas poderão se separar formando k grupos para executar tarefas distintas sendo que cada pessoa só poderá participar de um grupo.

Resposta: Corresponde, nesse caso, a $N = S(n;k) = \left\{ {n \atop k} \right\}$.

□

Identicamente ao que aconteceu com os números de primeiro tipo, os números de Stirling de segundo tipo obedecem a certas propriedades úteis, válidas para $\boldsymbol{n \geq k \geq 1}$:

$$P1 - \left\{ {n \atop 0} \right\} = \delta_{n0} = 0$$
$$P2 - \left\{ {n \atop 2} \right\} = 2^{n-1} - 1$$
$$P3 - \left\{ {n \atop n-1} \right\} = \binom{\boldsymbol{n}}{\boldsymbol{2}}$$
$$P4 - \left\{ {n \atop 3} \right\} = \frac{1}{6}(3^n - 3 * 2^n + 3), se\ k > n$$
$$P5 - \left\{ {n+1 \atop k+1} \right\} = \sum_{j=k}^{n} \binom{n}{j} \left\{ {j \atop k} \right\}$$
$$P6 - \left\{ {n \atop k} \right\} = \left\{ {n-1 \atop k-1} \right\} + k \left\{ {n-1 \atop k} \right\}.$$

Na propriedade $\boldsymbol{P1}$ acima, o número $\boldsymbol{\delta_{n0}}$ que aparece é o delta de Kronecker.

Mais uma vez, observe a semelhança de $\boldsymbol{P6}$ com a Relação de Stifel. Segue, de forma análoga, o Triângulo de Stirling de Segundo Tipo, de segunda espécie, ou simplesmente, Segundo Triângulo de Stirling:

Figura 1.23 – Triângulo de Stirling de Segundo Tipo.

		$C = k$										
		0	1	2	3	4	5	6	7	8	9	10
$L = n$	0	1										
	1	0	1									
	2	0	1	1								
	3	0	1	3	1							
	4	0	1	7	6	1						
	5	0	1	15	25	10	1					
	6	0	1	31	90	65	15	1				
	7	0	1	63	301	350	140	21	1			
	8	0	1	127	966	1701	1050	266	28	1		
	9	0	1	255	3025	7770	6951	2646	462	36	1	
	10	0	1	511	9330	34105	42525	22827	5880	750	45	1

Fonte: Os autores (2024).

Exercício Resolvido 1.33

Seis estudantes, Alberto, Bernardo, Carlos, Diego, Elder e Fábio precisam se dividir em três grupos para receber os palestrantes de um congresso na rodoviária, no aeroporto e no cais do porto. De quantas maneiras diferentes eles poderão se separar?

Sugestão de Solução.

Partindo do conjunto de base $B = \{a; b; c; d; e; f\}$, basta particionar B fazendo $L = n = 6$ elementos em $C = k = 3$ classes, de modo que

$$N = S(6;3) = \left\{ {6 \atop 3} \right\} = 90 \text{ maneiras diferentes de particionar B.}$$

Observe:

Figura 1.24 – Inspeção no Triângulo de Stirling de Segundo Tipo.

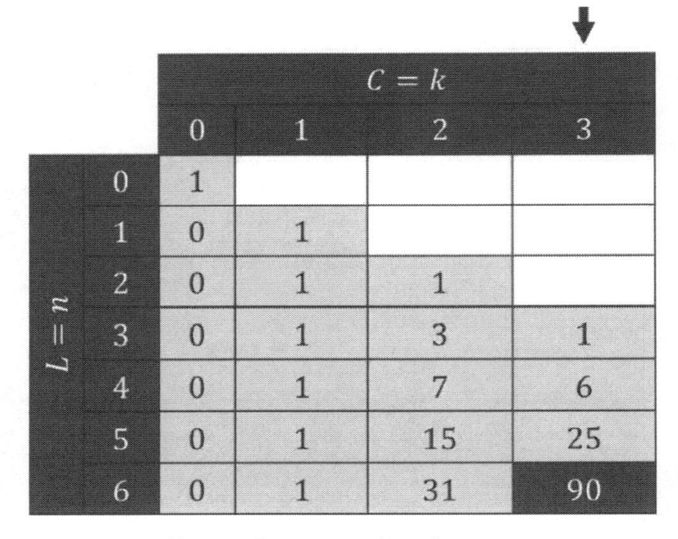

$L = n$ \ $C = k$	0	1	2	3
0	1			
1	0	1		
2	0	1	1	
3	0	1	3	1
4	0	1	7	6
5	0	1	15	25
6	0	1	31	90

Fonte: Os autores (2024).

□

DESAFIO 1.9

Demonstre a propriedade ***P5*** dos números de Stirling de segunda espécie.

DESAFIO 1.10

Demonstre a propriedade ***P6*** dos números de Stirling de segunda espécie e construa as 5 primeiras linhas e 5 primeiras colunas do triângulo.

1.11.3 Relações entre os números de Stirling de primeiro e segundo tipos

A relação entre $s(n; k)$ e $S(n; k)$ é dada pelas seguintes expressões, curiosamente análogas:

$$\left\{ {n \atop k} \right\} = \sum_{i=0}^{n-k} (-1)^i \binom{i+n-1}{i+n-k} \binom{2n-k}{n-i-k} \left[{i-k+n \atop i} \right] \tag{1.19}$$

e

$$\left[{n \atop k} \right] = \sum_{i=0}^{n-k} (-1)^i \binom{i+n-1}{i+n-k} \binom{2n-k}{n-i-k} \left\{ {i-k+n \atop i} \right\} \tag{1.20}$$

□

Sugestões de Videoaulas

Com o acesso à internet, você pode aprender do zero ou revisar conteúdos através de cursos disponíveis gratuitamente na internet. Para os tópicos que foram abordados neste capítulo, nós recomendamos os seguintes canais do YouTube e sites:

a) Portal da Matemática OBMEP. Videoaulas: Ensino Médio 2º Ano. Professor Josimar Silva. Disponível em: https://www.youtube.com/playlist?list=PL7RjLI0hJPfDgTMbUUar53g0XB6FtxXIB. Acesso em: 04. Abr, 2023.

b) Matemática Rapidola. Análise Combinatória. Professor Murakami. Disponível em: https://www.youtube.com/playlist?list=PLN0ZrxDaBfhjexnVfL59mhEGVkm-8GXBy. Acesso em: 04. Abr, 2023.

c) Professor Adilson. Canal do YouTube. Disponível em: https://www.youtube.com/@Adilsonlongen. Acesso em: 04. Abr, 2023.

d) PAPMEM - Julho de 2021 - Princípio da Inclusão e exclusão. Disponível em: https://www.youtube.com/watch?v=EgeyBL51Rn8. Acesso em: 02/07/2023.

e) PAPMEM - Julho de 2014 - Princípios de Contagem
https://www.youtube.com/watch?v=H3_x4RRhJ3s. Acesso em: 02/07/2023.

f) O Princípio da Inclusão-Exclusão
https://www.youtube.com/watch?v=e54wdE8V8m0. Acesso em: 02/07/2023.

g) CESPE/CEBRASPE (2019) - Lema de Kaplansky
https://www.youtube.com/watch?v=vjvQU2P2SvA. Acesso em: 02/07/2023.

h) SEGUNDO LEMA DE KAPLANSKY: ANÁLISE COMBINATÓRIA - EP 27 -
https://www.youtube.com/watch?v=L_JNPQ-Unog. Acesso em: 02/07/2023.

i) What are Stirling Numbers of the 1st Kind? [Discrete Mathematics]
https://www.youtube.com/watch?v=XWzYRZk4JKo. Acesso em: 02/07/2023.

j) Número de Stirling do segundo tipo. Canal SBMAC. Disponível em:
https://www.youtube.com/watch?v=BGonJL-vUo4. Acesso em 28/06/2023.

Referências

CRAVEIRO, Irene Magalhães.; SILVA, Myriam Pastore da. **Aplicações do Princípio de Inclusão e Exclusão**. Bienal de Matemática. Rio de Janeiro. 2017. SBM/IMPA/UFRJ. 2016.

EQUIPE COM – OBMEP. Permutação Caótica: Explorando o tema. Clubes de Matemática da OBMEP: Disseminando o estudo da matemática. Disponível em: https://bit.ly/45BMmcR. Acesso em: 11. Mar, 2023.

GARCIA, Rômulo Machado. **O uso do Princípio Fundamental da Contagem e estratégias para abordar e desenvolver análise combinatória**. Dissertação (Mestrado Nacional em Rede, PROFMAT) – Universidade Federal de Juiz de Fora. Área de concentração: Ensino de Matemática. Juiz de Fora, p. 48. 2017.

HAZZAN, Samuel. **Fundamentos de Matemática Elementar,** 5: combinatória, probabilidade. 8. ed. - São Paulo: Atual, 2013.

MORGADO, Augusto CÉSAR et al. **Análise Combinatória e Probabilidade**: com as soluções dos exercícios. – 9. ed. – Rio de Janeiro: SBM, 1991.

MUNIZ NETO, Antonio Caminha. **Tópicos de Matemática Elementar**, 4: Combinatória. 1. ed. Rio de Janeiro: SBM, 2012. (Coleção do Professor de Matemática)

OLIVEIRA, Marcelo Rufino. **Coleção Elementos da Matemática**, v. 3: Sequências, Combinatória, Probabilidade, Matriz. 3. ed. Fortaleza, 2021.

SANTOS, JOSE PLINIO O. DOS; MELLO, MARGARIDA P.; MURARI, IDANI T. C. **Introdução à Análise Combinatória**. 4. ed. Ciência Moderna, 2008.

Leituras Sugeridas sobre Teoria dos Grafos

Livros em língua portuguesa:

FEOFILOFF, P., KOHAYAKAWA, Y., WAKABAYASHI Y. **Uma Introdução Sucinta à Teoria dos Grafos,** 2004.

LUCCHESI, Cláudio L. **Introdução à Teoria dos Grafos**, IMPA, 1979.

NETTO, Paulo Oswaldo Boaventura; JURKIEWICKZ, Samuel. **Grafos**. 2 ed. Blucher: São Paulo, 2017.

NETTO, Paulo Oswaldo Boaventura. **Grafos:** teoria, modelos, algoritmos. 4 ed. Blucher: São Paulo, 2006.

NICOLETTI, Maria do Carmo; JÚNIOR, Estevam R. Hruschka. **Fundamentos da teoria dos grafos para computação.** 3 ed. LTC - Gen: Rio de Janeiro, 2018.

PEREIRA, José Manoel Simões. **Matemática Discreta:** Grafos, Redes, Aplicações. Ed. Luz da Vida (Portugal), 2009.

Livros em língua inglesa:

BOLLOBÁS, Béla. **Modern Graph Theory**, (Graduate Texts in Mathematics, 184). Springer-Verlag, 1998.

BONDY, John A. MURTY, U.S. Rama. **Graph Theory**, Springer, 2008.
John A. Bondy, U.S. Rama Murty, *Graph Theory with Applications*, Macmillan, 1976.

DIESTEL, Reinhard. **Graph Theory**. 4th. ed., (Graduate Texts in Mathematics, 173), Springer, 2010.

LOVÁSZ, László, PLUMMER, Michael D. **Matching Theory,** (Annals of Discrete Mathematics, 29. North-Holland, 1986.

LOVÁSZ, László. **Combinatorial Problems and Exercises**, 2nd. ed. North-Holland, 1993.

WILSON, Robin J. **Introduction to Graph Theory**, 4th.ed. Prentice Hall, 1996.
Reinhard Diestel, *Graph Theory*, 3rd. ed. (Graduate Texts in Mathematics, 173), Springer, 2000.

Questões de Concursos

1.1 (CSEP-IFPI – Edital 73/2022) Q21

Um professor dispõe de 20 questões, sendo 7 de funções reais, 3 de probabilidade, 5 de geometria e 5 de álgebra. De quantas maneiras distintas ele pode elaborar uma prova com 10 questões, de modo que essa prova contenha exatas quatro questões de funções reais, pelo menos duas de probabilidade e até duas de geometria?

a) 10.500.

b) 13.125.

c) 13.825.

d) 14.175.

e) 20.125.

Sugestão de Solução.

Perceba que este professor dispõe de 20 questões assim distribuídas:

$$\begin{cases} 7 \text{ funções reais} \\ 3 \text{ probabilidade} \\ 5 \text{ geometria} \\ 5 \text{ álgebra} \end{cases}$$

A prova de 10 questões elaborada a partir deste conjunto deverá seguir as seguintes restrições:

$$\begin{cases} 4 \text{ funções reais} \\ \text{pelo menos 2 de probabilidade} \\ \text{até duas de geometria} \end{cases}$$

Logo temos as seguintes possibilidades: $\begin{cases} 4\,f; 2\,p; 0\,g; 4\,a \\ 4\,f; 2\,p; 1\,g; 3\,a \\ 4\,f; 2\,p; 2\,g; 2\,a \\ 4\,f; 3\,p; 0\,g; 3\,a \\ 4\,f; 3\,p; 1\,g; 2\,a \\ 4\,f; 3\,p; 2\,g; 1\,a \end{cases}$

Considere que ao formarmos grupos de questões de um conjunto maior estamos fazendo a combinação das n questões do conjunto em grupos de p elementos, ou seja:

$C_{7;4} = \frac{7!}{4!.(7-4)!} = 35$ maneiras diferentes de separar 4 questões de funções do conjunto de 7 questões;

$C_{3;2} = \frac{3!}{2!.(3-2)!} = 3$ maneiras diferentes de separar 2 questões de probabilidade do conjunto de 3 questões;

$C_{5;2} = \frac{5!}{2!.(5-2)!} = 10$ maneiras diferentes de separar 2 questões de geometria ou álgebra do conjunto de 5 questões;

$C_{5;3} = \frac{5!}{3!.(5-3)!} = 10$ maneiras diferentes de separar 3 questões de álgebra do conjunto de 5 questões;

$C_{5;4} = \frac{5!}{4!.(5-4)!} = 5$ maneiras diferentes de separar 2 questões de álgebra do conjunto de 5 questões.

Determinadas as possibilidades podemos usar o PFC – Princípio Fundamental de Contagem ou princípio multiplicativo para determinar o número de maneiras diferentes para cada possibilidade:

$(4\,f; 2\,p; 0\,g; 4\,a)$ $35 \times 3 \times 1 \times 5 = 525$

$(4\,f; 2\,p; 1\,g; 3\,a)$ $35 \times 3 \times 5 \times 10 = 5250$

$(4\,f; 2\,p; 2\,g; 2\,a)$ $35 \times 3 \times 10 \times 10 = 10500$

$(4\,f; 3\,p; 0\,g; 3\,a)$ $35 \times 1 \times 1 \times 10 = 350$

$(4\,f; 3\,p; 1\,g; 2\,a)$ $35 \times 1 \times 5 \times 10 = 1750$

$(4\,f; 3\,p; 2\,g; 1\,a)$ $35 \times 1 \times 10 \times 5 = 1750$

O total de maneiras diferentes corresponde a:

525 + 5250 + 10500 + 350 + 1750 + 1750 = 20125 maneiras diferentes

Gabarito: **Item e)**.

1.2 (CSEP-IFPI – Edital 73/2022) Q32

Em 2021, devido às restrições e às medidas de distanciamento social, locais com auditórios tiveram que se adaptar e reduzir o número de lugares disponíveis para o público. A direção de um teatro optou por não marcar as cadeiras indisponíveis, e sim, pedir ao público que escolham poltronas que não estejam próximas. Dessa forma, foi colocado um comunicado na porta de entrada do teatro: "NENHUM ESPECTADOR PODE SENTAR-SE AO LADO DE OUTRO, SOB NENHUMA HIPÓTESE". Se uma das fileiras desse teatro possui 16 poltronas alinhadas e consecutivas, de quantos modos 7 pessoas podem se distribuir nessa fileira, obedecendo o comunicado da direção do teatro?

a) 120.

b) $2^8.3^2.5^2.7.11.13$

c) 11440.

d) $3^4.5.7.11.13$.

e) 8008.

1.3 (CSEP-IFPI – Edital 20/2011) Q27

Sete moças e cinco rapazes vão jogar vôlei. Calcule e assinale, então, a quantidade de maneiras das quais eles podem ser divididos em 2 grupos de 6 jogadores cada, de modo que os rapazes não fiquem todos no mesmo grupo:

a) 919.

b) 917.

c) 459.

d) 457.

Sugestão de Solução.

Considere o total de possibilidades de se separar grupos de 6 jogadores cada de um conjunto de 12 jogadores, independentemente de serem moças ou rapazes.

Temos um caso de combinação de 12 elementos tomados 6 a 6 onde os grupos formados diferem entre si pela natureza de seus elementos.

Assim o total de possibilidades é de:

$$C_{12,6} = \frac{12!}{6! \times (12-6)!} = \frac{12 \times 11 \times 10 \times 9 \times 8 \times 7 \times 6!}{6! \times 6!}$$
$$= \frac{12 \times 11 \times 10 \times 9 \times 8 \times 7}{6 \times 5 \times 4 \times 3 \times 2 \times 1} =$$
$$= 11 \times 2 \times 3 \times 2 \times 7 = 22 \times 6 \times 7 = 924$$

Desse total de possibilidades devemos excluir os grupos de jogadores onde os 5 rapazes vão estar juntos, ou seja, sete grupos onde temos os cinco rapazes e uma das sete moças.

Logo o total de possibilidades é 924 – 7 = 917 possibilidades.

Gabarito: **Item b)**.

1.4 (CSEP-IFPI – Edital 80/2016)

Certa Instituição Financeira decidiu que em todas as transações realizadas em seus caixas eletrônicos será exigida a digitação de um código de acesso, que será gerado automaticamente pelo sistema, formado por uma sequência de três letras em que o usuário vai digitar na tela do caixa eletrônico para autorizar a transação. Quantos códigos de acesso podem ser gerados, sabendo que podem ser utilizadas quaisquer das 26 letras do alfabeto da língua portuguesa e que não podemos ter letras consecutivas repetidas?

a) 15.576.

b) 16.900.

c) 16.250.

d) 11.132.

e) 12.167.

1.5 (FUNRIO-IFPI – Edital 01/2014) (Q11)

Um grupo de quatro funcionários será recebido pelo diretor da empresa em que trabalham para discutir questões salariais. Doze funcionários se voluntariaram para participar desta reunião, sendo: três da administração, três engenheiros e seis técnicos. Os funcionários decidiram que o grupo deverá ser formado por um funcionário da administração, um engenheiro e dois técnicos. Quantos grupos distintos podem ser formados?

a) 60.

b) 120.

c) 135.

d) 270.

e) 300.

Sugestão de Solução.

Algumas questões envolvem uma combinação do princípio multiplicativo com arranjos, permutações e combinações, como é o caso desta questão.

Teremos que formar grupos de 4 funcionários a partir de um conjunto, ou grupo maior, de 12 funcionários distribuídos em 3 da administração, 3 engenheiros e 6 técnicos.

Os grupos de 4 funcionários devem ser de tal forma que tenham 1 funcionário da administração, 1 da engenharia e 2 técnicos.

Assim o evento "formar grupos de 4 funcionários" pode ser decomposto em etapas de modo que o total de maneiras que este evento pode ocorrer é o produto de suas etapas.

A primeira etapa consiste em escolher um funcionário da administração, como temos 3 funcionários temos 3 possibilidades para esta etapa:

$$3 \times \ldots . \times \ldots . =$$

A segunda etapa consiste em escolher um funcionário da engenharia, como temos 3 engenheiros temos 3 possibilidades para esta etapa:

$$3 \times 3 \times \ldots . =$$

A terceira etapa consiste em escolher 2 técnicos de um grupo maior de 6 técnicos. Observe que para que os grupos sejam diferentes os dois técnicos precisam ser pessoas diferentes a cada grupo de 2 técnicos, um grupo AB não é diferente de um grupo BA, assim esses grupos de 2 técnicos precisam diferir pela natureza de seus elementos sendo um caso de Combinação de 6 elementos em grupos de 2, logo:

$$3 \times 3 \times C_{6,2} =$$

$$3 \times 3 \times \frac{6!}{2! \times (6-2)!} =$$

$$3 \times 3 \times \frac{6 \times 5 \times 4!}{2 \times 1 \times 4!} =$$

$$3 \times 3 \times \frac{6 \times 5}{2} =$$

$$3 \times 3 \times 15 = 135$$

Gabarito: **Item c)**.

1.6 (FCM IFNMG – 2018) (Q39)

Se $C_{20,n} = 15.504$ e $A_{n,3} = 2.730$, pode-se inferir que n é um número

a) múltiplo de 6.

b) par, menor do que 17.

c) ímpar, maior do que 16.

d) primo, maior do que 10.

e) múltiplo de dois números primos.

1.7 (CSEP-IFPI – Edital 86/2019)

Um famoso jogador de futebol tem uma coleção de chuteiras que ele só usa em finais de copas. Desta forma, ele possui 7 pares iguais de modelo A, 8 do modelo B e 10 do modelo C.

Sabendo-se que o time pelo qual joga disputará a final da Copa dos Campeões neste final de semana, de quantas maneiras o atleta poderá formar um conjunto não vazio de pares de chuteiras para levar ao estádio?

a) 560 maneiras.

b) 792 maneiras.

c) 791 maneiras.

d) 456 maneiras.

e) 789 maneiras.

Sugestão de Soluções.

Primeiramente vamos destacar o significado de formar um conjunto não vazio de pares de chuteiras.

Podemos interpretar como sendo as possibilidades que este jogador tem de levar seus pares de chuteiras ao estádio, sendo:

1 par de chuteiras ou 2 pares de chuteiras ou três pares de chuteiras.

Se resolver levar um par de chuteiras ele tem:

7 possibilidades para o modelo A, 8 possibilidades para o modelo B e 10 possibilidades para o modelo C em um total de:

8 + 7 + 10 = 25 possibilidades para escolher levar um par de chuteiras ao estádio.

Se resolver levar dois pares de chuteiras teremos uma aplicação do princípio multiplicativo ou PFC, ou seja:

Um par de chuteiras A e um par de chuteiras B: 7 x 8 = 56 possibilidades;

Um par de chuteiras A e um par de chuteiras C: 7 x 10 = 70 possibilidades;

Um par de chuteiras B e um par de chuteiras C: 8 x 10 = 80 possibilidades.

Em um total de 56 + 70 + 80 = 206 possibilidades de levar dois pares de chuteiras ao estádio

Se resolver levar três pares de chuteiras temos:

7 possibilidades para a chuteira A, 8 possibilidades para a chuteira B e 10 possibilidades para a chuteira C: 7 x 8 x 10 = 560 possibilidades.

No total temos:

25 + 206 + 560 = 791 possibilidades no total.

Gabarito: **Item c)**.

1.8 (CSEP-IFPI – Edital 86/2019)

Numa loteria fictícia, o sorteio se dá na escolha aleatória de 4 números dentre os inteiros de 1 a 25. A quantidade de sorteios nos quais os números sorteados não são inteiros consecutivos é:

a) 7.536 sorteios.

b) 12.650 sorteios.

c) 13.454 sorteios.

d) 1.568 sorteios.

e) 7.315 sorteios.

1.9 (UNIVERSA IFB – Edital 2012) (Q44)

Assinale a alternativa que apresenta a quantidade de maneiras diferentes com que um aluno pode vestir-se considerando que ele tenha 4 camisetas, 2 calças, 3 pares de meias e 3 pares de tênis e utilize simultaneamente apenas uma camiseta, uma calça, um par de meias e um par de tênis.

a) 72.

b) 24.

c) 18.

d) 9.

e) 8.

Sugestão de Soluções.

Esse é um exemplo clássico do princípio fundamental da contagem onde um evento, o aluno vestir-se, pode ser decomposto em etapas e o total de possibilidades de o evento ocorrer é o produto das possibilidades em cada etapa.

As etapas consistem em: escolher uma das camisetas, escolher uma das calças, escolher um dos pares de meia e escolher um par de tênis.

Logo o total de possibilidades é dados por:

$$4 \times 2 \times 3 \times 3 = 24 \times 3 = 72$$

Gabarito: **Item a)**.

1.10 (IFB – Edital 001/2016) (Q40)

Um carrinho de controle remoto é inicialmente colocado no ponto O (0, 0) do plano cartesiano e será programado para se deslocar desde O (0, 0) até o ponto B (5, 4) passando obrigatoriamente pelo ponto A (2, 2). Este trajeto OAB será formado por uma sequência de 9 movimentos.

Os únicos movimentos permitidos são para direita e para cima, e um de cada vez. Dessa forma,

se o carrinho está no ponto (i, j) e faz um movimento para direita, então irá para o ponto (i + 1, j).

Mas, se o carrinho está no ponto (i, j) e faz um movimento para cima, então irá para o ponto

(i, j + 1). Sendo assim, cada um destes movimentos tem tamanho igual a 1. Sabendo disso, de

quantas formas diferentes o carrinho pode fazer o trajeto OAB:

a) 60

b) 126

c) 512

d) 2

e) 1.

1.11 (IFSul – Edital 168/2015) (Q11)

"O IFCOMIC é um evento voltado aos fãs de games, mangá, histórias em quadrinhos, cosplay, filmes e séries de TV, cuja primeira edição ocorreu em abril de 2015. É baseado no formato do Comic-COM International, um dos maiores encontros de cultura pop do mundo, que acontece anualmente em San Diego, na Califórnia."

(Adaptado de https://bit.ly/3RKmA0b, com última atualização em 05/03/2015).

É correto afirmar que o número de anagramas da palavra IFCOMIC é

a) 5040.

b) 2520.

c) 1260.

d) 1680.

Sugestão de Soluções.

Neste caso temos 7 letras para permutar e criar os anagramas de IFCOMIC porém devemos observar que temos letras repetidas, a letra I que aparece duas vezes e a letra C que também aparece duas vezes.

Trata-se assim de um caso de permutação de 7 elementos com dois elementos repetidos, ou seja,

$$P_7^{2,2} = \frac{7!}{2! \times 2!} = \frac{7 \times 6 \times 5 \times 4 \times 3 \times 2 \times 1}{2 \times 1 \times 2 \times 1} = 7 \times 6 \times 5 \times 3 \times 2 \times 1 = 1260$$

Gabarito: **Item c)**.

1.12 (IFPA – Edital 01 de 2015) (Q32)

Uma senha de celular pode ser salva com 4 dígitos. Quantas maneiras diferentes a senha, contendo apenas números, do celular pode ser salva?

a) 240.

b) 5040.

c) 504.

d) 2016.

e) 602.

1.13 (IFPA – Edital 01 de 2015) (Q31)

Um Professor de Matemática do IFPA decide passar uma avaliação composta de 13 questões, das quais o aluno deve resolver 8. De quantas maneiras possíveis o aluno pode escolher 8 questões para resolver, sem levar em consideração a ordem?

a) 336.

b) 25.740.

c) 154.440.

d) 40.320.

e) 1.287.

Sugestão de Soluções.

Em uma situação como esta, onde temos que formar grupos de 8 questões de um conjunto, ou grupo maior, de 13 questões temos uma combinação simples.

Perceba que um grupo de 8 questões como este (2, 3, 4, 5, 6, 7, 10, 12) não difere do grupo de questões (12, 10, 2, 3, 4, 5, 6, 7) e por isso a observação 'sem levar em consideração a ordem', dizemos neste caso que os grupos gerados por combinação simples diferem entre si pela natureza de seus elementos e não pela ordem.

Logo;

$$C_{13,8} = \frac{13!}{8! \times (13-8)!} = \frac{13 \times 12 \times 11 \times 10 \times 9 \times 8!}{8! \times 5 \times 4 \times 3 \times 2 \times 1} = 13 \times 11 \times 9 = 1287$$

Gabarito: **Item e)**.

1.14 (FADESP IFPA – Edital 008 de 2018) (Q47)

Um linhão de transmissão elétrica é composto de seis fios. Dois pássaros distintos pousam nos fios. O número de configurações possíveis para o pouso dos dois pássaros nos fios é de

a) 36.

b) 30.

c) 42.

d) 18.

e) 72.

1.15 (FADESP IFPA – Edital 008 de 2018) (Q48)

Oito crianças são dispostas em duas rodas em salas A e B, cada roda com 4 [quatro] crianças. O número de modos diferentes de dispor as 8 [oito] crianças é

a) 40320.

b) 70.

c) 630.

d) 2520.

e) 5040.

Sugestão de Soluções.

Observe que primeiro precisamos observar que a ordem em que estas crianças estão dispostas nas rodas é importante, por exemplo a disposição 1, 2, 3, 4 na primeira sala e 5, 6, 7, 8 na segunda sala é diferente da disposição 1, 3, 2, 4 na primeira sala e 6, 5, 7, 8 na segunda sala, logo trata-se de uma permutação circular.

A permutação circular de 4 crianças é dada por

$$Pc_4 = (4-1)! = 3! = 3 \times 2 \times 1 = 6$$

Logo temos 6 possibilidades na primeira sala e 6 possibilidades na segunda sala, pelo princípio multiplicativo temos $6 \times 6 = 36$ possibilidades de dispor as 8 crianças em duas rodas nas salas A e B.

Porém é preciso observar que podemos formar diversos grupos diferentes de 4 crianças cada a partir do conjunto de 8 crianças, sendo que para cada grupo teremos 36 possibilidades de dispor as crianças.

O número de grupos de 4 crianças corresponde a uma combinação simples, ou seja,

$$C_{8,4} = \frac{8!}{4! \times (8-4)!} = \frac{8 \times 7 \times 6 \times 5 \times 4!}{4 \times 3 \times 2 \times 1 \times 4!} = 7 \times 2 \times 5 = 70$$

Pelo princípio multiplicativo temos $36 \times 70 = 2520$ modos diferentes de dispor estas crianças.

Gabarito: **Item d)**.

1.16 (FADESP IFPA – Edital 008 de 2018) (Q49)

Um psicólogo atende, durante seis horas seguidas, as seis pessoas, em períodos de uma hora cada. Entre seus pacientes do dia estão dois casais divorciados, cujos pares não podem ser atendidos em horários contíguos. O número de possibilidades de dispor os dois casais nos seis horários será de

a) 614.

b) 720.

c) 312.

d) 156.

e) 360.

1.17 (IFRS – Edital/2009) (Q25)

Quantas são as possibilidades de distribuição de medalhas de ouro, prata e bronze em uma competição olímpica da qual participaram dez atletas?

a) 234.

b) 659.

c) 729.

d) 720.

e) 798.

Sugestão de Soluções.

Observe que nesta situação a ordem de distribuição das medalhas é importante, pois se tivermos os atletas A, B e C com medalhas de Ouro, Prata e Bronze temos uma possibilidade de distribuição das medalhas, se tivermos os mesmos atletas A, B e C com as medalhas Prata, Ouro e Bronze temos uma possibilidade de distribuição das medalhas diferente, logo a ordem é importante e temos um caso de arranjo simples. Logo,

$$A_{10,3} = \frac{10!}{(10-3)!} = \frac{10!}{7!} = \frac{10 \times 9 \times 8 \times 7!}{7!} = 10 \times 9 \times 8 = 720$$

Gabarito: **Item d)**.

1.18 (IFAL – Edital de 2010) (Q21)

De quantos modos podemos comprar 4 sorvetes em um bar que os oferece em 8 sabores distintos?

a) 105.

b) 180.

c) 330.

d) 320.

e) 285.

1.19 (IFAL – Edital/2011) (8)

Considere um grupo de servidores do IFAL formado por 7 homens (entre os quais RICHARD) e 5 mulheres (entre as quais MARY), do qual se quer formar uma banca de concurso constituída por 4 pessoas. O número de bancas formadas por 2 homens, entre os quais RICHARD, e 2 mulheres, mas sem incluir MARY, é:

a) 120.

b) 36.

c) 30.

d) 210.

e) 18.

Sugestão de Solução.

Para a solução podemos aplicar o princípio multiplicativo considerando que a escolha dos membros da banca pode ser decomposta em etapas.

Considere o conjunto {Richard, A, B, C, D, E, F, Mary, 1, 2, 3, 4} e exemplos de bancas tais como {Richard, A, 1, 2}, {Richard, B, 1, 3} e {Richard, A, 2, 1}.

Perceba que a primeira e a terceira banca diferem apenas pela ordem de seus elementos e não configuram bancas diferentes, bancas diferentes devem ter elementos de naturezas diferentes.

Para a escolha do primeiro membro da banca, supondo homem, temos uma opção já que RICHARD deverá participar das bancas.

$$1 \times ... \times ... \times ... =$$

Para a escolha do segundo membro da banca temos 6 opções, logo,

$$1 \times 6 \times ... \times ... =$$

Para a escolha dos outros dois membros da banca, sendo mulheres, temos uma combinação simples, já que devem diferir pela natureza de seus elementos, de 5 mulheres em grupos de 2, ou seja,

$$1 \times 6 \times C_{4,2} =$$

$$1 \times 6 \times \frac{4!}{2! \times (4-2)!} = 36$$

Gabarito: **Item b)**.

1.20 (IFAL - Edital/2011) (16)

Quantos números distintos podemos formar permutando-se todos os algarismos do número 1234567, de modo que o algarismo que ocupa o lugar de ordem k, da esquerda para a direita, é sempre maior que o elemento que ocupa o lugar de ordem k-3?

a) 5040.

b) 2520.

c) 24.

d) 144.

e) 210.

1.21 (IFAL - Edital 31/ 2014) (Q12)

Três amigos J, M e B chegam no mesmo dia para aproveitar as férias na ensolarada Maceió. Na cidade, existem 6 hotéis disponíveis. Sabendo que cada hotel tem pelo menos três vagas, qual/quais das afirmações abaixo, referentes à forma em que os amigos podem ficar hospedados, é/são correta(s)?

I. Existe um total de 100 combinações.

II. Existe um total de 120 combinações se cada amigo pernoitar em um hotel diferente.

III. Existe um total de 30 combinações se duas e apenas duas pessoas pernoitam no mesmo hotel.

a) Apenas a afirmação I.

b) Apenas a afirmação II.

c) Apenas a afirmação III.

d) Apenas a afirmações II e III.

e) Todas as afirmações.

Sugestão de Solução:

Este é um exemplo típico de questão de concurso público que pode ser resolvida mais rapidamente com o uso de uma estratégia inteligente. Comecemos pelo item II, que propõe cada amigo em um hotel diferente:

II. Admitamos o conjunto de base (coleção mais numerosa) como o conjunto dos hotéis,

$$H = \{H_1; H_2; H_3; H_4; H_5; H_6\}$$

E a upla de chegada será a upla de amigos tal que a abscissa é J, a ordenada é M e a cota é B,

$$A = (\_\_;\_\_;\_\_)$$

Deste modo, em cada coordenada irá entrar um hotel distinto sinalizando onde ficará hospedado cada amigo. Como são 6 candidatos para 3 vagas, a ordem dos hotéis na upla modifica a solução e como não se admite repetições de hotéis, calcularemos o número de arranjos simples:

$$N_2 = A_6^3 = \frac{6!}{(6-3)!} = 120 \text{ arranjos distintos.}$$

Uma leitura cuidadosa do enunciado nos permite perceber que ele menciona "120 combinações" o que, a rigor, está incorreto. Veremos, mais à frente que, para a solução bater com o gabarito oficial, o enunciado deveria ter falado em "120 agrupamentos" e, aí sim, a afirmação II estaria CORRETA!

Passemos, agora, para a afirmação III, que considera que exatamente duas pessoas pernoitam em um mesmo hotel e a terceira pessoa necessariamente irá para um hotel diferente:

III. Nesse caso, a solução mais rápida se dá via Princípio Multiplicativo. Como existem 6 hotéis, então há 6 maneiras diferentes de escolher o hotel onde se hospedará a dupla e, como a terceira pessoa ficará sozinha, só restarão, para ela, 5 opções. Porém existem 3 maneiras diferentes de escolher os grupos (a dupla e mais a pessoa que ficará sozinha). Sendo assim:

$$N_3 = 6 \times 5 \times 3 = 90 \text{ agrupamentos distintos.}$$

Deste modo, a afirmação III está INCORRETA!

Perceba que, a esta altura, já é possível concluir, por eliminação, que somente o item b pode estar correto, mesmo sem termos, ainda, analisado a afirmativa I.

Resposta: Item b).

■ **COMENTÁRIO:**

Analisando a afirmação I observamos que, para os 3 amigos se hospedarem em 6 hotéis com fartura de vagas, existem três possibilidades mutuamente excludentes a serem contabilizadas:

$$\mathrm{N} = \begin{pmatrix} \text{cada amigo em} \\ \text{um hotel diferente} \end{pmatrix} \text{ou} \begin{pmatrix} \text{2 amigos em um hotel} \\ \text{e o outro amigo em um} \\ \text{hotel diferente} \end{pmatrix} \text{ou} \begin{pmatrix} \text{os três amigos} \\ \text{no mesmo hotel} \end{pmatrix}$$

Os dois primeiros casos já foram calculados e o terceiro caso vale obviamente 6, de modo que

$$N = 120 + 90 + 6 = 216 \text{ possibilidades.}$$

Repare que a afirmação I está INCORRETA, o que corrobora com o gabarito anterior e que, de fato, ordenando logicamente as afirmações, convém que esta seja analisada por último.

□

1.22 (IFAC – Edital 2012) (22)

Um hospital possui um grupo de 12 enfermeiros, dos quais 7 são mulheres. Para os plantões, são selecionados 4 profissionais. Quantos grupos distintos de plantonistas poderão ser formados de forma que haja ao menos uma mulher em cada um deles?

a) 495.

b) 490.

c) 460.

d) 210.

e) 70.

1.23 (IFMT – Edital 22/2012) (24)

A quantidade máxima de retas que se pode formar com os vértices de um cubo é:

a) 56.

b) 15.

c) 28.

d) 30.

Sugestão de Solução.

Todo o cubo é formado por 8 vértices distintos e cada par de vértices necessariamente forma uma reta distinta, sendo assim, o número total de retas distintas será

$$N = \binom{8}{2} = \frac{8!}{2!\,6!} = 28 \text{ retas.}$$

Resposta: Item c).

1.24 (UFMT – Edital 2012) (23)

Qual o número máximo de regiões delimitadas por 5 retas no plano?

a) 10.

b) 12.

c) 15.

d) 16.

1.25 (IFRN – Edital 2012) (15)

Um professor dispões de 10 lápis iguais, 7 borrachas iguais e 12 canetas iguais que serão distribuídos com seus dois alunos monitores. A quantidade de maneiras distintas que esses objetos podem ser distribuídos entre esses dois alunos, de modo que cada um receba, pelo menos, 3 lápis, 2 borrachas e 4 canetas, é igual a

a) 24.

b) 29.

c) 100.

d) 840.

Sugestão de Solução.

A quantidade mínima é:

i) Aluno 1: 3 lápis; 2 borrachas; 4 canetas

ii) Aluno 2: 3 lápis; 2 borrachas; 4 canetas

Descontando essas quantidades, restam, para distribuir, **4 lápis**, **3 borrachas** e **4 canetas**. Considerando o aluno 1 na abscissa e o aluno 2 na ordenada, as possibilidades de distribuição são:

- Lápis: $(0;4),(1;3),(2;2),(3;1),(4;0)$

- Borrachas: $(0;3),(1;2),(2;1),(3;0)$

- Canetas: $(0;4),(1;3),(2;2),(3;1),(4;0)$

Utilizando o Princípio Multiplicativo, fazemos:

$$\text{N} = 5 \times 4 \times 5 = 100\text{formas diferentes de distribuir.}$$

Resposta: Item c)

1.26 (IFRN – Edital 2006) (14)

Com os algarismos 1, 2, 3, 4 e 5, a quantidade de números de quatro algarismos distintos e divisíveis por seis que podemos formar é de:

a) 20.

b) 18.

c) 16.

d) 12.

1.27 (IFRN – Edital 2006) (15)

Sobre uma mesa, há dezenove bolas de bilhar, das quais dez são verdes, cinco são azuis e quatro são pretas. O número de modos diferentes que podemos enfileirar essas bolas de modo que duas da mesma cor não fiquem juntas é:

a) 126.

b) 2.880.

c) 15.120.

d) 48.620.

Sugestão de Solução.

A primeira coisa a observar é que, quando dispomos as bolas verdes na sequência de modo a não acontecerem duas bolas verdes consecutivas, necessariamente a sequência começará e terminará por uma bola verde, não há como ser diferente. Desta maneira, deve acontecer:

V__V__V__V__V__V__V__V__V__V

Preenchendo as lacunas com bolas azuis e com bolas pretas, um agrupamento possível, seria

VAVAVAVAVAVPVPVPVPV

Para obtermos todas as possibilidades, basta manter fixos os Vs e permutar os As e os Ps:

$$N = P_9^{5,4} = \frac{9!}{5!\,4!} = 126 \text{ modos diferentes.}$$

Resposta: Item a).

1.28 (IFRN – Edital 2009) (10)

Um grupo de 54 estudantes matriculou-se em duas disciplinas: álgebra e cálculo. O número de matriculados em álgebra é sete vezes o número de matriculados em álgebra e cálculo. O número de estudantes matriculados nas duas disciplinas é metade dos que só se matriculam em cálculo. O número de estudantes matriculados nas duas disciplinas é metade dos que só se matricularam em cálculo. Então, o número de estudantes matriculados em uma única disciplina é

a) 48.

b) 42.

c) 38.

d) 36.

1.29 (IFRN – Edital 2009) (17)

Um tabuleiro quadrado apresenta 16 orifícios dispostos em 4 linhas e 4 colunas. Em cada orifício cabe uma única bola. O número de maneiras diferentes para colocarmos 4 bolas de modo que todos os orifícios ocupados não fiquem alinhados é de

a) 1.536.

b) 1.810.

c) 2.315.

d) 3.620.

Sugestão de Solução.

Um tabuleiro quadrado com 16 orifícios tem 4 orifícios em cada lado, ou seja,

Figura QC 1.29 – Tabuleiro proposto.

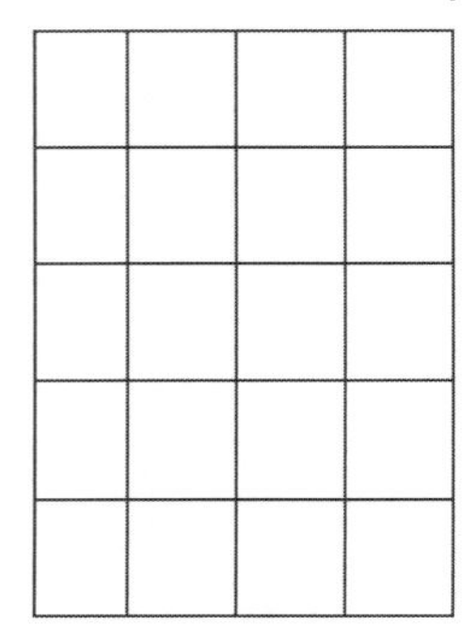

Fonte: Os autores (2024).

Perceba que para colocarmos 4 bolas de forma que estas fiquem alinhadas nós temos 10 maneiras diferentes que são as 4 linhas, as 4 colunas e as duas diagonais.

O total de maneiras de colocarmos as 4 bolas neste tabuleiro, em qualquer posição, é um caso de combinações simples, ou seja,

$$C_{16,4} = \frac{16!}{4! \times (16-4)!} = \frac{16!}{4! \times 12!} = 4 \times 5 \times 7 \times 13 = 1820$$

Como queremos apenas as maneiras nas quais os orifícios ocupados não fiquem alinhados temos 1820 – 10 – 1810 maneiras diferentes.

Gabarito: **Item b)**.

1.30 (IFMG SUDESTE – Edital 2019) (01)

Uma adolescente escolheu três cores de esmalte distintas para pintar as cinco unhas de uma de suas mãos, de modo que cada cor tem que ser usada pelo menos uma vez e cada unha será pintada de apenas uma cor.

É correto afirmar que o número de formas distintas de fazer essa escolha é

a) 144.

b) 147.

c) 150.

d) 240.

e) 243.

Gabaritos

1.1	1.2	1.3	1.4	1.5	1.6	1.7	1.8	1.9	1.10
e	a	b	c	c	a	c	e	a	a
1.11	**1.12**	**1.13**	**1.14**	**1.15**	**1.16**	**1.17**	**1.18**	**1.19**	**1.20**
c	b	e	c	d	c	d	c	b	e
1.21	**1.22**	**1.23**	**1.24**	**1.25**	**1.26**	**1.27**	**1.28**	**1.29**	**1.30**
b	b	c	d	c	d	a	a	b	a

2. Probabilidade

OBJETIVOS DE APRENDIZAGEM:

Após estudar este capítulo, você deverá ser capaz de:

- Definir os conceitos fundamentais da Teoria das Probabilidades;
- Definir Espaços Amostrais Equiprováveis de maneira não circular;
- Definir Probabilidade segundo as suas diversas abordagens;
- Definir Partição de um Espaço Amostral;
- Utilizar corretamente o Teorema da Probabilidade Total e a Regra de Bayes;
- Modelar e resolver problemas combinatórios envolvendo a Teoria das Probabilidades;
- Definir corretamente Distribuição de Probabilidades e discernir o caso discreto do caso contínuo;
- Resolver corretamente problemas envolvendo as distribuições discretas do tipo Distribuições de Bernoulli, Binomiais e de Poisson;
- Resolver corretamente problemas envolvendo as distribuições contínuas do tipo Distribuições Uniformes, Exponenciais e Normais;
- Resolver as principais questões relacionadas ao assunto que foram cobradas no Enade, em concursos públicos e em exames de pós-graduação nas últimas décadas.

2.1 Definições preliminares

Da mesma forma que a Estatística, a Teoria das Probabilidades busca modelar a incerteza. A diferença é que, enquanto a Estatística parte do conhecimento de amostras (estimadores amostrais) para compreender a população de origem (parâmetros populacionais), a Teoria das Probabilidades faz o contrário, ela parte do conhecimento da população (censo ou então arcabouço determinístico) para inferir os resultados amostrais. Diz-se, portanto, que enquanto a Estatística é uma ciência predominantemente indutiva, a Teoria das Probabilidades é uma ciência dedutiva.

Para operacionalizar o cálculo de probabilidades, precisamos de alguns pré-requisitos. As definições que se sucedem são essenciais para o desenvolvimento da teoria rigorosa.

2.1.1 Experimento aleatório

DEFINIÇÃO 2.1: Todo o processo que produz um resultado elementar afetado pela incerteza (ou seja, imprevisível).

Esse resultado elementar pode ser unidimensional, bidimensional ou multidimensional, dependendo do número de **extrações** necessário para caracterizá-lo.

No lançamento de um dado comum, de seis faces, conforme está representado na Figura (2.1), há seis resultados elementares unidimensionais: 1,2,3,4,5 e 6. Todavia, no lançamento de dois dados comuns simultaneamente, cada resultado elementar demanda duas extrações e, portanto, é bidimensional: $(1;1)$, $(1;2),\dots,(6;6)$.

A rigor, os experimentos aleatórios também podem incluir objetos complexos (elevado grau de complexidade) como pessoas, veículos, residências ou ainda grandezas físicas como tempo e vazão volumétrica, sujeitos a contagens ou então a medições.

Figura 2.1 – Dado comum de seis faces.

Fonte: Os autores (2024).

Representa-se um experimento aleatório como:

$$\text{E.A.: } \Omega \to \omega_i \quad \text{ou então} \quad \Omega \xrightarrow{E.A.} \omega_i$$

Depois de executado, com o resultado já definido, o experimento aleatório também costuma ser chamado de **ensaio (experimental) aleatório**. Diversos autores admitem o termo ensaio como sinônimo de experimento. Constituem exemplos bem comuns de experimento aleatório:

- O lançamento de moeda[6] com a finalidade de constatar qual face ficará virada para cima após o lançamento. Neste tipo de experimento é preciso que a moeda não seja viciada (moeda honesta), isto é, que cada face tenha a mesma chance de cair voltada para cima;

Figura 2.2 – Moeda comum.

Fonte: Os autores (2024).

- O sorteio de uma carta de baralho e posterior observação do seu naipe (copas, espadas, paus e ouros).

Figura 2.3 – Naipes das cartas de baralho.

Fonte: Os autores (2024).

Os naipes de um baralho são distinguidos pelas cores e pelos símbolos representativos. Na Figura 2.3, o naipe de paus é representado pela figura de uma folha, na cor preta; o naipe de ouro é representado por um diamante, na cor vermelha, o naipe de copas é representado por um coração, na cor vermelha e, o naipe de espadas é representado por uma espada. Cada naipe tem 13 cartas, numeradas de 2 a 10, além de 4 cartas chamadas: Valete (J), Dama (Q), Rei (K) e o Ás (A). Além das 52 cartas tradicionais, existem ainda dois coringas que podem ser adicionados ao baralho para alguns jogos, totalizando 54 cartas.

---

[6] De acordo com a numismática, a efígie da República se encontra no anverso da moeda (coroa), enquanto o seu valor (quantidade numérica) consta no reverso (cara).

2.1.2 Ponto amostral

DEFINIÇÃO 2.2: Todo o resultado elementar de um experimento aleatório.

Ou seja, é o *output* de um experimento aleatório:

$$\Omega \overset{E.A.}{\longrightarrow} \omega_i \ , \qquad 1 \leq i \leq n.$$

Do ponto de vista essencialmente matemático, ponto amostral nada mais é que um elemento (associável a conjuntos) afetado pela incerteza, de modo que ele certamente está sujeito à álgebra dos conjuntos.

2.1.3 Espaço amostral (ou Espaço de Amostras)

DEFINIÇÃO 2.3: Conjunto de todos os pontos amostrais associados a um dado experimento aleatório.

$$\Omega = \{\omega_1; \omega_2; \ldots; \omega_n\}$$

- No lançamento de uma moeda o espaço amostral será:

$$\Omega = \{\text{Cara; Coroa}\}$$

- No lançamento de um dado de seis faces o espaço amostral será:

$$\Omega = \{1; 2; 3; 4; 5; 6\}$$

- Na retirada de uma carta de um baralho, o espaço amostral **pode ser**:

$$\Omega = \{\text{ouros; copas; espadas; paus}\}.$$

Do ponto de vista matemático, o Espaço Amostral nada mais é que um conjunto universo afetado pela incerteza e que, tal qual os pontos amostrais, está sujeito à álgebra dos conjuntos.

2.1.4 Evento aleatório

DEFINIÇÃO 2.4: Define-se evento aleatório como todo e qualquer subconjunto de um Espaço Amostral:

$$E \subseteq \Omega$$

De uma forma essencialmente prática, podemos definir evento (aleatório) favorável ou focal:

DEFINIÇÃO 2.5: Define-se evento (aleatório) favorável ou focal como todo o subconjunto do Espaço Amostral que é de interesse do estatístico:

$$E \subseteq \Omega$$

Do ponto de vista matemático, um evento aleatório representa, nada mais, nada menos que um conjunto afetado pela incerteza, de modo que todas as propriedades lógico-matemáticas dos conjuntos valem para eventos aleatórios.

- No lançamento de uma moeda, um evento favorável pode ser a ocorrência de cara, $E = \{\text{Cara}\}$;

- No lançamento de um dado, um evento favorável poderia ser a obtenção de um número primo, $E = \{2; 3; 5\}$;

- Na retirada de uma carta de um baralho, o evento favorável pode ser a retirada de uma carta de naipe vermelho, $E = \{\text{ouros; copas}\}$.

2.1.5 Ocorrência de um evento aleatório

DEFINIÇÃO 2.6: Diz-se que um evento aleatório E ocorreu se e somente se algum de seus pontos amostrais foi obtido a partir do experimento aleatório em questão.

E.A.: ω_k

Se $\omega_k \in E$, então E ocorreu.

2.1.6 Frequência relativa

Suponha um dado (honesto ou não) que é lançado 50 vezes e obtém-se os resultados mostrados na Tabela 2.1:

Tabela 2.1 – Frequência absoluta.

FACES	FREQUÊNCIA
1	5
2	15
3	6
4	4
5	16
6	4
TOTAL	50

Fonte: Os autores (2024).

A frequência que aparece na Tabela 2.1 corresponde à frequência absoluta, quantidade de vezes que cada face ficou voltada para cima após os lançamentos. Uma vez que tenhamos a frequência absoluta e o número de observações, é possível determinar a frequência relativa através da seguinte relação:

$$f_r = \frac{f}{n^{\underline{o}}\ de\ observações}. \tag{2.1}$$

Com os dados da Tabela 1 e a Equação (2.1), construímos a tabela 2.2:

Tabela 2.2 – Frequência absoluta e frequência relativa.

FACES	FREQUÊNCIA	FREQUÊNCIA RELATIVA
1	5	5/50
2	15	15/50
3	6	6/50
4	4	4/50
5	16	16/50
6	4	4/50
TOTAL	50	1

Fonte: Os autores (2024).

Observe que:

- A frequência relativa é, no máximo, a unidade;

- A soma das frequências relativas em um dado experimento é sempre igual à unidade;

- O conceito de frequência relativa, a rigor, é diferente do conceito de probabilidade.

2.2 A definição clássica de probabilidade: o quociente de Laplace

Existem quatro abordagens tradicionais para o conceito de probabilidade:

Abordagem Clássica (Abordagem Laplaciana ou *a priori*): Baseada na Teoria Clássica dos Conjuntos, ela define probabilidade a partir da relação entre as cardinalidades do evento focal (favorável) E e do seu respectivo espaço de amostras Ω.

Abordagem Frequencista (Abordagem empírica ou *a posteriori*): Baseada na convergência da frequência relativa do evento favorável quando o experimento aleatório em questão pode ser executado um grande número de vezes.

Abordagem Subjetiva: Baseada na ponderação das variáveis aleatórias, ajustadas às evidências experimentais. Durante o século XX, foi muito utilizada dentro da medicina em virtude do fracasso dos modelos clássico e frequencista na modelagem de eventos clínicos.

Abordagem Axiomática (Abordagem moderna ou de Kolmogórov): Baseada nos três axiomas de Kolmogórov. Representa a abordagem mais ampla e mais rigorosa de todas, pois se fundamenta na Teoria dos Conjuntos de Cantor e na Análise Real (Teoria da Medida).

Historicamente, as três primeiras abordagens foram desenvolvidas em sequência, sendo que a abordagem frequencista procurou suprir as deficiências da abordagem clássica na modelagem de problemas de engenharia e a abordagem subjetiva procurou contornar as limitações das duas primeiras dentro da medicina, porém, sem sucesso, o que justificou o desenho da abordagem moderna, que contempla as três primeiras, axiomatizando-as.

Quando se fala em concursos públicos, na maioria absoluta dos casos, a definição clássica consegue suprir bem todas as necessidades. Todavia, para construir uma definição logicamente consistente, ou seja, livre de contradições ou de exceções, precisamos considerar aspectos analíticos da Teoria dos Conjuntos definindo, previamente, *enumerabilidade de conjuntos* e *espaços amostrais equiprováveis.*

2.2.1 Conjuntos enumeráveis

DEFINIÇÃO 2.7: Conjunto enumerável é todo aquele que possui mesma cardinalidade de um subconjunto qualquer do conjunto dos números naturais.

Os conjuntos enumeráveis, também chamados de contáveis, são de suma importância dentro da Teoria das Probabilidades, pois nos permitem contar e medir com exatidão.

Sempre que existe uma função estritamente injetora do conjunto E para os naturais, então ele é chamado conjunto finito enumerável, já quando existe uma bijeção de E para os naturais, ele é dito infinito e enumerável.

2.2.2 Espaços amostrais equiprováveis:

É comum vermos nos livros didáticos definições circulares em que se define equiprobabilidade a partir do conceito de probabilidade e, logo em seguida, se define probabilidade a partir do conceito anterior de equiprobabilidade. Esse tipo de definição constitui um sofisma e não possui validade matemática. A solução definitiva para contornar essas circularidades é a chamada *Teoria da Medida*, que evitaremos no presente texto por fugir ao escopo desta obra. Nesse sentido, adotaremos uma solução alternativa que supre nossas necessidades: usaremos o paradigma frequencista para definir equiprobabilidade de pontos amostrais, para definir espaços amostrais equiprováveis e, por fim, a partir desse último conceito, chegaremos a uma definição consistente de probabilidade.

A Lei dos Grandes Números

Um dos princípios mais importantes que dá sentido ao conceito de probabilidade é a Lei dos Grandes Números, aqui enunciada de forma didática e sucinta:

PROPOSIÇÃO 2.1: Seja um experimento aleatório $E.A.$ realizado sobre um dado espaço de amostras Ω e $E \subseteq \Omega$ um evento aleatório qualquer desse espaço. Se o experimento for realizado um número muito grande de vezes, tendendo ao infinito, a frequência relativa do evento E tenderá a uma constante.

Figura 2.4 – Frequências relativas de uma face qualquer em um dado honesto.

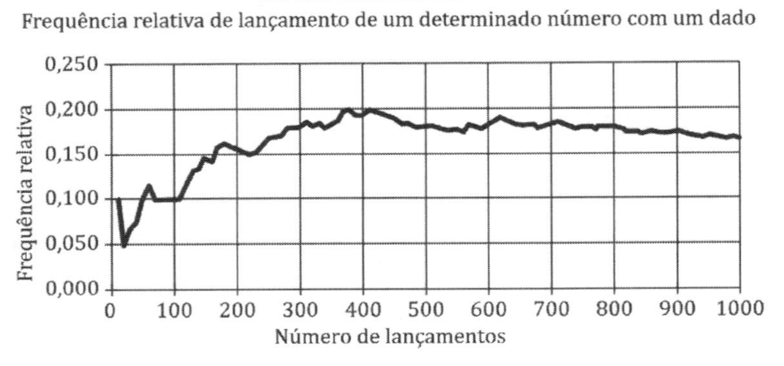

Fonte: Os autores (2024).

A Lei dos Grandes Números foi enunciada pela primeira vez pelo matemático e polímata italiano Girolamo Cardano (1501-1576) a princípio, sem uma demonstração rigorosa. Mais tarde, porém, a questão foi retomada por Jacob Bernoulli, que a demonstrou em 1713, na sua obra *Ars Conjectandi.* Nos anos seguintes, o seu enunciado recebeu a contribuição de inúmeros outros matemáticos como, por exemplo, Siméon Dennis Poisson (1781-1840).

DEFINIÇÃO 2.8: Pontos amostrais equiprováveis são aqueles cujas *frequências relativas convergem* para os mesmos valores à medida que o número de ensaios aumenta.

Ou seja, admitindo uma sequência de ensaios aleatórios, tais pontos amostrais tendem a acontecer o mesmo percentual de vezes à medida que o número de ensaios tende a infinito. Isso acontece, por exemplo, com as faces Cara (C) e Coroa (K) de uma moeda honesta, cujas frequências relativas tendem a 50% por experiência (probabilidade empírica). Algo semelhante acontece com as faces de um dado honesto, que estabilizam em uma frequência próxima a $^1/_6$.

Se examinarmos bem a questão, veremos que sistemas probabilísticos *simétricos* e *invariantes* sempre produzirão pontos amostrais equiprováveis. É exatamente o caso das moedas honestas e dos dados equilibrados.

DEFINIÇÃO 2.9: Espaço amostral equiprovável é todo o espaço amostral tal que todos os pontos amostrais que o constituem são equiprováveis.

2.2.3 Probabilidade (acepção clássica):

DEFINIÇÃO 2.10: Seja Ω um *espaço de amostras equiprovável finito,* ou então *infinito e enumerável,* e seja $E \subseteq \Omega$ um evento aleatório de interesse, então chamamos probabilidade (da ocorrência) de E ao *número real* $P(E)$ tal que

$$P(E) = \frac{\#E}{\#\Omega}. \qquad (2.2)$$

onde a operação # (cardinalidade) conta o número de elementos do conjunto associado ao evento aleatório considerado.

2.2.4 Eventos certos e eventos impossíveis

Uma questão crucial da Teoria das Probabilidades é o confronto entre eventos aleatórios de cardinalidade finita e eventos aleatórios de cardinalidade infinita. Basta lembrar do que nos propõe a Análise Real quando trata das indeterminações do tipo ${}^{+\infty}/_{+\infty}$. Por isso mesmo, calcularemos probabilidades sempre separando o caso finito do caso infinito.

Suponha o seguinte problema: dado o intervalo fechado $[0; 1]$, qual a probabilidade de nós escolhermos aleatoriamente um número real e ele ser inteiro?

Perceba que

$\#E = 2\ números\ inteiros$ (os dois extremos do intervalo);

$\#\Omega = +\infty\ números\ reais$ (todos os números reais do intervalo).

Então,

$$P(E) = \frac{\#E}{\#\Omega} = \frac{2}{+\infty} \therefore\ P(E) = 0 \text{ (zero)}$$

O evento possui probabilidade zero, porém não é impossível!!! Isso acontece porque o espaço amostral considerado é infinito.

Conclusão:

i) Sempre que o espaço amostral considerado Ω for *finito* e $P(E) = 0$, diz-se que o evento aleatório E é um **evento impossível**;

ii) Sempre que o espaço amostral considerado Ω for *finito* e $P(E) = 1$, diz-se que o evento aleatório E é um **evento certo.**

2.3 A definição axiomática de probabilidade: os três axiomas de Kolmogórov

Como a abordagem clássica ou laplaciana das probabilidades tivesse falhado na resolução de alguns problemas essencialmente práticos da engenharia, criou-se a abordagem frequencista ou empírica das probabilidades que, por sua vez, não logrou êxito dentro da medicina, ensejando o desenvolvimento da chamada abordagem subjetiva do conceito de probabilidade. No final do século XIX coexistiam, portanto, essas três abordagens distintas e que eram, por vezes, dissonantes, fato que suscitou, por parte dos matemáticos da época, a necessidade de se desenvolver uma abordagem de coalizão, capaz de reunir o que havia de melhor em cada proposta. Coube ao matemático russo Andrey Nicholaevich Kolmogórov (1903-1987) a idealização dessa nova e mais ampla abordagem. A abordagem axiomática ou moderna, como ficou conhecida, baseou-se no rigor da geometria para definir as propriedades mínimas gerais das probabilidades a partir das quais todas as demais relações poderiam ser demonstradas. Em sua obra intitulada *Foundations of Probability Theory*, publicada em 1933, Kolmogórov definiu, então, os três seguintes axiomas que destacamos na subsecção que segue.

2.3.1 Probabilidade (acepção moderna):

Um dos principais conceitos que a Teoria da Medida utiliza para definir medidas em um conjunto de interesse $\mathbb{X}$ é o conceito de σ-álgebra (lê-se "sigma-álgebra"). Ela define uma σ-álgebra sobre um conjunto $\mathbb{X}$ como uma coleção de subconjuntos de $\mathbb{X}$, incluindo o conjunto vazio, e que é fechada sobre operações contáveis de união, intersecção e complemento de conjuntos. A partir daí, define-se *espaço mensurável* $(\mathbb{X}; \mathfrak{M})$ como todo o conjunto $\mathbb{X}$ dotado de uma σ-álgebra $\mathfrak{M}$. Sempre que existe uma *medida* μ aplicável ao dado conjunto, dizemos que a trinca $(\mathbb{X}; \mathfrak{M}; \mu)$ representa um *espaço de medida*. Pois bem, os *espaços de probabilidades*, que nos interessam, constituem casos particulares de *espaços de medidas*.

De uma forma preliminar, podemos fazer:

DEFINIÇÃO 2.11: Seja $(\Omega, \mathcal{E}, P)$ um espaço de medida com Ω espaço amostral, $\mathcal{E}$ um espaço de eventos com $E_i \subset \mathcal{E}$, $i \in \mathbb{N}^*$. Admitindo *espaços de probabilidade finitamente aditivos*, a função[7] P será uma medida de probabilidade se e somente se

[7] A acepção clássica (secção 2.2.3) define probabilidade como um *número real*. Aqui ela já aparece como uma *função*. A rigor, funções devem ser definidas com letras minúsculas ou então letras com fonte estilizada.

(k1) $P(E_i) \geq 0$ (Não-negatividade);

(k2) $P(\Omega) = 1$ (Unitariedade);

(k3) $P(E_1 \cup E_2) = P(E_1) + P(E_2), se\ E_1 \cap E_2 = \emptyset$ (Aditividade).

No caso mais geral, que contempla somas infinitas de probabilidades, torna-se necessário ajustar o terceiro axioma para um número qualquer de eventos aleatórios. Nesse caso, $\mathcal{E}$ será uma σ −álgebra de subconjuntos[8] definida em Ω e o terceiro axioma adquire a seguinte forma:

(k4) $P(\bigcup_{i=1}^{+\infty} E_i) = \sum_{i=1}^{+\infty} P(E_i)$ (σ-aditividade)

Por fim, admitindo $E_i \in \mathcal{E}$ e reformulando a notação de P, chegamos à definição mais ampla e rigorosa:

DEFINIÇÃO 2.12: Seja $(\Omega, \mathcal{E}, \mathbb{P})$ um espaço de medida com Ω espaço amostral não vazio, $\mathcal{E}$ uma sigma-álgebra de subconjuntos de Ω. $\mathbb{P}$ é uma *medida de probabilidade* se e somente se

(k1) $\mathbb{P}: \mathcal{E} \rightarrow [0; 1]$ (Não-negatividade);

(k4) $\mathbb{P}(\Omega) = 1$ (Unitariedade);

(k2) $\mathbb{P}(\bigcup_{i=1}^{+\infty} E_i) = \sum_{i=1}^{+\infty} P(E_i)$, se $E_i \cap E_j = \emptyset$ dois a dois (σ-aditividade).

Nesse caso, a trinca $(\Omega, \mathcal{E}, \mathbb{P})$ será chamada de *espaço de probabilidades.* Essa definição, mais ampla e rigorosa, nos permite definir probabilidade sem contradições ou exceções, tanto nos casos em que Ω contém uma quantidade finita de elementos, quanto nos casos em que ele possui uma quantidade infinita e enumerável de elementos ou ainda nos casos em que ele possui uma quantidade infinita e não enumerável de elementos, o chamado caso contínuo.

É importante salientar que, por vezes, nós nos deparamos com problemas que, apesar de utilizarem, implicitamente os três axiomas anteriores, são resolvidos diretamente a partir de uma álgebra de conjuntos com a fórmula (2.2). Por isso mesmo, alguns textos se referem a essa teoria moderna formatada nos moldes da abordagem clássica como “Teoria das Probabilidades Clássica de Kolmogórov”.

---

[8] O conjunto das partes de um conjunto é chamado de σ −álgebra discreta.

2.3.2 Os quatro desdobramentos fundamentais dos axiomas de Kolmogórov

Sejam E e F dois eventos aleatórios do tipo $E, F \subseteq \Omega$, então, a partir dos três axiomas de Kolmogórov, valem os seguintes corolários, que desdobram eventos complementares, diferenças de eventos, uniões de eventos e intersecções de eventos em probabilidades mais elementares:

(d₁) $P(\bar{E}) = 1 - \mathrm{P(E)}$
(d₂) $P(F - E) = \mathrm{P(F)} - \mathrm{P(F \cap E)}$
(d₃) $P(F \cup E) = \mathrm{P}(F) + \mathrm{P(E)} - \mathrm{P(F \cap E)}$
(d₄) $P(F \cap E) = \mathrm{P}(F).\mathrm{P(E|F)}$

2.3.3 Leis de Morgan

As duas leis de Morgan, válidas na Teoria dos Conjuntos, também se aplicam a eventos aleatórios, como segue:

(m₁) $\overline{E \cap F} = \bar{E} \cup \bar{F}$ (Primeira Lei de Morgan)
(m₂) $\overline{E \cup F} = \bar{E} \cap \bar{F}$ (Segunda Lei de Morgan)

Exercício Resolvido 2.1

Sejam E, F e G eventos aleatórios do espaço de amostras Ω. Prove as sentenças abaixo de acordo com a Teoria dos Conjuntos e com os Axiomas de Kolmogórov:

a) $P(\emptyset) = 0$;

b) Se $E, \bar{E} \subset \Omega$, então $P(\bar{E}) = 1 - P(E)$;

c) Se $E \subseteq F$, então $P(E) \leq P(F)$;

d) $P(E - F) = P(E) - P(E \cap F)$;

e) $P(E \cup F) = P(E) + P(F) - P(E \cap F)$;

f) $P(E \cup F \cup G) = P(E) + P(F) + P(G) - P(E \cap F) - P(E \cap G) - P(F \cap G) + P(E \cap F \cap G)$.

Sugestão de Solução.

a)

(i) $E \subseteq \Omega$, então $E \cap \emptyset = \emptyset$, se E e $\emptyset$ são mutuamente excludentes (os conjuntos associados são disjuntos);

(ii) $P(E) = P(E \cup \emptyset) = \mathrm{P(E)} + \mathrm{P}(\emptyset)$ (Axioma $\mathbf{k_3}$)

Donde,

$$P(E) + P(\emptyset) = P(E),$$
$$P(\emptyset) = 0.$$

c.q.d.

b)

Este é, na verdade, o **(d_1)**:

(i) $E \cap \bar{E} = \emptyset$ e $E \cup \bar{E} = \Omega$ (Teoria dos Conjuntos);

(ii) $P(E \cup \bar{E}) = P(\Omega) \Rightarrow P(E) + P(\bar{E}) = 1$ (Axioma **k_3**)

Então,

$$P(\bar{E}) = 1 - P(E).$$

c.q.d.

c)

(i) $F = E \cup (F - E)$ e $F = E \cap (F - E) = \emptyset$ (Teoria dos Conjuntos)

(ii) $P(F) = P[E \cup (F - E)] = P(E) + P(F - E)$ (Axioma **k_3**)

(iii) Como $P(F - E) \geq 0$ (Axioma **k_1**), segue que

$$P(F) = P(E) + P(F - E),$$
$$\therefore \; P(F) \geq P(E).$$

c.q.d.

d)

Este é, na verdade, o **(d_2)**:

(i) $E = (E - F) \cup (E \cap F)$ (Teoria dos Conjuntos)

(ii) $(E - F) \cap (E \cap F) = \emptyset$ (Teoria dos Conjuntos)

(iii) $P(E) = P[(E - F) \cup (E \cap F)] = P(E - F) + P(E \cap F)$ (Axioma **k_3**)

Então,

$$P(E - F) + P(E \cap F) = P(E),$$
$$\therefore \; P(E - F) = P(E) - P(E \cap F).$$

c.q.d.

e)

Este é, na verdade, o **(d_3)**:

(i) $E \cup F = (E - F) \cup F$ (Teoria dos Conjuntos)

(ii) $(E - F) \cap F = \emptyset$ (Teoria dos Conjuntos)

(iii) $P(E \cup F) = P[(E - F) \cup F] = P(E - F) + P(F)$ (Axioma **k3**)

Então, como $P(E - F) = P(E) - P(E \cap F)$, segue que

$$P(E \cup F) = P(E) - P(E \cap F) + P(F),$$

$$\therefore \ P(E \cup F) = P(E) + P(F) - P(E \cap F).$$

c.q.d.

f)

(i) $P(E \cup H) = P(E) + P(H) - P(E \cap H)$

(ii) Tomando $H = F \cup G$:

$$P(E \cup F \cup G) = P(E) + P(F \cup G) - P[E \cap (F \cup G)],$$

$$P(E \cup F \cup G) = P(E) + P(F) + P(G) - P(F \cap G) - P[(E \cap F) \cup (F \cap G)],$$

$$\therefore \ P(E \cup F \cup G) \\ = P(E) + P(F) + P(G) - P(E \cap F) - P(E \cap G) \\ - P(F \cap G) + P(E \cap F \cap G).$$

c.q.d.

Exercício Resolvido 2.2

Mostre que, se os eventos aleatórios $E_1, E_2, \ldots, E_n$ de Ω são todos mutuamente exclusivos dois a dois, então vale que:

$$P\left(\bigcup_{i=1}^{n} E_i\right) = \sum_{i=1}^{n} P(E_i)$$

Como ficaria o enunciado desse problema segundo o formalismo da acepção moderna do conceito de Probabilidade?

Sugestão de Solução.

De um modo mais formal, podemos enunciar o problema da seguinte maneira:

"Seja Ω um espaço amostral não vazio e $\mathcal{F}$ uma σ −álgebra definida em Ω . Mostre que a função probabilidade é finitamente aditiva."

Demonstração:

Sejam $E_1, E_2, \ldots, E_n \in \mathcal{F}$. Sabemos que vale

$$P\left(\bigcup_{i=1}^{+\infty} E_i\right) = \sum_{i=1}^{+\infty} P(E_i).$$

Definamos $E_k = \emptyset$ para $k = n + 1, n + 2, \ldots$ Então, como $E_1, E_2, \ldots$ são disjuntos,

$$P(E_1 \cup E_2 \cup \ldots \cup E_n \cup \emptyset \cup \emptyset \cup \ldots) = P(E_1) + \cdots + P(E_n) + P(\emptyset) + P(\emptyset) + \cdots$$

$$P(E_1 \cup E_2 \cup \ldots \cup E_n) = P(E_1) + \cdots + P(E_n) + P(\emptyset) + P(\emptyset) + \cdots$$

Considerando que $P(\emptyset) = 0$,

$$P\left(\bigcup_{i=1}^{n} E_i\right) = \sum_{i=1}^{+\infty} P(E_i) = \sum_{i=1}^{n} P(E_i) + 0 + \cdots + 0$$

$$\therefore \quad P\left(\bigcup_{i=1}^{n} E_i\right) = \sum_{i=1}^{n} P(E_i)$$

c.q.d.

2.3.4 Valor operacional e valor resposta

Em situações reais dotadas de certo grau de complexidade, quando manipulamos valores decimais arredondados de probabilidades, costuma-se utilizar a Teoria dos Algarismos Significativos, contudo, em situações mais corriqueiras, convenciona-se, por exemplo, probabilidades com 4 casas decimais para eventuais substituições em outras fórmulas, mitigando a propagação do erro de arredondamento, e probabilidades com 2 casas decimais para efeito de apreciação direta e tomada de decisão. À primeira quantidade chamamos de *valor operacional* e, à segunda, de *valor resposta* da probabilidade.

Exercício Resolvido 2.3

Três algoritmos computacionais diferentes A, B e C foram utilizados para fazer a previsão meteorológica em certa região do planeta. Dentro do cenário considerado, sabendo-se que a probabilidade do algoritmo A fazer a previsão correta é de $\frac{1}{4}$, a probabilidade do algoritmo B acertar é de $\frac{1}{5}$, e para o algoritmo C a probabilidade vale $\frac{1}{3}$. Calcule:

a) Qual a probabilidade de a previsão correta de feita por algum dos algoritmos:

b) Qual a probabilidade de pelo menos dois algoritmos fazerem a previsão correta?

c) Qual a probabilidade do algoritmo B fazer a previsão correta dado que pelo menos dois algoritmos acertaram a previsão?

Sugestão de Solução.

a)

1º) Eventos aletórios:

$A = \{$o algoritmo A acerta a previsão$\}$

$B = \{$o algoritmo B acerta a previsão$\}$

$C = \{$o algoritmo C acerta a previsão$\}$

$R = \{$A previsão foi acertada por algum dos algoritmos$\}$

$D_+ = \{$pelo menos 2 dos algoritmos acertaram a previsão$\}$

2º) Dados da questão:

$$P(A) = \frac{1}{4};\ P(B) = \frac{1}{5} \text{ e } P(C) = \frac{1}{3}.$$

E ainda,

$$P(\bar{A}) = 1 - P(A) = 1 - \frac{1}{4} = \frac{3}{4}$$
$$P(\bar{B}) = 1 - P(B) = 1 - \frac{1}{5} = \frac{4}{5}$$
$$P(\bar{C}) = 1 - P(C) = 1 - \frac{1}{3} = \frac{2}{3}.$$

3º) A partir do desdobramento $(\boldsymbol{d_1})$ do axioma $(\boldsymbol{k_3})$:

$$P(R) = 1 - P(\bar{R}) = 1 - P(\bar{A} \cap \bar{B} \cap \bar{C}) = 1 - P(\bar{A}).P(\bar{B}).P(\bar{C})$$
$$P(R) = 1 - \tfrac{3}{4}.\tfrac{4}{5}.\tfrac{2}{5} = 1 - \tfrac{2}{5} = \tfrac{3}{5},\quad \therefore\ P(R) = 0{,}6000.$$

b)

Figura 2.5 – Ilustração da situação proposta no ER 2.3

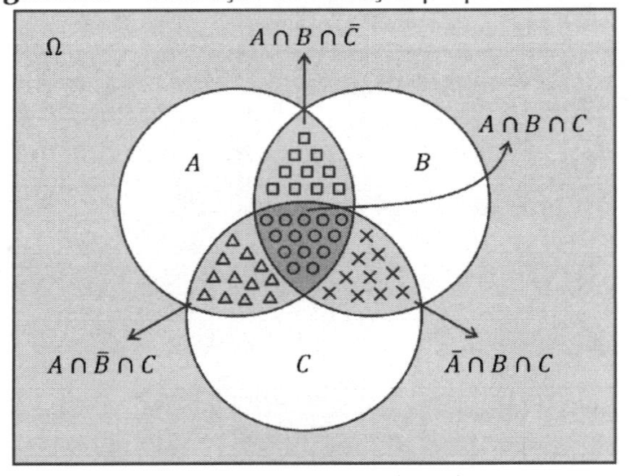

Fonte: Os autores (2024).

$$P(D_+) = P[(A \cap B \cap C) \cup (\bar{A} \cap B \cap C) \cup (A \cap \bar{B} \cap C) \cup (A \cap B \cap \bar{C})],$$

todos mutuamente excludentes dois a dois.

$$K_3: P(D_+) = P(A \cap B \cap C) + P(\bar{A} \cap B \cap C) + (A \cap \bar{B} \cap C) + (A \cap B \cap \bar{C}),$$

$$P(D_+) = P(A).P(B).P(C) + P(\bar{A}).P(B).P(C) + P(A).P(\bar{B}).P(C) + P(A).P(B).P(\bar{C}),$$

$$P(D_+) = \frac{1}{4}.\frac{1}{5}.\frac{1}{3} + \frac{3}{4}.\frac{1}{5}.\frac{1}{3} + \frac{1}{4}.\frac{4}{5}.\frac{1}{3} + \frac{1}{4}.\frac{1}{5}.\frac{2}{3},$$

$$P(D_+) = \frac{10}{60}.$$

$$P(D_+) = \frac{1}{6} \cong 0{,}1667 \text{ ou } 16{,}67\%.$$

■ **COMENTÁRIO:** Neste caso, o valor arredondado 0,1667 (valor operacional) pode ser utilizado dentro de outras fórmulas com segurança porque o erro de arredondamento é pequeno, já como resposta para este item, o valor 0,17 (valor resposta) é admissível.

c)

$$P(B|D_+) = \frac{P(B \cap D_+)}{P(D_+)} = \frac{P[(A \cap B \cap C) \cup (\bar{A} \cap B \cap C) \cup (A \cap B \cap \bar{C})]}{P(D_+)},$$

$$P(B|D_+) = \frac{P(A).P(B).P(C) + P(\bar{A}).P(B).P(C) + P(A).P(B).P(\bar{C})}{P(D_+)},$$

$$P(B|D_+) = \frac{\frac{1}{4}\cdot\frac{1}{5}\cdot\frac{1}{3} + \frac{3}{4}\cdot\frac{1}{5}\cdot\frac{1}{3} + \frac{1}{4}\cdot\frac{1}{5}\cdot\frac{2}{3}}{\frac{1}{6}} = \frac{\frac{6}{60}}{\frac{10}{60}} = \frac{6}{10},$$

$$P(B|D_+) = \frac{3}{5} = 0{,}6000 \text{ ou } 60{,}00\%.$$

□

2.4 A probabilidade como razão de combinatórias

São inúmeras as situações práticas em que o cálculo de probabilidades nos remete a uma razão de combinatórias. Isso irá acontecer sempre que lidarmos com variáveis aleatórias discretas ($v.a.d.s$) tal que o cálculo do número de pontos amostrais do evento favorável e o número de pontos amostrais do espaço de amostras demandar o uso dos princípios fundamentais da contagem. Deste modo uma certa probabilidade pode ser calculada, por exemplo, como uma razão de arranjos, de combinações ou de permutações.

Exercício Resolvido 2.4

Combinando aleatoriamente três bolas de sorvete com sabores manga, abacaxi, goiaba, cereja e limão, qual a probabilidade de obtermos pelo menos duas bolas de mesmo sabor?

Sugestão de Solução.

1º) A ordem das bolas não faz diferença;

2º) Pode-se escolher bolas repetidas;

3º) Conjunto de Base:

$$B = \{m; a; g; c; l\}$$

3º) Espaço amostral:

$$\Omega = \big\{\{m; a; g\}; \{m; a; c\}; \ldots; \{m; m; m\}, \{m; m; a\}, \ldots \{l; l; l\}\big\}$$

4º) Situações possíveis:

(i) As três bolas de sabores diferentes (indesejada!): C_5^3

(ii) Exatamente duas bolas de mesmo sabor (desejada!): ?

(iii) Exatamente três bolas de mesmo sabor (desejada!): ?

(i), (ii) e (iii): CR_5^3

5º) Contabilidade:

- Princípio da Inclusão-Exclusão Combinatória:

$C = \{-; -; -\}$ (todas as possibilidades)

$C^* = \{\llcorner; \angle; \triangle\}$ (indesejáveis)

- Evento (aleatório) favorável:

$$E = \big\{\omega_i \in \Omega \text{ t.q. } \omega_i = \{e_j; e_k; e_l\}, j = k \neq l \; ou \; j = k = l\big\}$$

6º) Probabilidade:

(i) $\#\Omega = CR_5^3 = \frac{(5-1+3)!}{(5-1)!3!} = \frac{7!}{4!3!} = \frac{7.6.5.4!}{4!.6!} = 35.$

(ii) $\#E = CR_5^3 - C_5^3 = \frac{7!}{4!3!} - \frac{5!}{3!2!} = 25.$

(iii) $P(E) = \frac{\#E}{\#\Omega} = \frac{25}{35}$,

$P(E) = \frac{5}{7} \cong 0{,}7143 \; ou \; 71{,}43\%.$ □

Exercício Resolvido 2.5

Se sortearmos aleatoriamente um anagrama da palavra BLUSA, qual a probabilidade de ela não começar e nem terminar por vogal?

Sugestão de Solução.

Começamos definindo os eventos aleatórios de nosso interesse:

E = {Anagrama da palavra BLUSA que **começa** por vogal}

F = {Anagrama da palavra BLUSA que **termina** por vogal}

$E \cap F$ = {Anagrama da palavra BLUSA que **começa e termina** por vogal}

Deste modo, a probabilidade que nos interessa é $P(\bar{E} \cap \bar{F})$.

Porém a segunda lei de Morgan nos garante que $\bar{E} \cap \bar{F} = \overline{E \cup F}$ e o primeiro desdobramento dos axiomas de Kolmogórov (**d1**), ou regra da probabilidade do evento complementar, nos permite escrever:

$$P(\bar{E} \cap \bar{F}) = P(\overline{E \cup F}) = 1 - P(E \cup F)$$

$$P(\bar{E} \cap \bar{F}) = 1 - P(E) - P(F) + P(E \cap F)$$

Calculando as probabilidades dos eventos elementares:

i) Espaço Amostral:

$\#\Omega = P_5 = 5! = 120$ anagramas.

ii) Evento E:

$\#E = 2.P_4 = 2.4! = 48$ anagramas.

$P(E) = \frac{48}{120}$

iii) Evento F:

$\#F = 2.P_4 = 2.4! = 48$ anagramas.

$P(F) = \frac{48}{120}$

iv) Evento $E \cap F$:

$\#(E \cap F) = P_3 = 2.3! = 12$

$P(E \cap F) = \frac{6}{120}$

Deste modo a probabilidade desejada será

$$P(\bar{E} \cap \bar{F}) = 1 - P(E) - P(F) + P(E \cap F)$$

$$P(\bar{E} \cap \bar{F}) = 1 - \frac{48}{120} - \frac{48}{120} + \frac{12}{120}$$

$$P(\bar{E} \cap \bar{F}) = 1 - \frac{84}{120} = 1 - \frac{7}{10}$$

$$P(\bar{E} \cap \bar{F}) = \frac{3}{10} = 0{,}3000\ (30{,}00\%)$$

□

Exercício Resolvido 2.6

Vários amigos se reuniram e decidiram fazer um amigo secreto. Para isso, os nomes de todos eles foram colocados em uma urna e cada um deles deve sortear um dos membros do grupo, que será o seu amigo secreto.

a) Qual a probabilidade de ninguém sortear o seu próprio nome?

b) Qual o número de amigos que maximiza essa probabilidade? Quanto vale essa probabilidade máxima?

c) À medida que o número de amigos cresce no grupo, essa probabilidade se aproxima de algum valor particular?

Sugestão de Solução.

a)

Nesse caso, basta imaginar uma fila com n elementos e todas as permutações caóticas desses mesmos elementos dentro da fila:

e_1	e_2	e_3	...	e_{n-1}	e_n
e_1	e_2	e_3		e_{n-1}	e_n

Os casos possíveis correspondem ao total de permutações simples que se pode fazer:

$$P_n = n!\,, \qquad n > 1$$

e os casos favoráveis são as permutações caóticas possíveis:

$$D_n = n! \sum_{i=0}^{n} \frac{(-1)^i}{i!}, \quad n > 1$$

Já a probabilidade de ninguém sortear o próprio nome será a razão dessas duas combinatórias:

$$P(E) = \frac{\#E}{\#\Omega} = \frac{D_n}{P_n} = \frac{n! \sum_{i=0}^{n} \frac{(-1)^i}{i!}}{n!}$$

$$\therefore \quad P(E) = \sum_{i=0}^{n} \frac{(-1)^i}{i!}, \quad n > 1,$$

que também pode ser escrita como

$$P(E) = \frac{1}{2!} - \frac{1}{3!} + \frac{1}{4!} - \cdots + \frac{(-1)^n}{n!}, \quad n > 1$$

b)

Figura 2.6 – Ilustração da situação proposta no ER 2.6.

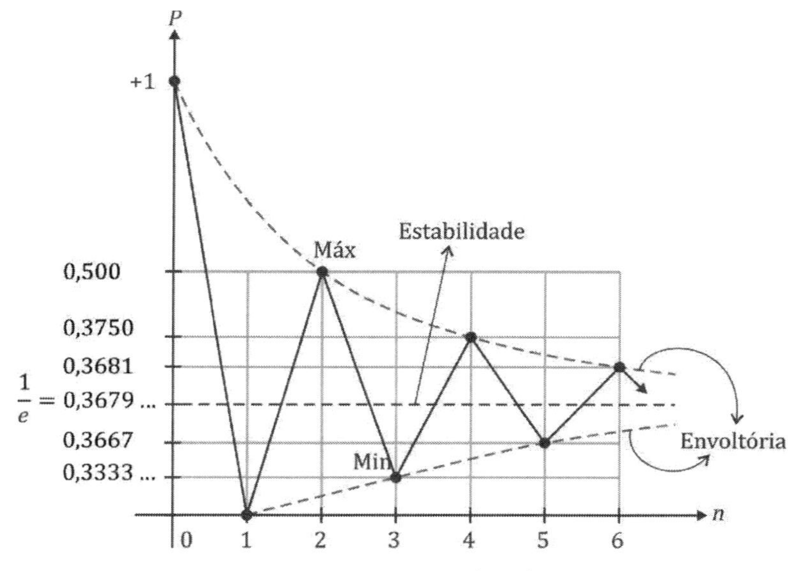

Fonte: Os autores (2024).

A probabilidade para $n = 2$ é de $^{1}/_{2!} = 0{,}50$. A partir daí, acontece sempre a adição de pares do tipo

$$-\frac{1}{n!} + \frac{1}{(n+1)!}$$

Mas observe que

$$-\frac{1}{n!}+\frac{1}{(n+1)!}=-\frac{1}{n!}+\frac{1}{(n+1)n!}$$

$$-\frac{1}{n!}+\frac{1}{(n+1)!}=-\frac{n}{(n+1)!}<0$$

Ou seja, as somas que seguem a esse valor de 50% irão oscilar dentro de um envelope cujas folhas se afunilam em torno da estabilidade (valor de convergência), de modo que a probabilidade máxima, dado que $n>1$, acontece para $n=2$ amigos e a probabilidade mínima, para $n=3$ amigos.

Pense na função discreta abaixo e plote seu gráfico:

$$f(x)=\sum_{i=0}^{x}\frac{(-1)^i}{i!}$$

Com as letras adequadas:

$$P(n)=\sum_{i=0}^{n}\frac{(-1)^i}{i!}$$

Repare na Figura 2.6, que existe um limitante superior decrescente e um limitante inferior crescente para as somas, ambos convergindo para um valor de estabilidade.

c)

À medida que n cresce, então a probabilidade converge da seguinte forma:

$$P(E_n)=\frac{D_n}{P_n}=\sum_{i=0}^{n}\frac{(-1)^i}{i!}$$

$$\lim_{n\to\infty}P(E_n)=\lim_{n\to\infty}\sum_{i=0}^{n}\frac{(-1)^i}{i!}$$

A partir da expansão da função exponencial em série de Taylor, vale

$$\lim_{n\to\infty}P(E_n)=e^{-1}=\frac{1}{e}\text{, onde } e\cong 2{,}718$$

$$\lim_{n\to\infty}P(E_n)\cong 0{,}3679$$

Ou seja, para um número muito grande de pessoas no grupo a probabilidade ninguém sortear o próprio nome se aproxima de 36,79%. □

■ COMENTÁRIO:

Na prática, dentro do intervalo de interesse no problema, que é $n > 1$, a probabilidade mínima corresponde a $P(E_3) = +{}^1/_3 \cong 33{,}33\%$ e a probabilidade máxima corresponde a $P(E_2) = +{}^1/_2 \cong 50{,}00\%$. Isso significa que, para qualquer grupo de pessoas formado, necessariamente essa probabilidade deve estar no intervalo $[0{,}33; 0{,}50]$.

A discussão anterior e, particularmente, esse último fato, têm algumas consequências interessantes. Por exemplo, é impossível em uma brincadeira de amigo secreto, que a probabilidade de duas ou mais pessoas sortearem o seu próprio nome seja de 70%, ou ainda, de 30%.

DESAFIO 2.1

Quantos amigos devem participar de uma brincadeira de amigo secreto, de modo que a probabilidade de ninguém sortear o seu próprio nome seja de aproximadamente 37%? Qual a margem de erro admitida em função na natureza inteira da variável aleatória?

2.5 Probabilidade Condicional

O conceito de Probabilidade Condicional surgiu ainda no século XVII. A primeira discussão a esse respeito de que se tem notícia remonta à análise que Pascal (1623-1662) e Fermat (1067-1665) fizeram do chamado Problema dos Pontos, feita em 1654: "Dado que a equipe A venceu m jogos e a equipe B venceu n jogos até um dado momento e tendo sido interrompida a competição, quando ela for retomada, qual é a probabilidade de que A ganhar a série?"

Um pouco mais tarde, em 1665, Christiaan Huygens (1629-1695) e John Hudde (1628-1704) se corresponderam sobre a diferença entre probabilidades condicionais e incondicionais, conforme é discutido por Hacking (2006).

Atualmente, a ideia de Probabilidade Condicional desponta como um dos conceitos mais importantes e úteis da Teoria das Probabilidades, sobretudo dentro da área de Inteligência Artificial, especificamente na produção de algoritmos para o aprendizado de máquinas.

2.5.1 Probabilidade condicional

A maneira didaticamente mais produtiva de compreender probabilidade condicional se dá por meio da ideia de redução do espaço amostral. Seja a situação geral:

Figura 2.7 – Dois eventos aleatórios quaisquer de Ω.

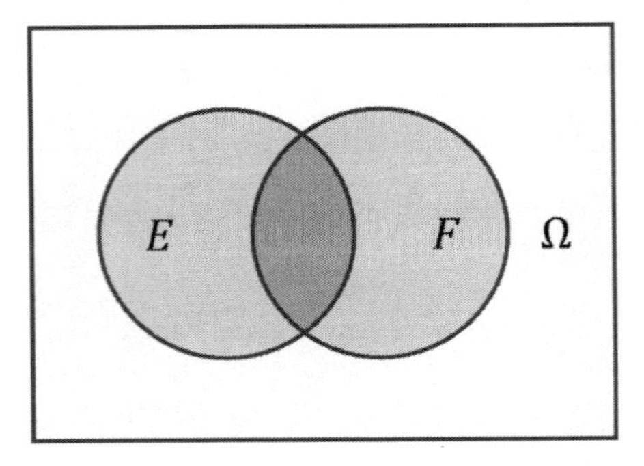

Fonte: Os autores (2024).

DEFINIÇÃO 2.13: Definimos probabilidade condicional como $P(F|E)$: "probabilidade de o evento aleatório F acontecer dado que temos certeza de que o evento aleatório E já aconteceu", ou simplesmente, " P de F dado E". Ou seja,

$\Omega \to E$

$F \to E \cap F$

Matematicamente, a definição pode ser escrita como

$$\mathrm{P}(F|E) = \frac{\#(E \cap F)}{\#(E)} \tag{2.3}$$

Para compreender melhor essa última expressão, vamos detalhar o diagrama de Venn incluindo letras gregas para representar o número de pontos amostrais em cada região:

Figura 2.8 – Diagrama de Venn-Euler para E e F numa situação inicial.

$$\#E = \alpha + \gamma$$
$$\#F = \beta + \gamma$$
$$\#(E \cap F) = \gamma$$
$$\#\overline{(E \cup F)} = \#(E \cup F)^C = \varepsilon$$

Fonte: Os autores (2024).

Como já sabemos, vale:

$$P(F) = \frac{\#F}{\#\Omega} \tag{2.4}$$

Repare: se temos certeza de que E aconteceu, então podemos omitir β e ε do diagrama, de modo que F se reduz a $E \cap F$ e Ω se reduz a E. Por isso mesmo, E, o evento aleatório à direita da barra, costuma ser chamado de "espaço amostral reduzido".

Observe a figura:

Figura 2.9 – Diagrama de Venn-Euler para E e F sabendo que E ocorreu.

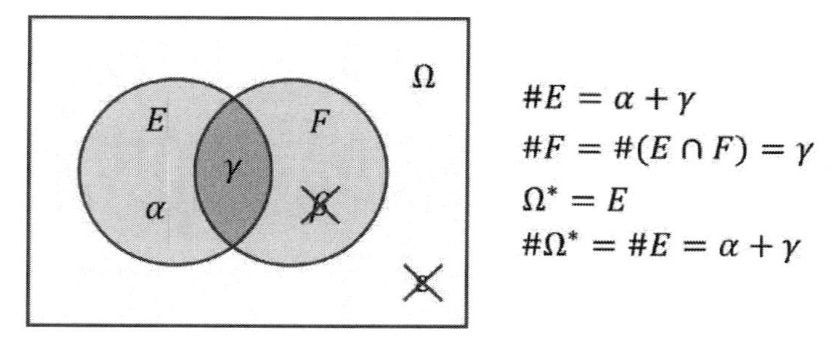

Fonte: Os autores (2024).

Nesse caso, a equação (2.4) pode ser escrita, de forma condicional, como

$$P(F|E) = \frac{\#(F|E)}{\#(\Omega|E)},$$

que se reduz a

$$P(F|E) = \frac{\#(E \cap F)}{\#(E)}$$

Resta, agora, encontrarmos uma expressão para a probabilidade condicional como função de outras probabilidades, o que pode ser feito facilmente dividindo o segundo membro da expressão anterior por $\#\Omega$ em cima e embaixo. Chegaremos à seguinte expressão:

$$P(F|E) = \frac{\#(E \cap F)/_{\#\Omega}}{\#(E)/_{\#\Omega}}$$

E, portanto, vale o teorema:

TEOREMA 2.1: Sejam E e F dois eventos aleatórios de um espaço amostral Ω. A probabilidade condicional do evento F acontecer dado que E já aconteceu poderá ser calculada através da expressão

$$\mathrm{P(F|E)} = \frac{P(E \cap F)}{P(E)} \tag{2.5}$$

F : Evento incerto (afetado pela incerteza) ou evento condicionado;

E : Evento certo, espaço amostral reduzido ou evento condicionante.

■ NOTA:

Na prática, esse tipo de probabilidade representa uma atualização para a probabilidade incondicional $\mathrm{P}(F)$ que se dá a partir de uma informação que nos permite reduzir o espaço de amostras e calcular uma probabilidade mais próxima da frequência relativa de estabilidade do sistema probabilístico considerado. Essa ideia é explorada à exaustão no Aprendizado de Máquinas (*Machine Learning*).

Muitos autores chamam a expressão (2.5) de definição, contudo, a melhor denominação para ela é teorema, pois ela representa, de fato, a consequência imediata demonstrável de uma definição. Perceba, ainda, que, se multiplicarmos em cruz a expressão, chegaremos ao quarto desdobramento dos axiomas de Kolmogórov ($\boldsymbol{d_4}$).

2.5.2 Eventos independentes

DEFINIÇÃO 2.14: Dois eventos aleatórios E e F são ditos independentes sempre que a ocorrência de um deles não modifica a probabilidade da ocorrência do outro.

Nesse caso, as três sentenças matemáticas abaixo são inteiramente equivalentes e podem ser tomadas, de forma isolada, como formas diferentes de escrever a mesma definição (de independência de eventos):

i) $p(F|E) = p(F)$
ii) $p(F|\bar{E}) = p(F)$
iii) $p(E \cap F) = p(E).p(F)$

Na verdade, a sentença *(iii)*, apesar de ser considerada, por diversos autores, como uma definição, se trata, de fato, de um teorema, pois admite demonstração:

TEOREMA 2.2: Sejam $E, F \subset \Omega$ dois eventos aleatórios independentes. Então vale

$$P(E \cap F) = P(E).P(F) \qquad (2.6)$$

Demonstração:

Partindo do Teorema 2.1 (fórmula 2.5), obtemos o $(\boldsymbol{d_4})$:

$$P(E \cap F) = P(E).\mathrm{P(F|E)}$$

Mas como os eventos E e F são independentes, segue que $p(F|E) = p(F)$ e, por fim,

$$\therefore \quad P(E \cap F) = P(E).P(F)$$

c.q.d.

Matematicamente falando, o uso mais proeminente das probabilidades condicionais acontece em contextos partitivos, ou seja, em situações em que podemos particionar o espaço amostral. Nesse tipo de situação, destacam-se dois resultados, que são teoremas poderosos e amplamente difundidos em diversas áreas do conhecimento como Ciência da Computação, Biologia, Economia, Negócios (*Business*), dentre outros, que são o Teorema da Probabilidade Total e a Regra de Bayes. Para apresentar com precisão tais resultados, introduziremos, logo em seguida, os conceitos de *eventos mutuamente excludentes*, *eventos coletivamente exaustivos* e de *partição* de um espaço amostral.

2.5.3 Eventos mutuamente excludentes (ou mutuamente exclusivos)

DEFINIÇÃO 2.15: Dois eventos aleatórios E e F são mutuamente excludentes (ou mutuamente exclusivos) se e somente se os conjuntos a eles associados são disjuntos, ou seja: $E \cap F = \emptyset$.

Vale a pena sublinhar que nós podemos entender matematicamente um *evento aleatório* como sendo exatamente um *conjunto* afetado pela incerteza, de modo que, em princípio e, pelo menos no caso de conjuntos finitos, toda a álgebra dos conjuntos se aplica a eventos aleatórios.

Figura 2.10 – Eventos aleatórios mutuamente excludentes.

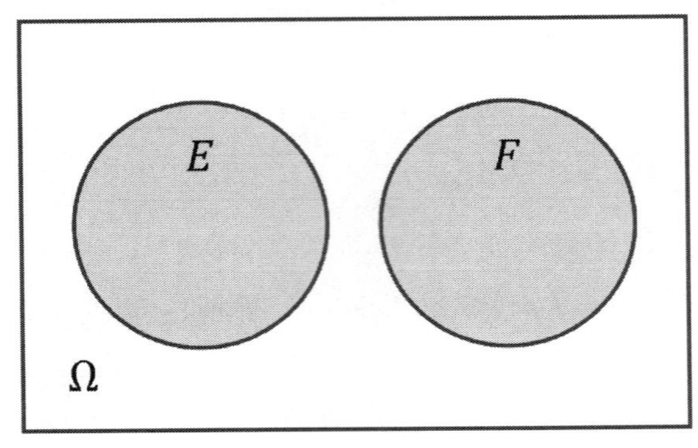

Fonte: Os autores (2024).

2.5.4 Eventos coletivamente exaustivos

DEFINIÇÃO 2.16: Dois eventos aleatórios E e F são coletivamente exaustivos (ou exaustivos) se e somente se os conjuntos a eles associados são complementares, ou seja: $E \cup F = \Omega$.

Figura 2.11 – Eventos aleatórios mutuamente excludentes.

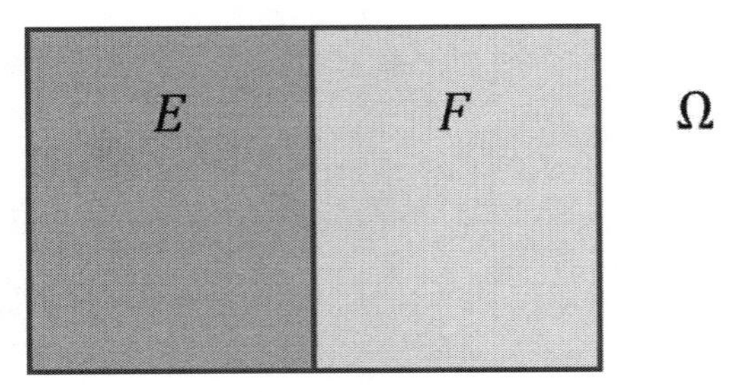

Fonte: Os autores (2024).

2.5.5 Partição de um espaço amostral

Imagine, didaticamente, um homem de posse de um espelho retangular. Ele larga o espelho no chão e o objeto se quebra, dividindo-se em vários pedaços. O homem, então, decide colar todos os pedaços, recompondo o espelho original. Perceba que todos os pedaços são "disjuntos", pois não há um ponto do espelho que pertença a dois pedaços distintos. Por outro lado, a reunião de todos os pedaços à coleção de pedaços é exaustiva, pois recompõe o espelho. Essa é a ideia de partição de um espaço amostral: a segmentação dele em um conjunto de eventos aleatórios que são, ao mesmo tempo mutuamente excludentes e coletivamente exaustivos:

Figura 2.12 – Partição de um espaço amostral.

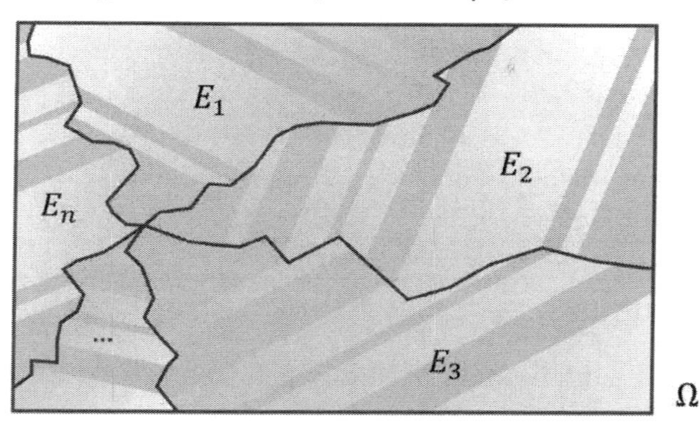

Fonte: Os autores (2024).

Agora vamos refletir um pouco: se o homem conseguisse colar perfeitamente o espelho, eliminando as trincas e decidisse largá-lo novamente no chão, ele se quebraria novamente em pedaços diferentes daqueles que foram colados, dando origem a uma outra coleção de pedaços. Ou seja, de um modo geral, existem diversas formas diferentes de se particionar um conjunto.

Matematicamente, utilizamos de uma linguagem mais formal:

DEFINIÇÃO 2.17: Se valem as três seguintes condições:
i) $E_i \cap E_j = \emptyset, \forall i,j \in \{1,2,..,n\}$;
ii) $\bigcup_{i=1}^{n} E_i = \Omega$;
iii) $\mathrm{P}(E_i) \neq 0$.
então, a partição do espaço amostral Ω , denotada por $\mathcal{P}_1(\Omega)$ é o conjunto representado abaixo:
$\mathcal{P}_1(\Omega) = \{E_1; E_2; E_3; ... ; E_n\}$.

2.5.6 Probabilidades Particionais

Modernamente, os estatísticos distinguem três tipos de probabilidade dentro do contexto de partição de um espaço de amostras:
i) **Probabilidades *a priori*:** são as probabilidades incondicionais das partes;
ii) **Probabilidades *a posteriori*:** correspondem às probabilidades condicionais das partes dada como certa a ocorrência do evento que se sobrepõe à partição;
iii) **Verossimilhanças:** Constituem o reverso das probabilidades a posteriori, ou seja, as probabilidades do evento sobreposto dada como certa a ocorrência de cada evento parte.

Observe a operacionalização prática de tais conceitos no exemplo a seguir:

Exemplo 2.1

Imagine que lançamos um dado honesto de seis faces sobre uma mesa rígida, plana e horizontal. Alberto se interessa pelos resultados 1, 2 e 3, Bernardo, pelos resultados 4 e 5, Carlos se interessa pelo resultado 6. Um estatístico deseja estudar esse contexto, tendo em vista a possibilidade de o resultado do lançamento ser um número par.

a) Como podemos graficar essa situação? Como modelar esse contexto probabilístico?

O diagrama de Venn-Euler para essa situação será

Figura 2.13 – Esquematização da situação proposta no exercício.

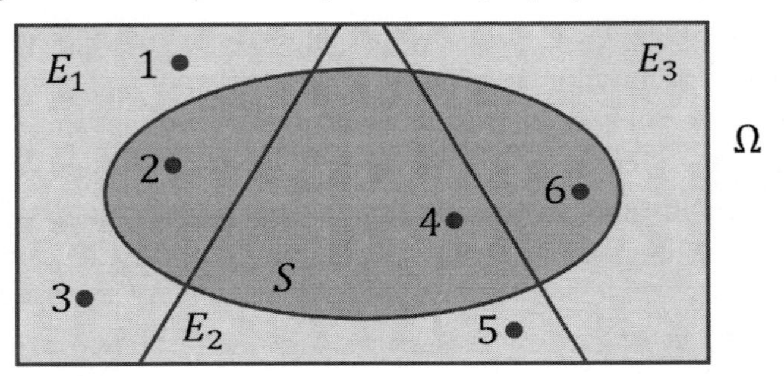

Fonte: Os autores (2024).

E_1 : Alberto;

E_2 : Bernardo;

E_3 : Carlos;

S : Estatístico.

b) Mostre que $\{E_1; E_2; E_3\}$ constitui partição de Ω;

i) $E_i \cap E_j = \emptyset, i, j \in \{1; 2; 3\}$ (Eventos mutuamente excludentes dois a dois)

ii) $E_1 \cup E_1 \cup E_1 = \Omega$ (Eventos coletivamente exaustivos)

iii) $P(E_i) \neq 0$ (Não-vazios)

$$\therefore \ \mathcal{P}_1(\Omega) = \{E_1; E_2; E_3\}, \ E_i, S \subseteq \Omega.$$

c) Determine as cardinalidades de todos os eventos aleatórios envolvidos;

$\#E_1 = 3; \#E_2 = 2; \#E_3 = 1; \#S = 3; \#\Omega = 6.$

d) Calcule as probabilidades *a priori*;

- Probabilidades incondicionais dos eventos partes:

$$P(E_1) = \frac{\#E_1}{\#\Omega} = \frac{3}{6} = 0{,}50$$

$$P(E_2) = \frac{\#E_2}{\#\Omega} = \frac{2}{6} \cong 0{,}33$$

$$P(E_3) = \frac{\#E_3}{\#\Omega} = \frac{1}{6} \cong 0{,}17$$

Observe que a soma das *a priori* dá sempre 1.

e) Calcule as probabilidades *a posteriori*;

- Probabilidades condicionais dos eventos partes admitindo o sobre evento como certo:

$$P(E_1|S) = \frac{\#(E_1 \cap S)}{\#S} = \frac{1}{3} \cong 0{,}33$$

$$P(E_2|S) = \frac{\#(E_2 \cap S)}{\#S} = \frac{1}{3} \cong 0{,}33$$

$$P(E_3|S) = \frac{\#(E_2 \cap S)}{\#S} = \frac{1}{3} \cong 0{,}33$$

Observe que a soma das *a posteriori* dá sempre 1.

f) Calcule as verossimilhanças envolvidas.

$$P(S|E_1) = \frac{\#(S \cap E_1)}{\#E_1} = \frac{1}{3} \cong 0{,}33$$

$$P(S|E_2) = \frac{\#(S \cap E_2)}{\#E_2} = \frac{1}{2} = 0{,}50$$

$$P(S|E_3) = \frac{\#(S \cap E_3)}{\#E_3} = \frac{1}{1} \cong 1{,}00$$

Observe que a soma das verossimilhanças nem sempre dá 1.

□

2.6 Teorema da probabilidade total

O Teorema da Probabilidade Total corresponde a um resultado da Teoria Bayesiana que nos permite calcular a probabilidade do evento aleatório sobreposto à partição, que usualmente corresponde ao interesse do estatístico, como função das probabilidades a priori das partes e das verossimilhanças envolvidas na partição.

TEOREMA 2.3: Seja um espaço de amostras Ω particionado por n eventos aleatórios, E_1, E_2, ..., E_n e seja S um evento aleatório sobreposto à partição. Então, vale

$$P(S) = P(E_1).P(S|E_1) + P(E_2).P(S|E_2) + \cdots + P(E_n).P(S|E_n) \quad (2.7a)$$

Nomenclatura alternativa:

i) E_i = Evento parte;

ii) S = Sobre − evento (ou **evento sobreposto** à partição).

Demonstração:

Observe, na figura abaixo, as intersecções, que estão hachureadas:

Figura 2.14 – Partição do espaço amostral Ω.

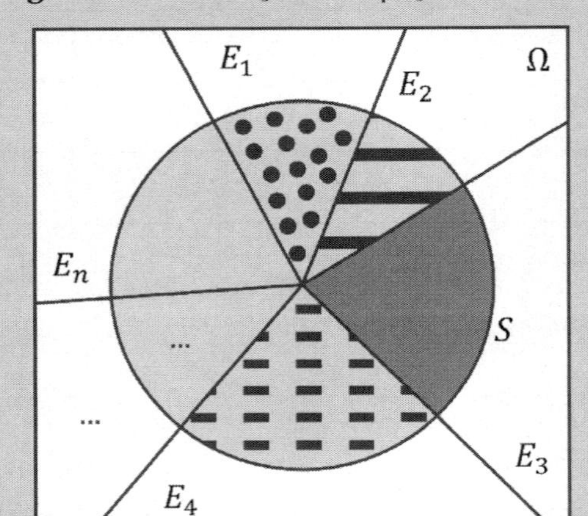

Fonte: Os autores (2024).

Repare que a união de todas as intersecções da figura recupera o evento sobreposto S, ou seja,

$$(S \cap E_1) \cup (S \cap E_2) \cup \ldots \cup (S \cap E_n) = S$$

Perceba, ainda, que todo o par $(S \cap E_i)$ e $\left(S \cap E_j\right)$ representa eventos mutuamente excludentes, pois as suas intersecções são vazias e, passando probabilidade nos dois membros,

$$S = (S \cap E_1) \cup (S \cap E_2) \cup \ldots \cup (S \cap E_n)$$

$$P(S) = P[(S \cap E_1) \cup (S \cap E_2) \cup \ldots \cup (S \cap E_n)]$$

E a partir do ($\boldsymbol{k_3}$),

$$P(S) = P(S \cap E_1) + P(S \cap E_2) + \cdots + P(S \cap E_n)$$

Porém, sabemos que vale $P(S \cap E_i) = P(E_i \cap S) = P(E_i).P(S|E_i)$:

$$\mathrm{P(S)} = \mathrm{P}(E_1).\mathrm{P(S}|E_1) + \mathrm{P}(E_2).\mathrm{P(S}|E_2) + \cdots + \mathrm{P}(E_n).\mathrm{P(S}|E_n) \quad (2.7a)$$

Verossimilhanças

Probabilidades *a priori*

que podemos escrever, utilizando a notação sigma, como

$$P(S) = \sum_{i=1}^{n} \mathrm{P}(E_i).\mathrm{P(S}|E_i) \quad (2.7b)$$

c.q.d.

Exercício Resolvido 2.7

Três fábricas A, B e C produzem peças automotivas. Sabe-se que A produz o dobro de peças que B, e que B e C produzem o mesmo número de peças. Sabe-se, ainda, que 2% das peças produzidas por A e por B são defeituosas e que 4% das peças oriundas de C são defeituosas. Todas as peças são misturadas e colocadas num depósito. Se, do depósito, for extraída uma peça qualquer, qual a probabilidade de ela ser defeituosa?

Sugestão de Solução.

1º) Espaço amostral:

$$\Omega = \{\text{Todas as peças automotivas do depósito}\}$$

2º) Partição do espaço amostral:

$\mathcal{P}_1(\Omega) = \{A; B; C\}$ (Tricotomia)

3º) Eventos Partitivos:

$$A = \{A \text{ peça escolhida provém da fábrica } A\}$$

$$B = \{\text{A peça escolhida provém da fábrica B}\}$$

$$C = \{\text{A peça escolhida provém da fábrica C}\}$$

4º) Sobre-evento:

$$D = \{\text{A peçaextraída aleatoriamente é defeituosa}\}$$

5º) Figura:

Figura 2.15 – Ilustração do ER 2.7.

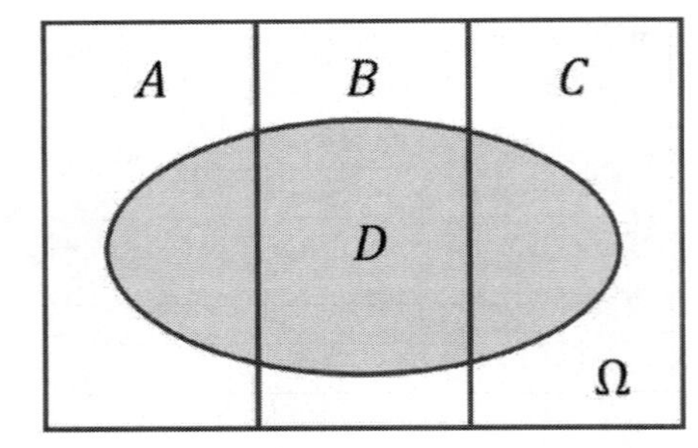

$$\begin{matrix} A & & B & & C \\ \downarrow & & \downarrow & & \downarrow \\ 2x & + & x & + & x & = 100\% \end{matrix}$$

Fonte: Os autores (2024).

$$4x = 100\%,$$

$$x = 25\%.$$

6º) Dados disponíveis:

i) Probabilidades a priori:

$$P(A) = 0{,}50; P(B) = P(C) = 0{,}25; P(D) = ?$$

ii) Verossimilhanças:

$$P(D|A) = P(D|B) = 0{,}02;\ P(D|C) = 0{,}04.$$

7º) Teorema da probabilidade total:

$$P(D) = P(A).P(D|A) + P(B).(D|B) + P(C).(D|C),$$

$$P(D) = 0{,}50.0{,}02 + 0{,}25.0{,}02 + 0{,}25.0{,}04,$$

$$P(D) = 0{,}0250 \text{ } ou \text{ } 2{,}50\%$$

■ **PROVOCAÇÃO:** Dentro de um milheiro de peças do depósito, qual a estimativa para o número de peças defeituosas?

Toda estimativa probabilística tem o seguinte formato:

$$P(E) = \frac{\#E}{\#\Omega} \Rightarrow \#E = P(E).\#\Omega$$

$$\therefore \quad \hat{N} = P(\text{Associada}).N \tag{2.8}$$

onde

$\hat{N}$: Estimativa da variável aleatória em jogo;

$P(\text{Associada})$: Probabilidade do evento aleatório considerado;

N: Tamanho da amostra em questão.

Tal estimativa será tanto mais precisa quanto maior for o tamanho da amostra considerada em virtude daquilo que chamamos, na *subsecção 2.2.2*, de *Lei dos Grandes Números*. Ou seja, o valor real (experimental) nem sempre coincidirá com a estimativa teórica, porém, se a amostra considerada for grande, os valores serão bem próximos.

Resposta: $\hat{N} = 0{,}0250.1000 = 25$ peças defeituosas. □

2.7 Teorema /Regra de Bayes

Thomas Bayes (1701-1761) foi um reverendo presbiteriano que estudou teologia na Universidade de Edimburgo, na Escócia, de onde saiu em 1722. Em 1731, ele assumiu uma paróquia a 58 km de Londres, de modo que seu maior interesse, com a produção de seus escritos, era provar a existência de Deus, empreendimento que acabou por conduzi-lo ao estudo da Matemática. A partir do seu único livro "*The Doctrine of Fluxions*", sobre derivadas, foi eleito em 1752 para a Real Society. Dois anos após a sua morte, um amigo, Richard Price (1723-1791), apresentou à Real Sociedade um artigo que ele encontrara nos papéis do reverendo, intitulado "*An Essay Towards Solving a Problem in the Doctrine of Chances*" (Ensaio Buscando Resolver um Problema da Doutrina das Probabilidades). Nesse artigo, ele demonstrava o resultado que conhecemos hoje como Teorema de Bayes. Após essa publicação, o texto caiu no esquecimento, sendo resgatado somente muitos anos mais tarde pelo matemático francês Pierre-Simon de Laplace (1749-1827), que o divulgou amplamente.

Ora, o Teorema de Bayes se aplica a contextos que envolvem partições de um espaço amostral. Mas como já foi dito, em tais situações, modernamente, discriminam-se três tipos diferentes de probabilidade: i) as probabilidades *a priori*, que são as probabilidades incondicionais de cada parte e, portanto, probabilidades de que dispomos de antemão, antes mesmo de construirmos o modelo probabilístico, ii) as probabilidades do tipo verossimilhanças, que são as probabilidades condicionais do evento que se sobrepõe à partição dadas as ocorrências das partes e, por fim, iii) as probabilidades *a posteriori*, que são as probabilidades das partes dada a ocorrência do evento sobreposto. Modernamente, os estatísticos têm identificado as verossimilhanças a fatos concretos e relações de causalidade, as probabilidades *a posteriori* a inferências racionais, e as probabilidades *a priori* a meras opiniões e argumentações subjetivas, daí a polêmica que se criou nos últimos anos entre os estatísticos e que motivou um verdadeiro cisma dentro dessa área, criando-se a escola frequencista, que condena o uso de subjetividades em modelos probabilísticos e a escola bayesiana, que argumenta pragmaticamente a favor do uso da Regra de Bayes na investigação científica.

TEOREMA 2.4: Seja $\mathcal{P}_1(\Omega) = \{E_1; E_2; E_3; \ldots; E_n\}$, $E_i, S \subseteq \Omega$ uma partição de Ω e seja S um evento sobreposto a ela, então cada uma das probabilidades *a posteriori* serão dadas pela expressão:

$$\mathrm{P}(E_i|\mathrm{S}) = \frac{\mathrm{P}(E_i).\mathrm{P}(\mathrm{S}|E_i)}{\mathrm{P}(E_1).\mathrm{P}(\mathrm{S}|E_1) + \mathrm{P}(E_2).\mathrm{P}(\mathrm{S}|E_2) + \cdots + \mathrm{P}(E_n).\mathrm{P}(\mathrm{S}|E_n)} \quad (2.9a)$$

$\mathrm{P}(E_i|\mathrm{S})$ = Probabilidades *a posteriori*;

$\mathrm{P}(E_i)$ = Probabilidades *a priori*;

$\mathrm{P}(\mathrm{S}|E_i)$ = Verossimilhanças.

Demonstração:

A equação (2.5) (Teorema 2.1) define probabilidade condicional como uma função de probabilidades incondicionais da seguinte forma:

$$P(E_i|S) = \frac{P(E_i \cap S)}{P(S)}$$

Considere que, em princípio, nós só dispomos das probabilidades a priori e das verossimilhanças, e mais nada. Nesse caso, se faz necessário desdobrar tanto o numerador quanto o denominador em probabilidades conhecidas:

i) Numerador: $P(E_i \cap S) = P(E_i).P(S|E_i)$ $(\boldsymbol{d_4})$

ii) Denominador: $\mathrm{P(S)} = \mathrm{P}(E_1).\mathrm{P(S}|E_1) + \mathrm{P}(E_2).\mathrm{P(S}|E_2) + \cdots + \mathrm{P}(E_n).\mathrm{P(S}|E_n)$ $(\boldsymbol{T.P.T.})$

Fazendo as substituições, concluímos que

$$\mathrm{P}(E_i|\mathrm{S}) = \frac{\mathrm{P}(E_i).\mathrm{P(S}|E_i)}{\mathrm{P}(E_1).\mathrm{P(S}|E_1) + \mathrm{P}(E_2).\mathrm{P(S}|E_2) + \cdots + \mathrm{P}(E_n).\mathrm{P(S}|E_n)} \quad (2.9a)$$

Ou ainda,

$$\mathrm{P}(E_i|\mathrm{S}) = \frac{\mathrm{P}(E_i).\mathrm{P(S}|E_i)}{\sum_{i=1}^{n} \mathrm{P}(E_i).\mathrm{P(S}|E_i)} \quad (2.9b)$$

c.q.d.

Perceba que a Regra de Bayes sempre nos fornece cada uma das probabilidades *a posteriori* a partir das *a priori* e das verossimilhanças dadas. Em 1837, Augustus de Morgan (1806-1871) apelidou esse resultado de *Teoria da Probabilidade Inversa*, pois ele costuma ser utilizado pala calcular as causas de um processo a partir dos seus efeitos.

Segue, logo abaixo, um esquema que procura descrever a percepção de cada uma dessas probabilidades particionais à luz da Estatística moderna:

Figura 2.16 – Partição do espaço amostral Ω.

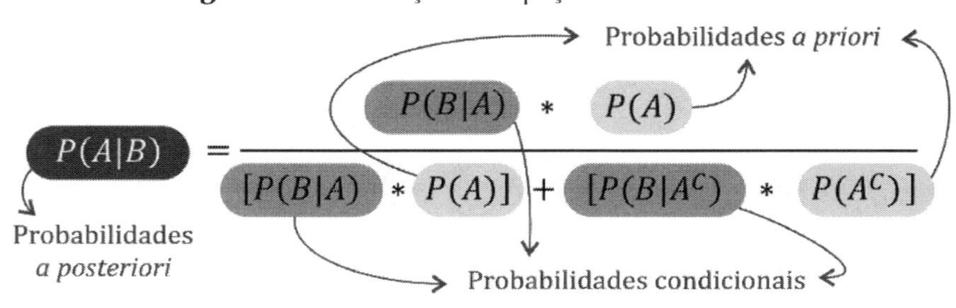

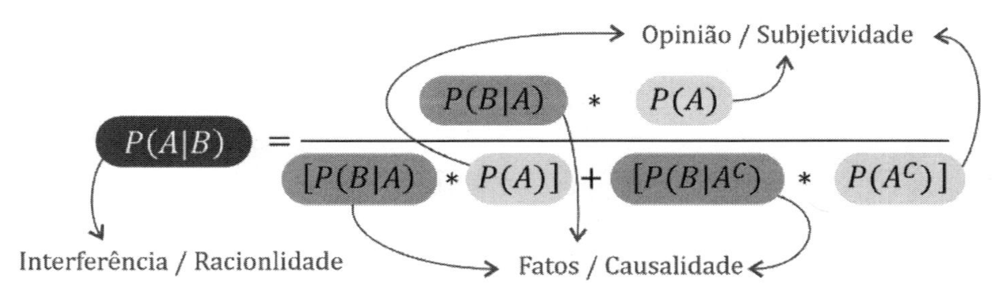

Fonte: Modificado de Revista Ciência Hoje, vol. 38, n. 228.

Exercício Resolvido 2.8

Três fábricas A, B e C produzem peças automotivas. Sabe-se que A produz o dobro de peças que B, e que B e C produzem o mesmo número de peças. Sabe-se, ainda, que 2% das peças produzidas por A e por B são defeituosas e que 4% das peças oriundas de C são defeituosas. Todas as peças são misturadas e colocadas num depósito. Se, do depósito, for extraída uma peça qualquer e ficar constatado que ela é defeituosa, qual a probabilidade de ela ter vindo da fábrica A?

Sugestão de Solução.

1°) Espaço de amostras:

$$\Omega = \{\omega_i \ / \ \omega_i \text{ é uma peça do depósito}\}$$

2) Partição de Ω:

$$\mathcal{P}_1(\Omega) \ = \{A; B; C\} \text{ (Tricotomia)}$$

(i) $A =$ {A peça automotiva escolhida aleatoriamente veio da fábrica A}

(ii) $B =$ {A peça automotiva escolhida aleatoriamente veio da fábrica B}

(iii) $C =$ {A peça automotiva escolhida aleatoriamente veio da fábrica C}

(iv) $B =$ {A peça automotiva escolhida aleatoriamente é defeituosa}

3°) Diagrama de Venn:

Figura 2.17 – Diagrama de Venn-Euler referente ao ER 2.8.

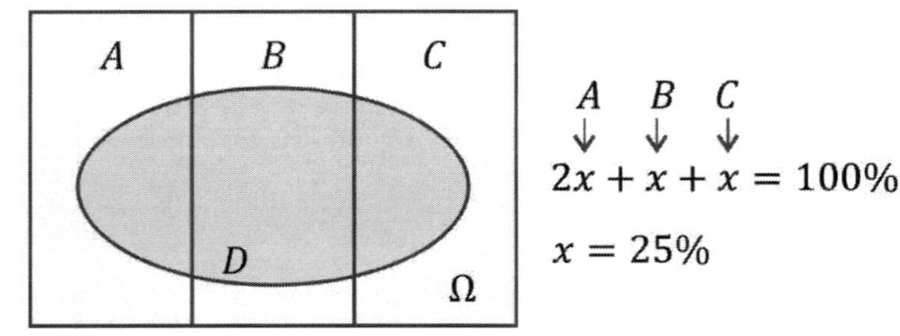

Fonte: Os autores (2024).

4°) Dados do problema:

i) Probabilidades *a priori*:

$P(A) = 0{,}50$

$P(B) = 0{,}25$

$P(C) = 0{,}25$

ii) Verossimilhanças:

$P(D|A) = 0{,}02$

$P(D|B) = 0{,}02$

$P(D|C) = 0{,}04$

iii) *A posteriori*:

$P(A|D) = ?$

5°) Regra de Bayes:

$$P(A|D) = \frac{P(A).P(D|A)}{P(A).P(D|A) + P(B).P(D|B) + P(C).P(D|C)},$$

$$P(A|D) = \frac{0{,}50.0{,}02}{0{,}50.0{,}02 + 0{,}25.0{,}02 + 0{,}25.0{,}04},$$

$$P(A|D) = 0{,}4000 \text{ ou } 40{,}00\%.$$

□

Exercício Resolvido 2.9

Uma caixa contém 3 bolas azuis e 2 vermelhas, e outra caixa contém 2 bolas azuis e 3 vermelhas. Extrai-se ao acaso uma bola das caixas e ela é azul. Qual a probabilidade de ela ter vindo da caixa 1?

Sugestão de Solução.

1°) Diagramas de extração:

Figura 2.18 – Diagrama de extração referente ao ER 2.9.

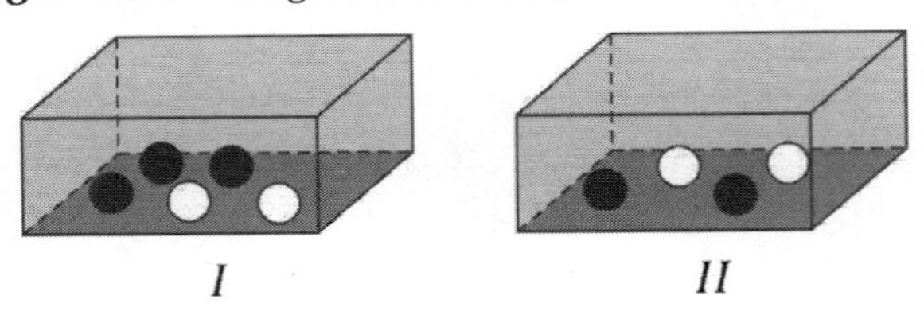

Fonte: Os autores (2024).

2º) Eventos partitivos:

$$I = \{\text{A bola escolhida veio da caixa I}\};$$

$$II = \{\text{A bola escolhida veio da caixa II}\}.$$

3º) Sobre- evento:

$$A = \{\text{A bola escolhida é azul}\}$$

4º) Figura:

Figura 2.19 – Diagrama de Venn-Euler referente ao ER 2.9.

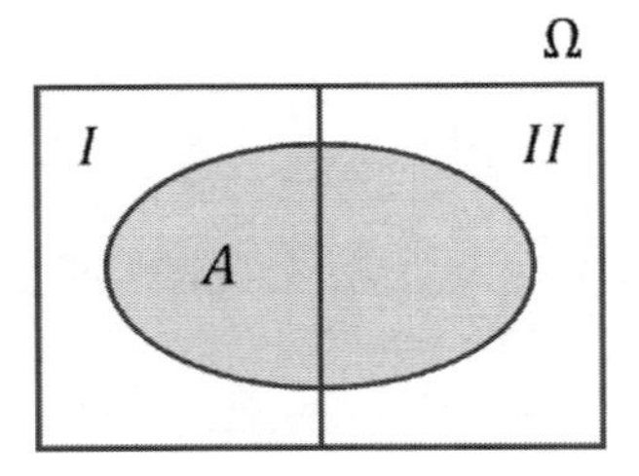

Fonte: Os autores (2024).

5º) Dados

$$P(I|A) =?\,; P(I) = P(II) = \frac{1}{2}; P(A|I) = \frac{3}{5}; P(A|II) = \frac{2}{5}.$$

6º) Regra de Bayes:

$$P(I|A) = \frac{P(I).P(A|I)}{P(I).P(A|I) + P(II).P(A|II)} = \frac{\frac{1}{2}\cdot\frac{3}{5}}{\frac{1}{2}\cdot\frac{3}{5}+\frac{1}{2}\cdot\frac{2}{5}},$$

$$P(I|A) = \frac{3}{5}.$$

□

Exercício Resolvido 2.10

Num certo colégio, 5% dos homens e 2% das mulheres têm mais de 1,80 m de altura. Além disso, 60% dos estudantes são homens. Seleciona-se um estudante aleatoriamente e observa-se que ele tem mais de 1,80 m de altura. Qual é a probabilidade de se tratar de uma mulher?

Sugestão de Solução.

1°) Eventos partes:

$$M = \{\text{o aluno escolhido é mulher}\}$$

$$H = \{\text{o aluno escolhido é homem}\}$$

2°) Sobre-evento:

$$A = \{\text{o aluno escolhido tem mais de 1,60m}\}$$

3°) Diagramas de Venn:

Figura 2.20 – Diagrama de Venn-Euler referente ao ER 2.10.

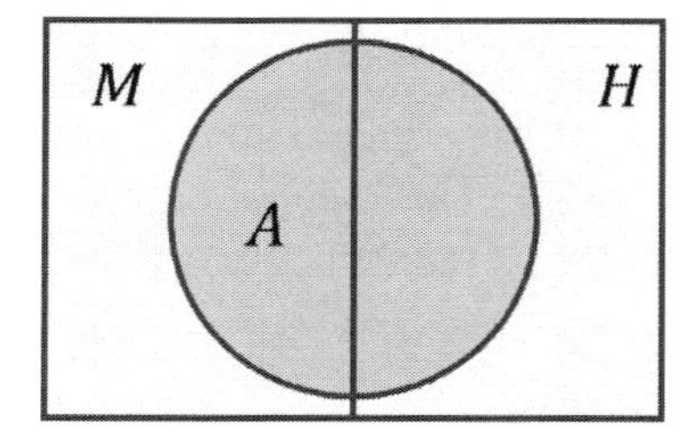

Fonte: Os autores (2024).

4) Dados:

$$P(H) = 0{,}60; P(M) = 0{,}40; P(A|M) = 0{,}02; P(A|H) = 0{,}05;$$

$$P(M|A) = ?$$

5°) Regra de Bayes:

$$P(M|A) = \frac{P(M).P(A|M)}{P(M).P(A|M) + P(H).P(A|H)},$$

$$P(M|A) = \frac{0{,}4.0{,}02}{0{,}4.0{,}02 + 0{,}6.0{,}05},$$

$$P(M|A) = 0{,}2105 \text{ ou } 21{,}05\%.$$

□

DESAFIO 2.2

Resolva o *Problema dos Pontos*, de Pascal e Fermat, proposto na **secção 2.5**.

DESAFIO 2.3

(*O Problema das Urnas de Laplace*) Suponha que um estatístico dispõe de uma caixa (urna) que pode ter, no seu interior, duas bolas brancas ou então uma bola branca e uma bola preta. Ele não sabe qual das duas possibilidades corresponde ao verdadeiro conteúdo da caixa. Decide, então, sortear uma bola e ela é branca. Em seguida, faz a reposição da bola, sorteia outra e novamente ela é branca. Qual a probabilidade de, num terceiro sorteio, o estatístico obter mais uma bola branca?

2.8 Aplicações da Teoria das Probabilidades na Indústria

Existem inúmeras aplicações práticas da Teoria das Probabilidades dentro do contexto industrial, algumas mais simples e outras mais complexas. Seguem aqui duas aplicações básicas que são de grande valia para o entendimento do amplo leque de possibilidades que essa teoria nos apresenta.

2.8.1 Diagnóstico de Sistemas

Em diversas circunstâncias, eventos financeiramente onerosos ou mesmo eventos que afetam a segurança de funcionários na indústria podem ser reduzidos a eventos aleatórios dentro de modelos probabilísticos. A ciência que chamamos de Diagnóstico de Sistemas visa, sobretudo, a calcular as probabilidades de eventos críticos acontecerem a partir da detecção de eventos corriqueiros e de fácil mensuração, que servem como verdadeiros marcadores ou sinalizadores de futuras situações danosas. Trata-se de um recurso muito útil na manutenção preditiva de máquinas.

Exercício Resolvido 2.11

Três componentes C_1, C_2 e C_3 de um mecanismo eletroeletrônico são colocados em série (em linha reta). Suponha que eles sejam dispostos por funcionários em ordem aleatória, já que parecem todos iguais. Seja R o evento R = {C_2 está à direita de C_1} e seja S o evento S = {C_3 está à direita de C_1}. Os eventos R e S são independentes? Ou será que a ocorrência de um deles pode tornar o outro mais ou menos provável? Caso afirmativo, como a ocorrência de R poderia afetar a probabilidade de S acontecer?

Sugestão de Solução.

Roteiro para a resolução da questão:

1°) Enumere os elementos do Espaço de Amostras;

2°) Enumere os elementos de R;

3°) Enumere os elementos de S;

4°) Enumere os elementos da intersecção de R com S;

5°) Compare o **produto das probabilidades incondicionais** com a **probabilidade da intersecção** para avaliar se há ou não independência;

6°) Caso não haja independência de eventos, compare a probabilidade condicional com a probabilidade incondicional e **interprete o resultado**.

Resolução:

1°) Espaço Amostral:

$$\Omega = \{(C_1; C_2; C_3), (C_2; C_1; C_3), (C_2; C_3; C_1), (C_3; C_1; C_2), (C_3; C_2; C_1)\}.$$

Observe que

$$\#\Omega = P_3 = 3! = 3.2.1, \quad \#\Omega = 6 \text{ triplas ordenadas.}$$

2°) Evento A:

$$R = \{(C_1; C_2; C_3), (C_1; C_3; C_2), (C_3; C_2; C_1)\}, \#\text{R} = 3.$$

3°) $P(R) = \frac{\#\text{R}}{\#\Omega} = \frac{3}{6}$,

$$P(R) = 0{,}5000.$$

4°) Evento S:

$$S = \{(C_1; C_2; C_3), (C_1; C_3; C_2), (C_2; C_1; C_3)\},$$

$$\#\text{S} = 3.$$

5°) $P(S) = \frac{\#\text{S}}{\#\Omega} = \frac{3}{6}$,

$$P(S) = 0{,}5000.$$

6°) C_2 à direita de C_1 e C_3 à direita de C_1:

$$R \cap S = \{(C_1; C_2; C_3), (C_1; C_3; C_2)\}, \ \#(R \cap S) = 2.$$

7º) $P(R \cap S) = \frac{2}{6} = \frac{1}{3}$,

$$P(R \cap S) \cong 0{,}3333.$$

8º) Comparando:

(i) $P(R).P(S) = 0{,}5000.0{,}5000 = 0{,}2500$

(ii) $P(R \cap S) = 0{,}3333$,

$$\therefore \ P(R \cap S) \neq P(R).P(S),$$

ou seja,

R e S **não** são independentes.

9º) Influência de R:

$$P(R) = P(S) = 0{,}5000 \text{ e } P(R \cap S) = 0{,}3333.$$

(i) $P(S|R) = \frac{P(S \cap R)}{P(R)} = \frac{P(R \cap S)}{P(R)} = \frac{0{,}3333}{0{,}5000}$,

$$P(S|R) \cong 0{,}6666$$

(ii) $P(S|R) = 0{,}6666 > P(S)$

Portanto, "a ocorrência de R potencializa (aumenta) a probabilidade da ocorrência de S".

□

COMENTÁRIO:

Caso geral:

(i) $P(S|R) = \frac{P(S \cap R)}{P(R)} > P(S)$,

$$P(S \cap R) > P(R).P(S).$$

(ii) $P(R|S) = \frac{P(R \cap S)}{P(S)} > P(R)$,

$$P(R \cap S) > P(R).P(S)$$

Portanto, sempre que $P(R \cap S) > P(R).P(S)$, então as probabilidades condicionais serão maiores que as incondicionais.

2.8.2 Análise de Confiabilidade

Muito utilizada dentro do Controle de Qualidade, a Análise de Confiabilidade visa a estimar as taxas de falhas em máquinas e processos industriais considerando cada estágio particular que compõe o processo. O exercício que segue foi adaptado de Navidi (2012):

Exercício Resolvido 2.12

Certa tese da *Colorado School of Mines* descreve o método de produção usado na fabricação de latas de alumínio. O diagrama abaixo indica o processo de forma simplificada. Deseja-se estimar a probabilidade do processo funcionar o dia inteiro sem falhas, considerando as probabilidades de bom funcionamento em um dia inteiro de atividades: $P(A) = 0{,}995$; $P(B) = 0{,}99$; $P(C) = P(D) = P(E) = 0{,}95$; $P(F) = 0{,}90$; $P(G) = 0{,}90$ e $P(H) = 0{,}98$.

Figura 2.21 – Fluxograma simplificado do processo.

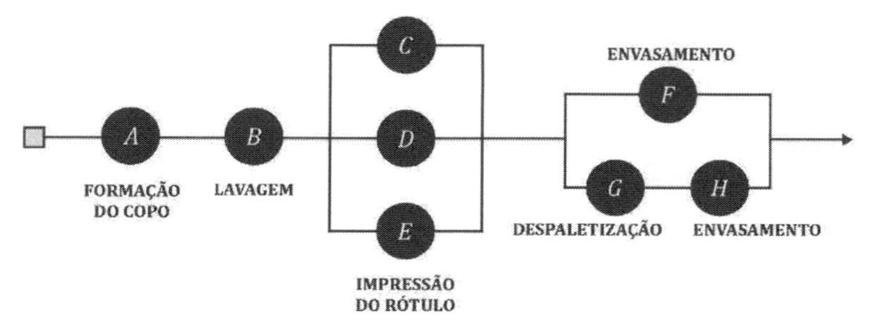

Fonte: Os autores (2024).

Sugestão de Solução.

1°) Subsistemas:

Figura 2.22 – Redução do fluxograma.

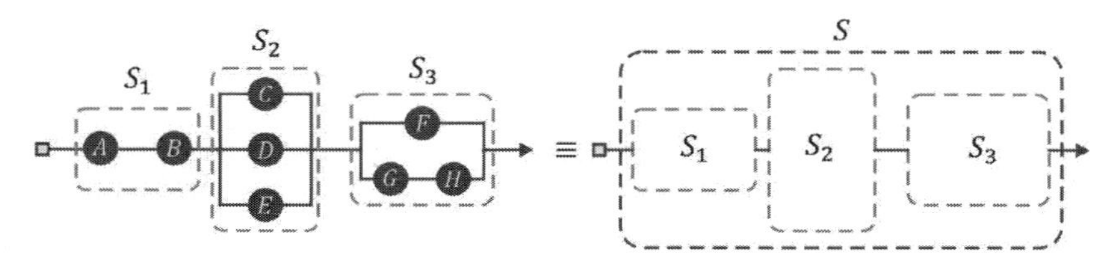

Fonte: Os autores (2024).

2º) Supondo A, B, C, D, E, F, G e H mutuamente independentes, então S_1, S_2 e S_3 também serão independentes:

(i) $P(S_1) = P(A \cap B) = P(A) * P(B) = 0{,}995 * 0{,}990,$

$$\therefore \quad P(S_1) = 0{,}985050.$$

(ii) $P(S_2) = 1 - P(\bar{S}_2) = 1 - P(\bar{C} \cap \bar{D} \cap \bar{E}) = 1 - P(\bar{C}) * P(\bar{D}) * P(\bar{E}),$

$$P(S_2) = 1 - (0{,}05)^3,$$

$$\therefore \quad P(S_2) = 0{,}999875.$$

(iii) $P(S_3) = P[F \cup (G \cap H)] = P(F) + P(G \cap H) - P(F \cap G \cap H),$

$$P(S_3) = P(F) + P(G) * P(H) - P(F) * P(G) * P(H),$$

$$P(S_3) = 0{,}90 + 0{,}90 * 0{,}98 - 0{,}90 * 0{,}90 * 0{,}98,$$

$$\therefore \quad P(S_3) = 0{,}988200.$$

3º) Sistema maior (Global):

$$P(S) = P(S_1 \cap S_2 \cap S_3) = P(S_1) * P(S_2) * P(S_3),$$

$$P(S) = 0{,}985050 * 0{,}999875 * 0{,}988200,$$

$$P(S) = 0{,}9733 \approx 97{,}33\%.$$

Todos os resultados intermediários com 6 casas decimais e os resultados/valores finais com 4 casas.

□

2.9 Distribuições de probabilidades

Sempre que nos interessamos em calcular não o valor particular de probabilidade de um evento dado, mas todo um espaço de soluções contendo as probabilidades de toda uma coleção de eventos aleatórios de interesse dentro do espaço de amostras, então nós construímos uma distribuição de probabilidades. Neste caso, o evento aleatório favorável não será mais fixo, mas variável. Sendo assim, precisamos definir o conceito de **variável aleatória**, que nos permitirá percorrer toda a coleção de eventos de interesse.

2.9.1 Repassando algumas definições fundamentais

DEFINIÇÃO 2.18: Chamamos de ponto amostral a cada um dos resultados elementares possíveis de um experimento aleatório.

DEFINIÇÃO 2.19: Chamamos de Espaço de amostras (ou Espaço amostral) à coleção de todos esses resultados elementares possíveis.

DEFINIÇÃO 2.20: Chamamos de Experimento aleatório (E.A.) todo o processo cujos resultados elementares possíveis estão afetados pela incerteza, ou seja, são imprevisíveis.

Experimento aleatório: $\Omega \xrightarrow{\text{E.A.}} \omega_i$

Ponto amostral (obtido): ω_i

Espaço amostral: Ω

2.9.2 Variável aleatória

Toda a grandeza mensurável cujo valor está afetado pela incerteza. Matematicamente, define-se como segue:

DEFINIÇÃO 2.21: Variável aleatória é uma função que associa um número real a cada resultado de um experimento aleatório.

$$X: \Omega \rightarrow \mathbb{R}$$

Outra forma, alternativa, de representar a *v.a.* é

$$\Omega \xrightarrow{X} x_i \in \mathbb{R}$$

Isso equivale a tomar cada ponto amostral de Ω em separado como um possível evento favorável e associar a ele um número, que será utilizado para calcular as probabilidades desejadas. Costumamos representar uma v.a. por uma letra maiúscula terminal do alfabeto ocidental, como X, Y ou W.

Figura 2.23 – A variável aleatória vista como função.

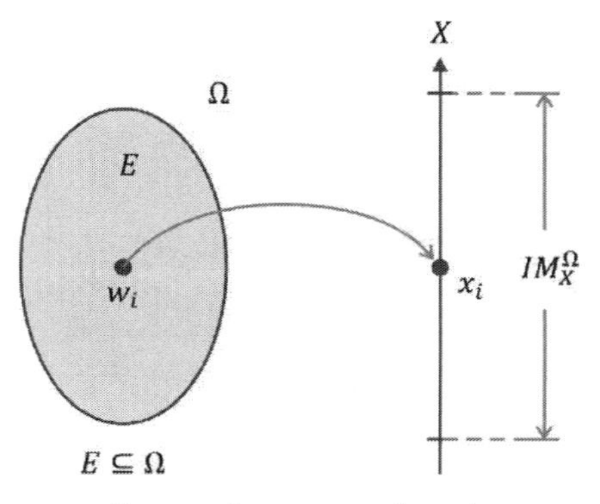

Fonte: Os autores (2024).

Do ponto de vista prático, temos aqui uma composição de funções onde a *v.a.* leva cada ponto amostral do espaço de amostras em um número real e, em seguida, a função de massa (ou função distribuição de probabilidades) leva cada um desses números em uma probabilidade, como consta na figura abaixo:

Figura 2.24 – O cálculo de probabilidades como uma composição de funções.

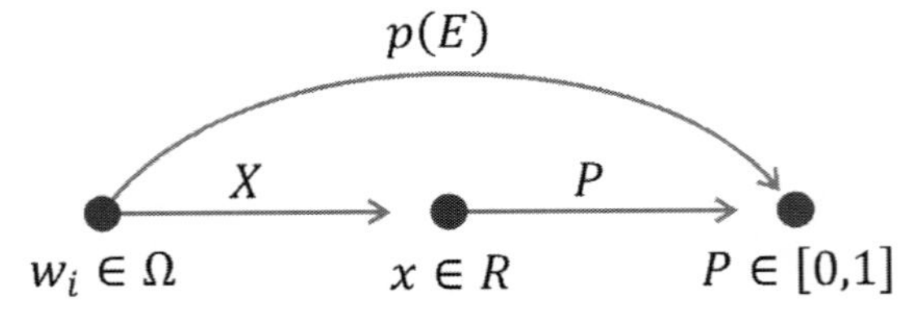

Fonte: Os autores (2024).

Uma vez escolhida a variável aleatória de interesse, resta determinar como ela está distribuída. Existem dois tipos fundamentais de distribuição de probabilidades, as distribuições discretas, quando a imagem da *v.a.* pertence ao anel dos números inteiros (grandezas que a gente conta), e as distribuições contínuas, quando a imagem da v.a. pertence ao corpo dos números reais (grandezas que a gente mede). A principal distribuição discreta é a *distribuição binomial* e a principal distribuição contínua é a *distribuição normal* (ou gaussiana).

2.10 Distribuições discretas de probabilidades

DEFINIÇÃO 2.22: Seja um espaço mensurável $(\Omega, \mathcal{E})$, define-se $\mathbb{P}$ como uma *medida de probabilidade* ou *distribuição de probabilidades*[9] discreta se

(i) $\mathbb{P}(x) = P(X = x) \geq 0, \qquad \forall\, x \in Im_X;$

(ii) $\sum P(x) = 1, \qquad x \in Im_X;$

(iii) $\mathbb{P}\left(\bigcup_{i=1}^{k} E_i\right) = \sum_{i=1}^{k} P(E_i), \qquad E_i \subset \mathcal{E}.$

Nesse caso, necessariamente a variável aleatória X está definida no espaço de probabilidades $(\Omega, \mathcal{E}, \mathbb{P})$ e o conceito propriamente dito de probabilidade deixa de ser um *número real* (P)e passa a ser uma *função real* de uma variável real $(\mathbb{P})$. Costumamos denotar, por simplicidade, essa função com uma letra minúscula (p).

---

[9] A leitura correta para a função de massa $p(x) = P(X = x)$ é a seguinte: "pê de x é igual à probabilidade de a variável aleatória em jogo assumir o valor particular (valor focal) x."

Imagine um dado honesto lançado sobre uma mesa plana, rígida e horizontal. Suponha que um estatístico não se interessa por nenhum resultado específico, mas precisa visualizar o comportamento das probabilidades de cada uma das faces (espaço de probabilidades). Nesse caso, a variável aleatória (*v.a.*) é do tipo: X = {número associado à face do dado voltada para cima}

A variável aleatória é discreta (*v.a.d.*), pois X pertence ao anel dos números inteiros. Ela associa um número inteiro (neste caso particular, um natural) a cada uma das faces do dado. Por isso mesmo, admitimos que $X: \Omega \to \mathbb{N}$:

Figura 2.25 – A variável aleatória converte objetos do mundo real em números.

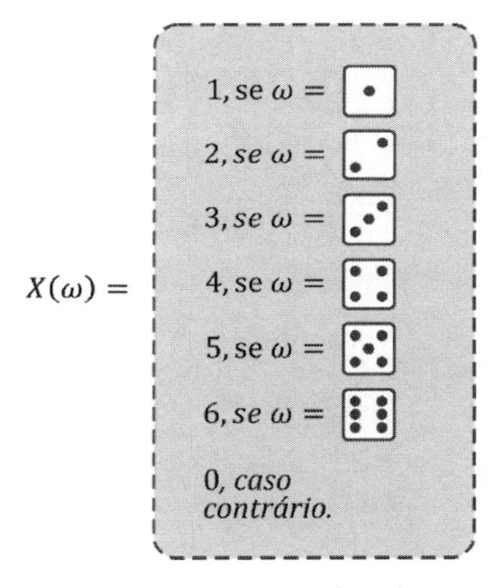

Fonte: Os autores (2024).

Trata-se de uma distribuição discreta de probabilidades onde convém calcular pontualmente as probabilidades. Por exemplo, se $x = 5$, então $P(X = 5) = \frac{1}{6}$. A esse valor da probabilidade para um valor particular de X, calculado em uma distribuição discreta de probabilidades, chamamos probabilidade pontual.

A função de massa (ou função distribuição de probabilidades ou, do inglês, *probability mass function, p.m.f.*) contempla todas as entradas (*inputs*) possíveis:

$$p(x) = P(X = x) = \begin{cases} {}^{1}/_{6}, & \text{se } x = 1,2,3,4,5 \text{ ou } 6; \\ 0, & \text{caso contrário.} \end{cases}$$

O gráfico mais utilizado para representar distribuições discretas de probabilidades é o gráfico de bastões. Uma função associada ao gráfico de bastões e que é muito útil, é a função de distribuição cumulativa de probabilidade.[10]: $F(x) = P(X \leq x)$. No inglês, ela é chamada de "*Cumulative Distribuition Function*" (*c.d.f.*). Podemos calcular facilmente o seu valor "cortando o gráfico" no ponto determinado e "olhando para a esquerda". A soma das alturas de todos os bastões visualizados constitui a função cumulativa. Repare que, como a bola é fechada $(\leq)$, então o próprio bastão de corte entra na contabilidade. Veja o gráfico abaixo:

Figura 2.26 – Gráfico de bastões.

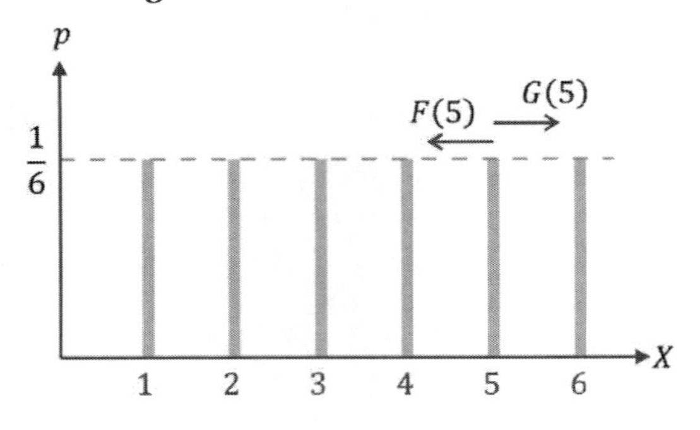

Fonte: Os autores (2023).

Por exemplo, no caso de $x = 5$, existem quatro bastões à esquerda e mais o próprio bastão de corte, totalizando cinco bastões:
$F(5) = P(X \leq 5) = \frac{1}{6} + \frac{1}{6} + \frac{1}{6} + \frac{1}{6} + \frac{1}{6} = \frac{5}{6}$

Outra função associada ao gráfico de bastões é a função de distribuição anticumulativa de probabilidades: $G(x) = P(X > x)$. Nesse caso, o bastão de corte não entra na contabilidade, mas apenas os que estiverem à sua direita. Por exemplo, no caso de $x = 5$, contabilizamos somente um bastão à sua direita:
$G(5) = P(X > 5) = \frac{1}{6}$.

TEOREMA 2.5: Seja X uma *v.a.d.* distribuída de forma qualquer e sejam F e G, respectivamente, as suas funções cumulativa e anticumulativa de probabilidades, então vale que $F(x) + G(x) = 1, \forall\, x \in D$.

Demonstração:

Partindo do quarto desdobramento dos axiomas de Kolmogórov, sabemos que:

[10] A Função Distribuição Cumulativa de Probabilidades, $F(x)$, equivale precisamente àquilo que chamamos de Frequência Acumulada, F_{ac}, na Estatística.

$$P(X \leq x) + P(X > x) = 1, \forall\, x \in D$$

Segue, diretamente, que

$$F(x) + G(x) = 1, \forall\, x \in D.$$

c.q.d.

2.10.1 Esperança matemática de uma v.a.d.

A *esperança matemática, expectância* ou *valor esperado* de uma *v.a. X* corresponde à média populacional das probabilidades dentro de uma distribuição. Da Estatística, sabemos que

$$\mu = \frac{\sum f_i . x_i}{\sum f_i} = \sum x_i . \frac{f_i}{\sum f_i} \quad \text{(média populacional)}$$

No mundo das probabilidades, teremos

$$\mathbb{E}(X) = \textstyle\sum_x x_i \,.\, P(X = x_i)$$

DEFINIÇÃO 2.23: Seja X uma *v.a.d.* com função de massa de probabilidade $p(x) = P(X = x)$ então a média (populacional), expectância, esperança matemática ou valor esperado de x é dada por:

$$\mathbb{E}(X) = \sum_x x_i\, P(X = x_i) \qquad (2.10)$$

2.10.2 Variância para variáveis aleatórias discretas

Sempre que lidamos com probabilidades, nós devemos escrever as variâncias de maneira apropriada. Partindo daquilo que conhecemos da Estatística:

$$(i)\ \sigma_X^2 = \frac{\sum (x_i - \mu)^2 . f_i}{\sum f_i} = \sum_x (x_i - \mu)^2 . \left(\frac{f_i}{\sum f_i}\right)$$

Adaptando as notações para o uso com probabilidades:

$$\mathbb{V}(X) = \sum_x [x_i - \mathbb{E}(X)]^2 . P(X = x)$$

Uma relação usualmente mais conveniente de utilizar e menos trabalhosa é a chamada Fórmula Desenvolvida para a Variância:

$$(ii)\ \sigma_X^2 = \frac{1}{\sum f_i}\left[\sum f_i {x_i}^2 - \frac{(\sum f_i x_i)^2}{\sum f_i}\right] = \frac{\sum f_i {x_i}^2}{\sum f_i} - \left(\frac{\sum f_i x_i}{\sum f_i}\right)^2$$

$$\sigma_X^2 = \sum {x_i}^2 . \underbrace{\left(\frac{f_i}{\sum f_i}\right)}_{P(X = x_i)} - \underbrace{\left(\sum x_i . \frac{f_i}{\sum f_i}\right)^2}_{\sum x_i . P(X = x_i)}$$

$$\therefore \quad \mathbb{V}(X) = \sum {x_i}^2 . P(X = x_i) - \mathbb{E}^2(X) \ \ (\textit{Fórmula desenvolvida})$$

DEFINIÇÃO 2.24: Seja X uma *v.a.d.* com função de massa de probabilidade $p(x) = P(X = x)$, então a *variância probabilística* de X é dada por:

$$\mathbb{V}(X) = \sum {x_i}^2\, P(X = x_i) - \mathbb{E}^2(X) \tag{2.11}$$

ou seja, escrevendo de outro modo,

$$\mathbb{V}(X) = \mathbb{E}(X^2) - \mathbb{E}^2(X) \tag{2.12}$$

Exercício Resolvido 2.13

Seja o lançamento de dois dados honestos onde se computa a soma das faces obtidas. Faça a modelagem completa do sistema probabilístico com a função de massa, a função cumulativa de probabilidades e seus gráficos.

Sugestão de Solução.

Vamos construir o modelo probabilístico por etapas. Ao todo, são 12 etapas:

i) Experimento aleatório:

E. A: lançamento de dois dados honestos sobre uma mesa rígida, plana e horizontal.

ii) Extrações possíveis:

$\mathcal{E}x = \{e_k = 1; 2; 3; 4; 5; 6\}$

iii) Pontos amostrais:

$w_{i,j} = (e_i, e_j) \in \mathbb{N}^2 \ \textit{tais que}\ e_i, e_j \in \mathcal{E}x$

iv) Espaço amostral:

$$\Omega = \{w_{i,j} \ \ t.q. \ w_{i,j} = (e_i, e_j) \in \mathbb{N}^2 \ tais \ que \ e_i, e_j \in \mathcal{E}x\ \}$$

Elencando os pontos amostrais:

$\Omega = \{(1,1), (1,2), (1,3), (1,4), (1,5), (1,6), (2,1), (2,2), (2,3), (2,4), (2,5), (2,6), (3,1), (3,2), (3,3), (3,4), (3,5), (3,6), (4,1), (4,2), (4,3), (4,4), (4,5), (4,6), (5,1), (5,2), (5,3), (5,4), (5,5), (5,6), (6,1), (6,2), (6,3), (6,4), (6,5), (6,6)\}$

Contando:

$$\#\Omega = AR_6^2 = 6^2 = 36 \text{ pontos amostrais}$$

v) Variável aleatória:

$X: \ \Omega \ \rightarrow \mathbb{N}^2$, onde $e_i, e_j \in \mathcal{E}x$

$$w_{i,j} = (e_i, e_j) \ \ \rightarrow \ \ \ x = e_i + e_j$$

vi) Eventos focais:

$$E_x = \{w_{i,j} = (e_i, e_j) \in \Omega \ \ t.q. \ X = x\}$$

Perceba que $P(E_x) = P(X = x)$. Se escolhermos um valor de x particular (soma das faces do dado desejada), então automaticamente define-se o evento aleatório favorável e calcula-se a probabilidade:

$E_x \equiv (X = x\ )$(a coleção de todos os pontos amostrais de Ω tais que $X = x$)

vii) Enumeração esquemática de Ω e os valores da *v.a.*:

Figura 2.27 – Enumeração do problema dos dados.

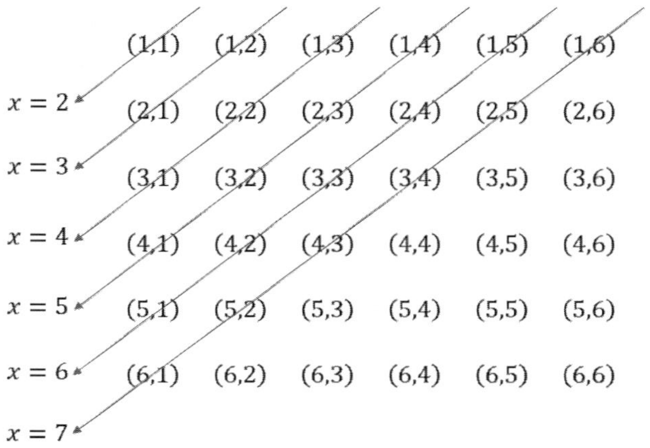

	(1,1)	(1,2)	(1,3)	(1,4)	(1,5)	(1,6)
$x = 2$	(2,1)	(2,2)	(2,3)	(2,4)	(2,5)	(2,6)
$x = 3$	(3,1)	(3,2)	(3,3)	(3,4)	(3,5)	(3,6)
$x = 4$	(4,1)	(4,2)	(4,3)	(4,4)	(4,5)	(4,6)
$x = 5$	(5,1)	(5,2)	(5,3)	(5,4)	(5,5)	(5,6)
$x = 6$	(6,1)	(6,2)	(6,3)	(6,4)	(6,5)	(6,6)
$x = 7$						

Fonte: Os autores (2024).

viii) Função variável aleatória:

Figura 2.28 – Variável aleatória referente ao problema proposto.

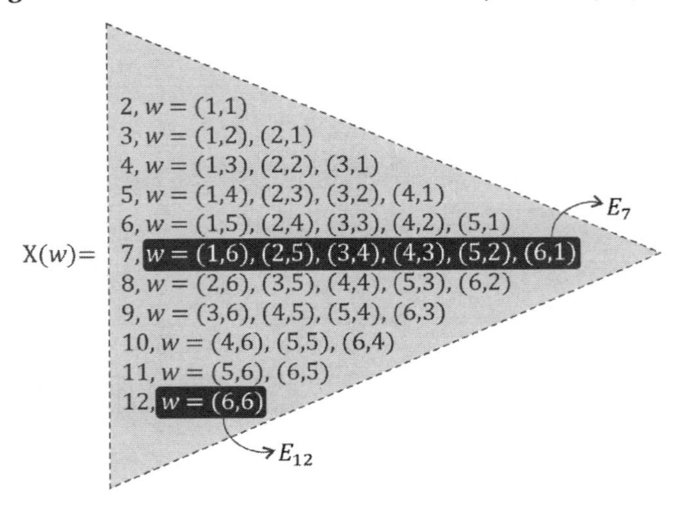

Fonte: Os autores (2024).

Quadro Sinótico:

Figura 2.29 – Composição de funções.

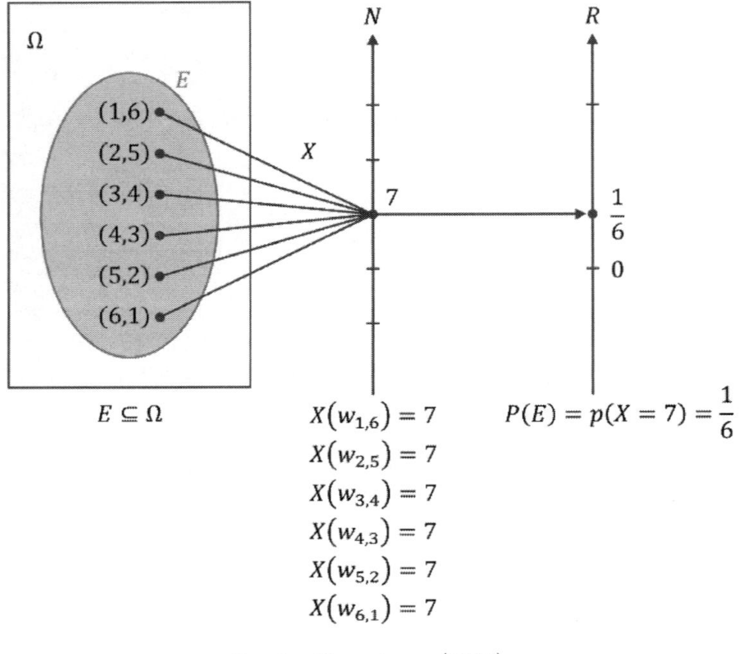

Fonte: Os autores (2024).

Observe que se definirmos $E_7 = \{w_{i,j} = (e_i, e_j) \in \Omega \ t.q. \ X = 7\}$, então $P(E_7) = P(X = 7) = \frac{6}{36} = \frac{1}{6}$, que representa a probabilidade da soma das faces de ambos os dados dar 7 no lançamento/sorteio.

ix) Função de massa da distribuição:

A função de massa de probabilidades (ou função de distribuição de probabilidades) de uma *v.a.d.* é a função $p(x) = P(X = x)$.

Figura 2.30 – Função de massa e composição de funções.

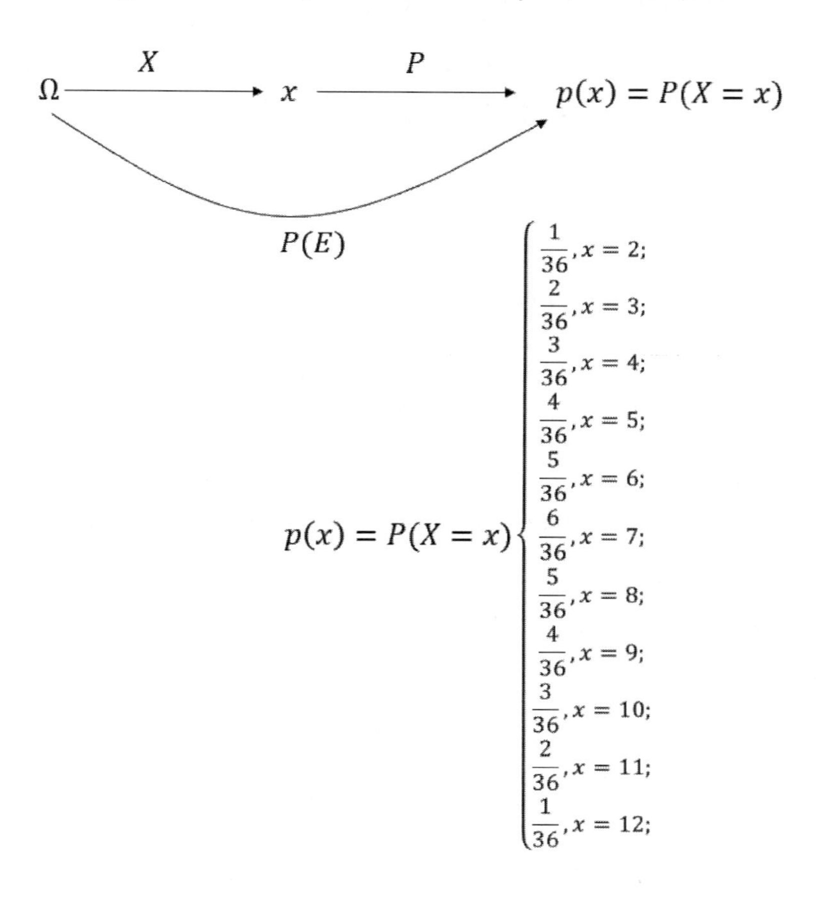

Fonte: Os autores (2024).

x) Gráfico de Bastões:

Figura 2.31 – Gráfico de bastões.

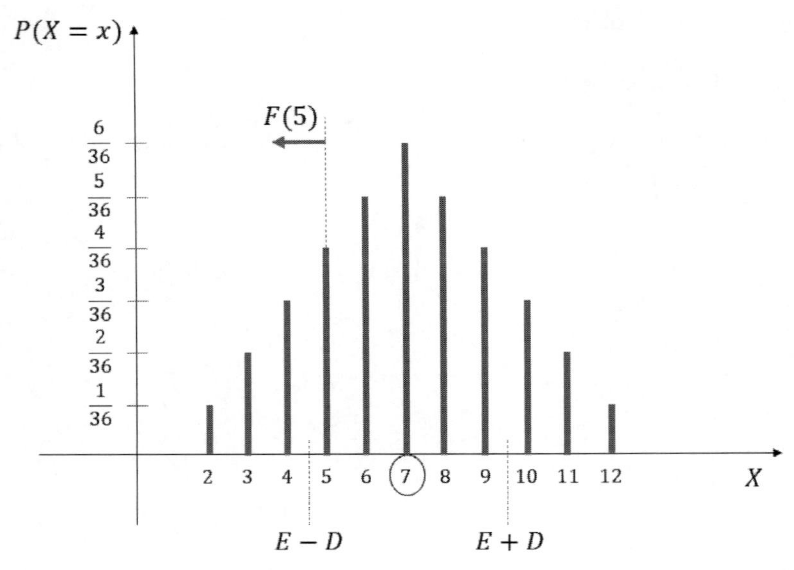

Fonte: Os autores (2024).

$\mathbb{E}(X) = 7$ (esperança matemática, expectância ou valor esperado);

$\mathbb{V}(X) \cong 5{,}83$ (variância probabilística da distribuição);

$\mathbb{D}(X) \cong 2{,}42$ (desvio padrão probabilístico);

xi) Função de Distribuição Cumulativa:

A função de Distribuição Cumulativa de uma *v. a. d.* é a função $F(x) = P(X \leq x)$.

Graficamente basta "cortar" o gráfico de bastões, "olhar para a esquerda" e somar os tamanhos de todos os bastões, incluindo o bastão de corte. Por exemplo, no gráfico anterior, $F(5) = P(X \leq 5) = \frac{1}{36} + \frac{2}{36} + \frac{3}{36} + \frac{4}{36} \Rightarrow$ $F(5) = \frac{10}{36} = \frac{5}{15}$ (acumulação em $X = 5$).

Figura 2.32 – Função distribuição cumulativa de probabilidades.

$$F(X) = \begin{cases} 0, se\ X < 2 \\ P(X=2), se\ 2 \leq X < 3 \\ P(X=2)+P(X=3), se\ 3 \leq X < 4 \\ P(X=2)+P(X=3)+P(X=4), se\ 4 \leq X < 5 \\ P(X=2)+P(X=3)+P(X=4)+P(X=5), se\ 5 \leq X < 6 \\ P(X=2)+P(X=3)+P(X=4)+P(X=5)+P(X=6), se\ 6 \leq X < 7 \\ P(X=2)+P(X=3)+P(X=4)+P(X=5)+P(X=6)+P(X=7), se\ 7 \leq X < 8 \\ P(X=2)+P(X=3)+P(X=4)+P(X=5)+P(X=6)+P(X=7)+P(X=8), se\ 8 \leq X < 9 \\ P(X=2)+P(X=3)+P(X=4)+P(X=5)+P(X=6)+P(X=7)+P(X=8)+P(X=9), se\ 9 \leq X < 10 \\ P(X=2)+P(X=3)+P(X=4)+P(X=5)+P(X=6)+P(X=7)+P(X=8)+P(X=9)+P(X=10), se\ 10 \leq X < 11 \\ P(X=2)+P(X=3)+P(X=4)+P(X=5)+P(X=6)+P(X=7)+P(X=8)+P(X=9)+P(X=10)+P(X=11), se\ 11 \leq X < 12 \\ 1, se\ X \geq 12 \end{cases}$$

Fonte: Os autores (2024).

A função cumulativa é utilizada em situações em que só há utilidade na determinação e registro de probabilidades acumuladas.

xii) Função Escada:

Figura 2.33 – Função distribuição cumulativa de probabilidades referente ao ER 2.13.

$$F(X) = \begin{cases} 0, se\ X \\ \frac{1}{36}, se\ 2 \leq X < 3 \\ \frac{3}{36}, se\ 3 \leq X < 4 \\ \frac{6}{36}, se\ 4 \leq X < 5 \\ \frac{10}{36}, se\ 5 \leq X < 6 \\ \frac{15}{36}, se\ 6 \leq X < 7 \\ \frac{21}{36}, se\ 7 \leq X < 8 \\ \frac{26}{36}, se\ 8 \leq X < 9 \\ \frac{30}{36}, se\ 9 \leq X < 10 \\ \frac{33}{36}, se\ 10 \leq X < 11 \\ \frac{35}{36}, se\ 11 \leq X < 12 \\ 1, se\ X \geq 12 \end{cases}$$

Fonte: Os autores (2024).

Figura 2.34 – Função escada referente ao ER 2.13.

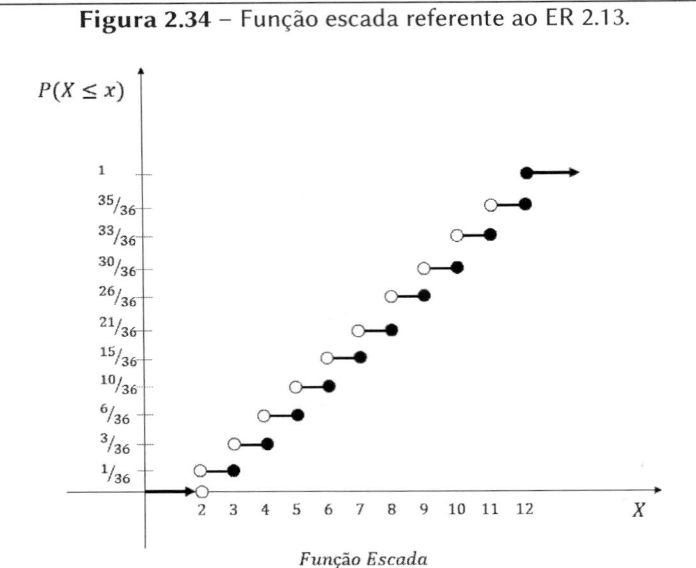

Fonte: Os autores (2024).

Lembrando sempre que adotamos, por convenção, em cada intervalo, bola aberta na esquerda e bola fechada na direita.

□

Exercício Resolvido 2.14

Suponha que três máquinas cortam blocos de concreto em uma empreiteira. Cada máquina precisa parar de vez em quando para manutenção. Em um determinado momento, a probabilidade de uma máquina estar parada é de 0,10 e de estar funcionando é de 0,90. Considere que as máquinas funcionam independentemente e que o interesse do operador é conhecer a probabilidade de um número qualquer de máquinas estar funcionando no momento de uma inspeção de rotina. Descreva algebricamente a graficamente a distribuição de probabilidades envolvida neste caso. (Adaptado de Navidi, 2012).

Sugestão de Solução.

i) Espaço Amostral:

$$\Omega = \{(e_1, e_2, e_3) \in \mathbb{N}^3 \ t.q. e_i \in \{0; 1\} \text{ é o estado da máquina } i\}$$

$e_i = 0$: máquina parada

$e_i = 1$: máquina em funcionamento

ii) Variável Aleatória:

$X =$ número total de máquinas em funcionamento durante a inspeção;

$X: \Omega \rightarrow \mathbb{N} \Rightarrow X: \Omega \rightarrow \{0,1,2,3\}$

iii) Eventos Aleatórios de Interesse:

A = Nenhuma máquina funcionando;

B = Uma única máquina em funcionamento;

C = Duas máquinas em funcionamento;

D = As três máquinas em funcionamento.

iv) Arranjos que descrevem o espaço amostral:

Máquina 1	Máquina 2	Máquina 3	X	$p(x) = P(X = x)$
1	1	1	3	$0,9 \times 0,9 \times 0,9 = 0,729$
1	1	0	2	$0,9 \times 0,9 \times 0,1 = 0,081$
1	0	1	2	$0,9 \times 0,1 \times 0,9 = 0,081$
1	0	0	1	$0,9 \times 0,1 \times 0,1 = 0,009$
0	1	1	2	$0,1 \times 0,9 \times 0,9 = 0,081$
0	1	0	1	$0,1 \times 0,9 \times 0,1 = 0,009$
0	0	1	1	$0,1 \times 0,1 \times 0,9 = 0,009$
0	0	0	0	$0,1 \times 0,1 \times 0,1 = 0,001$

v) Combinações envolvidas:

Observe que, dentro do contexto do nosso problema, por exemplo, uma única máquina funcionando pode ser expressa pelas seguintes triplas ordenadas equivalentes: $(1;0;0) \equiv (0;1;0) \equiv (0;0;1)$, o que pode ser representado simplesmente pelo conjunto $\{1;0;0\}$. Ou seja, o que realmente nos interessa aqui são as combinações de pontos amostrais:

Máquinas	Evento Aleatório	X	$p(x) = P(X = x)$
$\{0;0;0\}$	A	0	$1 \times 0,001 = 0,001$
$\{1;0;0\}$	B	1	$3 \times 0,009 = 0,027$
$\{1;1;0\}$	C	2	$3 \times 0,081 = 0,243$
$\{1;1;1\}$	D	3	$1 \times 0,729 = 0,729$

vi) Função distribuição de probabilidades: (Função de Massa)

X	$p(x) = P(X = x)$
0	0,001
1	0,027
2	0,243
3	0,729

$$p(x) = P(X = x) = \begin{cases} 0{,}001, \text{se } x = 0 \\ 0{,}027, \text{se } x = 1 \\ 0{,}243, \text{se } x = 2 \\ 0{,}729, \text{se } x = 3 \\ 0, \text{caso contrário.} \end{cases}$$

vii) Gráfico de Bastões:

$p(x) = P(X = x)$
$=$ probabilidade de x máquinas estarem funcionando na hora da inspeção.

Figura 2.35 – Gráfico de bastões referente ao ER 2.14.

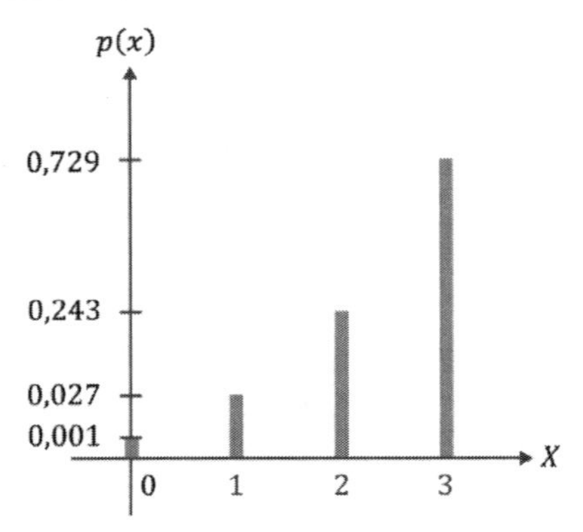

Fonte: Os autores (2024).

viii) Função Distribuição Cumulativa de probabilidade (para uma variável aleatória discreta):

$$F(x) = P(X \leq x)$$
$$= \begin{cases} 0, \ \ se\ x < 0; \\ P(X = 0), \ \ se\ 0 \leq x < 1; \\ P(X = 0) + P(X = 1), \ \ se\ 1 \leq x < 2; \\ P(X = 0) + P(X = 1) + P(X = 2), \ \ se\ 2 \leq x < 3; \\ P(X = 0) + P(X = 1) + P(X = 2) + P(X = 3), \ \ se\ 3 \leq x < 4; \end{cases}$$

Ou seja,

$$F(x) = \begin{cases} 0, \text{se } x < 0 \\ 0{,}001, \text{se } 0 \leq x < 1 \\ 0{,}028, \text{se } 1 \leq x < 2 \\ 0{,}271, \text{se } 2 \leq x < 3 \\ 1, se\ x \geq 3 \end{cases}$$

ix) Função Escada:

Figura 2.36 – Função escada referente ao ER 2.14.

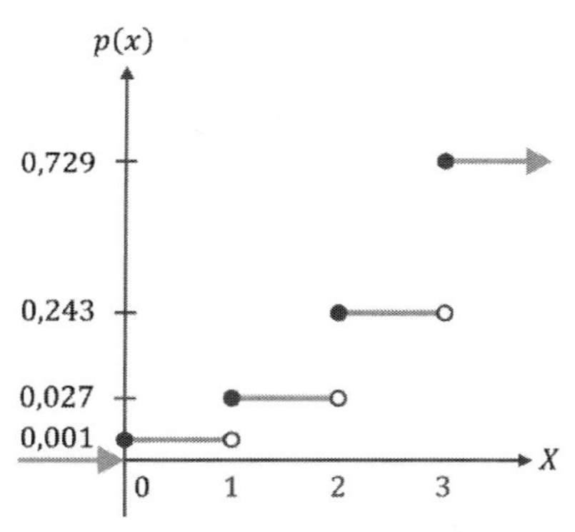

Fonte: Os autores (2024).

□

Exercício Resolvido 2.15

Retomemos o problema anterior: Suponha que três máquinas cortam blocos de concreto em uma empreiteira. Cada máquina precisa parar de vez em quando para manutenção. Em um determinado momento, a probabilidade de uma máquina estar parada é de 0,10 e de estar funcionando é de 0,90. Considere que as máquinas funcionam independentemente e que o interesse do operador é conhecer a probabilidade de um número qualquer de máquinas estar funcionando no momento de uma inspeção de rotina.

a) Qual é o número esperado de máquinas que serão encontradas em pleno funcionamento? Interprete o significado da esperança;

b) Qual a variância probabilística referente ao ensaio realizado?

c) Podemos supor que os possíveis valores de X estejam distribuídos semelhantemente a uma curva normal (gaussiana)?

Sugestão de Solução.

a) Esperança:

$$\mathbb{E}(X) = \sum_{x} x_i \,.\, P(X = x_i) = ?$$

$$\mathbb{E}(X) = 0.P(X = 0) + 1.P(X = 1) + 2.P(X = 2) + 3.P(X = 3)$$

$$\mathbb{E}(X) = 0.0{,}001 + 1.0{,}027 + 2.0{,}243 + 3.0{,}729$$

$$\mathbb{E}(X) = 0 + 0{,}027 + 0{,}486 + 2{,}187 = +2{,}70$$

$\mathbb{E}(X) = 3$ máquinas funcionando (estimativa)

○ **Interpretação:** $\mu_X = \mathbb{E}(X)$ corresponde à abscissa do cento de massa do gráfico de bastões. Imagine que cada uma das barras vermelhas do gráfico seja uma estaca homogênea fincada no chão. Nesse caso, o *centro de massa* do sistema físico considerado tem como abscissa exatamente o valor $x_{C.M.} = +2{,}70$.

Figura 2.37 – Gráfico de bastões referente ao ER 2.15. Distribuição monótona.

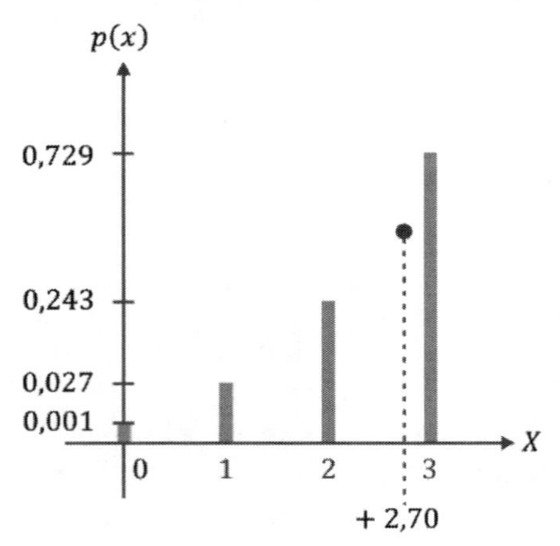

Fonte: Os autores (2024).

b) E quanto à variância probabilística:

$$\mathbb{V}(X) = \sum x_i{}^2 \,.\, P(X = x_i) - \mathbb{E}^2(X)$$

$$\mathbb{V}(X) = [0^2.P(x = 0) + 1^2.P(x = 1) + 2^2.P(x = 2) + 3^2.P(x = 3)] - 2{,}70^2$$

$$\mathbb{V}(X) = 0{,}027 + 4.0{,}243 + 9.0{,}729 - 7{,}29$$

$$\therefore \quad \mathbb{V}(X) = +0{,}27 \ \ (\text{máquinas})^2.$$

c) A distribuição normal é contínua e possui forma de sino emborcado: cresce e em seguida, decresce. Como a distribuição das máquinas é discreta e estritamente crescente, não há como fazer tal associação (veja o gráfico de bastões logo acima). □

2.10.3 Histogramas de probabilidades

Representam graficamente a função de massa de probabilidades e constituem uma alternativa aos gráficos de bastões.

i) A área de um retângulo centrado no valor x é igual a $P(X = x)$;

ii) Por convenção, a área de cada retângulo é unitária.

No caso do exercício anterior, das máquinas de cortar concreto, teríamos:

Figura 2.38 – Histograma de probabilidades.

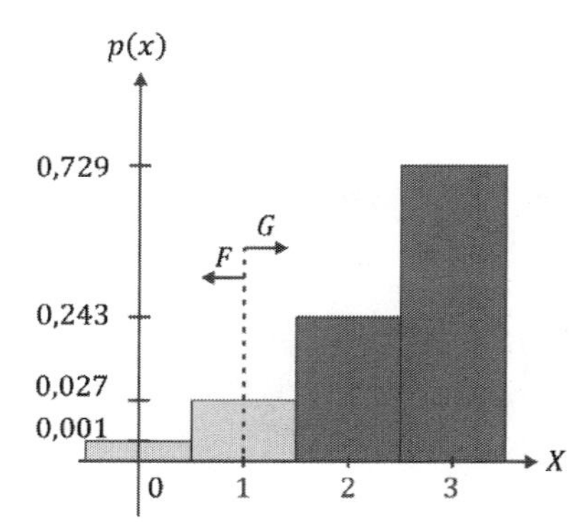

Fonte: Os autores (2024).

$$p(x) = P(X = x) = \begin{cases} 0{,}001 \; se \; x = 0; \\ 0{,}027 \; se \; x = 1; \\ 0{,}243 \; se \; x = 2; \\ 0{,}729 \; se \; x = 3. \end{cases}$$

A região hachurada representa $G(1) = P(X > 1) = P(X \geq 2)$.

Exercício Resolvido 2.16

Uma caixa contém 5 parafusos defeituosos e 5 não defeituosos. Realizam-se duas extrações aleatórias sem reposição. O operador deseja conhecer a probabilidade de escolha de um número qualquer de parafusos defeituosos no experimento considerado. Faça, então, o que se pede:

a) Defina formalmente os eventos computados referentes a ambas as extrações;

b) Defina formalmente o espaço amostral associado a tais eventos;

c) Defina a *v.a.* que conta os parafusos defeituosos obtidos;

d) Determine a função distribuição de probabilidades (função de massa) para esse experimento aleatório;

e) Construa o gráfico de bastões da distribuição;

f) Determine a função cumulativa de probabilidades:

g) Construa o gráfico da função cumulativa de probabilidades:

h) Construa o histograma de probabilidades e hachureie $F(1) = P(X \leq 1)$;

i) Calcule a Esperança matemática da variável aleatória X (expectância ou valor esperado);

j) Calcule a variância probabilística da variável aleatória em jogo;

k) Calcule o desvio padrão probabilístico da variável considerada. O valor dele é alto ou é baixo? Justifique;

l) Utilize $\mathbb{E}(X)$ e $\mathbb{D}(X)$ para prever quantos parafusos defeituoso um fiscal irá encontrar em uma inspeção de rotina com duas extrações sucessivas.

Sugestão de Solução.

a)

A = {foi escolhido um parafuso íntegro na primeira extração};

$\bar{A}$ = {foi escolhido um parafuso defeituoso na primeira extração};

B = {foi escolhido um parafuso íntegro na segunda extração};

$\bar{B}$ = {foi escolhido um parafuso defeituoso na segunda extração}.

b)

$\Omega = \{\{A; B\}, \{\bar{A}; B\}, \{A; \bar{B}\}, \{\bar{A}; \bar{B}\}\}$ (espaço de amostras)

c)

X: número total de parafusos defeituosos obtidos nas duas extrações;

$X: \Omega \to \mathbb{N}, \qquad v.a.d.$

$\{A; B\} \to x = 0$

$\{\bar{A}; B\} \to x = 1$

$\{A; \bar{B}\} \to x = 1$

$\{\bar{A}; \bar{B}\} \to x = 2$

$$\therefore \quad X(\omega) = \begin{cases} 0, \text{se } \omega = \{A; B\} \\ 1, \text{se } \omega = \{\bar{A}; B\}; \{A; \bar{B}\} \\ 2, \text{se } \omega = \{\bar{A}; \bar{B}\} \end{cases}$$

d)

$p(x) = P(X = x) = ?$

(i) $p(0) = P(X = 0) = P(A \cap B) = P(A).P(B|A) = \frac{5}{10}.\frac{4}{9} = \frac{2}{9}.$

Figura 2.39 – Diagrama de extração do ER 2.16. Retirada de um parafuso íntegro (ou seja, o evento aleatório A aconteceu).

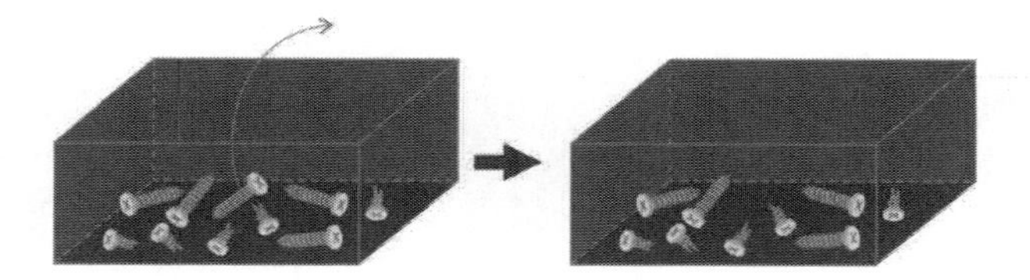

Fonte: Os autores (2024).

(ii) $p(1) = P(X = 1) = P[(A \cap \bar{B}) \cup (\bar{A} \cap B)] = P(A \cap \bar{B}) + P(\bar{A} \cap B)$

$$p(1) = P(A).P(\bar{B}|A) + P(\bar{A}).P(B|\bar{A}) = \frac{5}{10}.\frac{5}{9} + \frac{5}{10}.\frac{5}{9} = \frac{5}{9}$$

Observe a figura:

Figura 2.40 – Diagrama de extração do ER 2.16. Retirada de um parafuso defeituoso (ou seja, o evento aleatório $\bar{A}$ aconteceu).

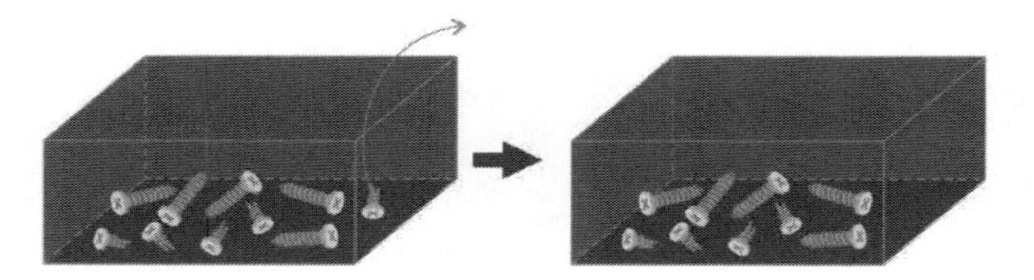

Fonte: Os autores (2024).

(iii) $p(2) = P(X = 2) = P(\bar{A} \cap \bar{B}) = P(\bar{A}).P(\bar{B}|\bar{A}) = \frac{5}{10}.\frac{4}{9} = \frac{2}{9}$

$$\therefore \quad p(x) = \begin{cases} \frac{2}{9}\text{, se } x = 0 \text{ } ou \text{ } x = 2; \\ \frac{5}{9}\text{, se } x = 1; \\ 0\text{, para outros valores de x.} \end{cases}$$

e)

Figura 2.41 – Gráfico de bastões não-monótono.

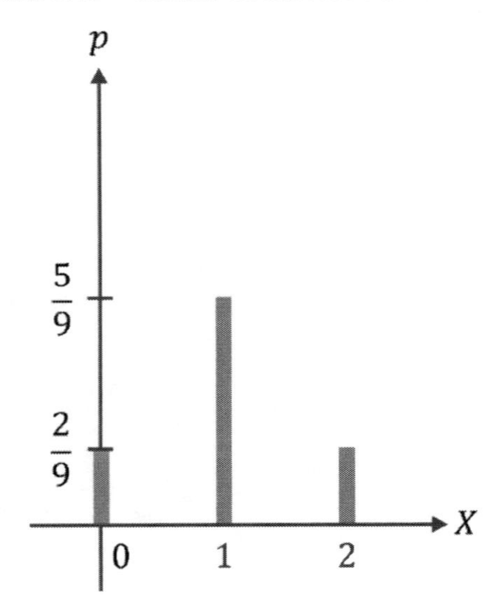

Fonte: Os autores (2024).

f)

$$F(x) = P(X \leq x) = \begin{cases} 0\text{ , se } x < 0; \\ P(x = 0)\text{ , se } 0 \leq x < 1; \\ P(x = 0) + P(x = 1)\text{ , se } 1 \leq x < 2; \\ 1\text{ , se } x \geq 2. \end{cases}$$

$$\therefore \quad F(x) = \begin{cases} 0\text{ , se } x < 0; \\ \frac{2}{9}\text{, se } 0 \leq x < 1; \\ \frac{7}{9}\text{, se } 1 \leq x < 2; \\ 1\text{ , se } x \geq 2. \end{cases}$$

g)

Figura 2.42 – Função escada do ER 2.16.

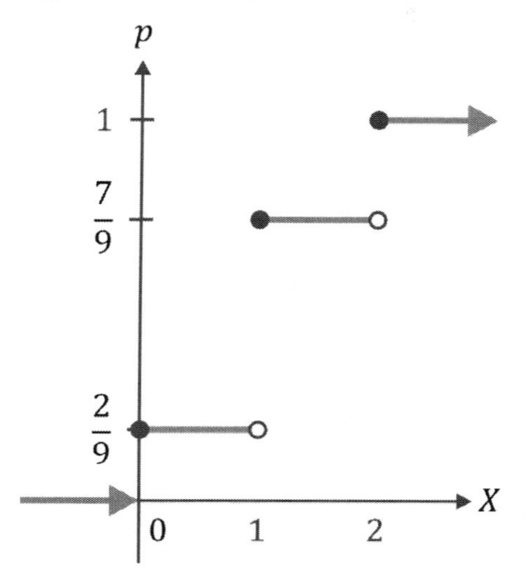

Fonte: Os autores (2024).

h)

Figura 2.43 – Histograma de probabilidades do ER 2.16.

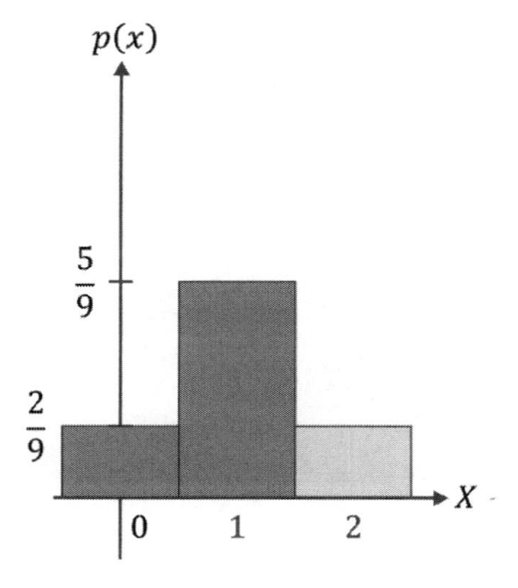

Fonte: Os autores (2024).

i)

$$\mathbb{E}(X) = \sum_x x_i . P(X = x_i)$$

$$\mathbb{E}(X) = 0.P(X = 0) + 1.P(X = 1) + 2.P(X = 2)$$

$$\mathbb{E}(X) = 0.\frac{2}{9} + 1.\frac{5}{9} + 2.\frac{2}{9} = \frac{9}{9} = 1 \text{ parafuso}$$

j)

$$\mathbb{V}(X) = \sum_x x_i{}^2 . P(X = x_i) - \mathbb{E}^2(X)$$

$$\mathbb{V}(X) = 0^2.P(X = 0) + 1^2.P(X = 1) + 2^2.P(X = 2) - \mathbb{E}^2(x)$$

$$\mathbb{V}(X) = 0^2.\frac{2}{9} + 1^2.\frac{5}{9} + 2^2.\frac{2}{9} - 1^2$$

$$\mathbb{V}(X) = 0.\frac{2}{9} + 1.\frac{5}{9} + 4.\frac{2}{9} - 1 = \frac{13}{9} - 1 = \frac{4}{9}$$

$$\therefore \quad \mathbb{V}(X) = \frac{4}{9} \cong 0{,}4444 \text{ (parafusos)}^2$$

k)

$$\mathbb{D}(X) = \sqrt{\mathbb{V}(X)} = \sqrt{\frac{4}{9}} = 2/3$$

$$\therefore \quad \mathbb{D}(X) = \frac{2}{3} \cong 0{,}6667 \text{ parafusos}$$

l)

$$\mathbb{E} - \mathbb{D} \leq V.P. \leq \mathbb{E} + \mathbb{D}$$

$$1 - 0{,}6667 \leq V.P. \leq 1 + 0{,}6667$$

$$0{,}3333 \leq V.P. \leq 1{,}6667$$

Estimativa:

$$\therefore \quad V.P. = \hat{X} = 1 \text{ parafuso.}$$

Ele corresponde ao único valor inteiro do intervalo. □

2.11 Principais distribuições discretas de probabilidades

Sempre que a variável aleatória em jogo é discreta, existem diversas configurações geométricas possíveis para a distribuição de probabilidades, o que pode ser facilmente observado nos gráficos de bastões. As distribuições discretas mais comuns são as distribuições de Bernoulli, as distribuições Binomiais e as distribuições de Poisson, curiosamente relacionadas entre si.

2.11.1 Distribuições de Bernoulli

Diversos tipos de experimentos aleatórios retornam basicamente dois resultados possíveis, o resultado considerado satisfatório (que chamaremos de *sucesso*) e o resultado considerado insatisfatório (o *insucesso*). A esses experimentos chamamos simplesmente de Ensaios de Bernoulli:

Ensaio de Bernoulli

DEFINIÇÃO 2.25: Todo experimento aleatório que pode retornar apenas dois resultados possíveis, o *sucesso* e o *insucesso.*

Trata-se, portanto, de uma dicotomia, de um ensaio booleano, e a variável aleatória envolvida será chamada de **variável binária** ou **variável *dummy***. Por exemplo, no lançamento de uma moeda honesta sobre a mesa, onde só podemos obter cara ou então coroa. O resultado de interesse do estatístico, seja ele qual for, será computado como *sucesso* e o outro, como *insucesso*. Outros casos possíveis:

Exemplo 2.2
Um dado honesto que é lançado sobre a mesa e interessa ao estatístico somente a face 3. □

Exemplo 2.3
Uma pessoa é escolhida ao acaso dentre um grupo de 100 pessoas e o estatístico deseja saber se ela é do sexo masculino. □

Exemplo 2.4

Uma pessoa é escolhida ao acaso dentre a população de uma cidade com mais de 18 anos de idade e deseja-se saber se ela é ou não favorável ao projeto que defende a cobrança de uma nova taxa da população.

□

Nos exemplos 2.2, 2.3 e 2.4, podemos definir uma variável aleatória X que só assume dois valores possíveis: 0 ou 1:

$$X = \begin{cases} 0, & \text{se insucesso;} \\ 1, & \text{se sucesso.} \end{cases}$$

Convenciona-se atribuir à probabilidade de sucesso o valor p e, logicamente, a partir do $(\boldsymbol{d_1})$, a probabilidade de insucesso será $1-p$, de modo que a função de massa será:

$$p(x) = P(X = x) = \begin{cases} 1-p, & \text{se } x = 0 \\ p, & \text{se } x = 1 \\ 0, & \text{caso contrário.} \end{cases} \quad (2.13)$$

A distribuição de Bernoulli depende de um único parâmetro, que é a probabilidade de sucesso, ou seja, $X \sim Ber(p)$.

Utilizando as fórmulas (2.10) e (2.11), podemos facilmente concluir que a esperança matemática será dada por

$$\mathbb{E}(X) = p \quad (2.14)$$

e a variância será dada por

$$\mathbb{V}(X) = p(1-p) \quad (2.15)$$

□

Exercício Resolvido 2.17

Um dado equilibrado é lançado sobre uma mesa rígida, plana e horizontal. O estatístico que observa o experimento aleatório estuda a possibilidade da face 3 aparecer voltada para cima.

a) Construa um modelo probabilístico que descreve essa situação;

b) Calcule a expectância e a variância associada à distribuição de probabilidades em jogo.

Sugestão de Solução.

a)

Nesse caso, o lançamento do dado se caracteriza como um ensaio de Bernoulli, pois retorna somente dois valores estatisticamente significantes, a face 3 (sucesso) e as faces 1, 2, 4, 5 e 6 (insucesso).

O espaço amostral será:

$$\Omega = \{1; 2; 3; 4; 5; 6\}, \qquad \#\Omega = 6$$

Trata-se de um *espaço amostral equiprovável*, pois existe simetria e invariância no sistema físico associado ao modelo probabilístico.

O evento aleatório favorável será:

$$E = \{3\}, \quad \#E = 1$$

Definimos a variável aleatória booleana $X \sim Ber(p)$:

$$X = \begin{cases} 0, & \text{se } \omega = 1, 2, 4, 5 \text{ ou } 6; \\ 1, & \text{se } \omega = 3. \end{cases}$$

A probabilidade de sucesso será:

$$P(X = 1) = p = \frac{1}{6}$$

A partir do $(\boldsymbol{d_1})$, concluímos que

$$P(X = 0) = 1 - p = \frac{5}{6}$$

A função de massa (ou função distribuição de probabilidades) será:

$$p(x) = P(X = x) = \begin{cases} {}^{5}/_{6}, & \text{se } x = 0 \\ {}^{1}/_{6}, & \text{se } x = 1 \\ 0, & \text{caso contrário.} \end{cases}$$

b)

Expectância (esperança): $\mathbb{E}(X) = p \;\therefore\; \mathbb{E}(X) = {}^{1}/_{6}$ de sucesso.

Variância probabilística:

$\mathbb{V}(X) = p(1 - p) = {}^{1}/_{6} \cdot {}^{5}/_{6} \;\therefore\; \mathbb{V}(X) = {}^{5}/_{36}$ (sucessos)^2. □

2.11.2 Método binomial

Utilizamos o método binomial ou experimento binomial sempre que lidamos com um experimento aleatório baseado na repetição de eventos independentes. Nesse caso, a probabilidade da intersecção dos eventos será obtida por meio do simples produto das probabilidades incondicionais envolvidas.

Exemplo 2.5

Se a probabilidade de chover em uma certa localidade permanecer constante ao longo de uma semana e for $^1/_5$, a probabilidade de haver exatamente três dias com chuva será de:

Todas as combinações possíveis

$$P(X=3) = \underbrace{\left(\frac{1}{5}\right)^3\left(\frac{4}{5}\right)^4 + \left(\frac{1}{5}\right)^3\left(\frac{4}{5}\right)^4 + \cdots + \left(\frac{1}{5}\right)^3\left(\frac{4}{5}\right)^4}_{\text{Todas as combinações possíveis}} = \binom{7}{3}\left(\frac{1}{5}\right)^3\left(\frac{4}{5}\right)^4$$

□

2.11.3 Distribuição Binomial de Probabilidades

A melhor maneira de visualizar tais combinações se dá quando o número de possibilidades é pequeno o suficiente para podermos elencar todas as possibilidades. Veja o exemplo a seguir:

Exemplo 2.6

Uma moeda viciada é lançada 4 vezes. Nela, a probabilidade de sair cara (C) é de 1/3 e a probabilidade de sair coroa (K) é 2/3. Qual a probabilidade de obtermos exatamente três caras nesses lançamentos?

Resolução:

i) $P(C) = {}^1/_3$ e $P(K) = {}^2/_3$;

ii) $P(X=2) = P(CCCK\ ou\ CCKC\ ou\ CKCC\ ou\ KCCC)$

$P(X=2) = P(CCCK) + P(CCKC) + P(CKCC) + P(KCCC)$

$P(X = 2) = P(C).P(C).P(C).P(K) + P(C).P(C).P(K).P(C) +$
$P(C).P(C).P(K).P(C) + P(K).P(C).P(C).P(C)$

De uma forma mais compacta:

$$P(X = 2) = 4.[P(C)]^3.P(K) = 4.\left(\frac{1}{3}\right)^3.\left(\frac{2}{3}\right) \cong 0{,}0988\ (9{,}88\%).$$

Esse 4 corresponde exatamente a $C_4^3 = \binom{4}{3} = 4$.

□

DEFINIÇÃO 2.26: Toda a distribuição discreta de probabilidades que reúne as três características seguintes:

i) É formada por n *ensaios de Bernoulli*;
ii) Cada um dos ensaios é *independente* dos demais;
iii) Cada ensaio possui a mesma probabilidade de sucesso p (*constante*).

Nesse caso, dizemos que $X \sim Bin(n; p)$,ou seja, "a variável aleatória X está distribuída se-gundo a regra binomial, de parâmetros n e p" com a função distribuição de probabilidades calculada pelo método binomial.

TEOREMA 2.6: Considerando um valor arbitrário de x sucessos desejados, se a *v.a.d.* X é do tipo $X \sim Bin(n; p)$, então a função de massa de probabilidades será:

$$p(x) = P(X = x) = \begin{cases} \binom{n}{x} p^x (1-p)^{n-x} & , x = 0,1, \dots, n; \\ 0 & , \text{caso contrário.} \end{cases} \quad (2.16)$$

Demonstração:

i) A probabilidade de acontecerem x sucessos, a partir do Princípio Fundamental da Contagem, é dada por $p \times p \times \dots \times p = p^x$;

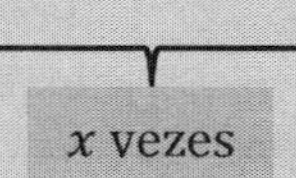

ii) Ao mesmo tempo, os insucessos devem acontecer $n - x$ vezes com probabilidade igual a

$$\underbrace{(1-p)\times(1-p)\times\ldots\times(1-p)}_{n-x \text{ vezes}}=(1-p)^{n-x};$$

iii) Esse fato deve se repetir tantas vezes quantas forem as combinações dos n ensaios de Bernoulli tomados x a x , de modo que, para x natural e menor que n , a probabilidade será:

$$P(X=x)=\binom{n}{x}p^{x}(1-p)^{n-x} \tag{2.17}$$

c.q.d.

Exercício Resolvido 2.18

A probabilidade de um bebê que nasce ser menina é de aproximadamente 0,49. Determine a probabilidade, nos próximos 5 nascimentos não múltiplos em um determinado hospital, nascerem não mais que duas meninas.

Sugestão de Solução.

O nascimento de bebês é um ensaio de Bernoulli com probabilidade de sucesso igual a 0,49. Seja X o número de meninas nascidas no hospital, então:

i) $n =$ Número total de nascimentos;

ii) $p =$ Probabilidade de nascer menina;

iii) $x =$ Número de meninas nascidas.

$\therefore \quad X \sim Bin(5; 0{,}49)$

$P(X \leq 2) = P(X = 0 \; ou \; X = 1 \; ou \; X = 2)$

Porém, como os eventos aleatórios $(X=0),(X=1)$ e $(X=2)$ são mutuamente excludentes, pelo terceiro axioma de Kolmogórov ou Axioma da Aditividade $(\boldsymbol{k_3})$, vale:

$P(X \leq 2) = P(X = 0) + P(X = 1) + P(X = 2)$

Substituindo na função de massa da distribuição binomial:

$P(X \leq 2) = \binom{5}{0}(0{,}49)^0(0{,}51)^4 + \binom{5}{1}(0{,}49)^1(0{,}51)^4 + \binom{5}{2}(0{,}49)^2(0{,}51)^3$

$P(X \leq 2) = 0{,}0345 + 0{,}1657 + 0{,}3185 \cong 0{,}5187$

$\therefore \quad P(X \leq 2) = F(2) \cong 0{,}5187 \; (51{,}87\%)$ □

COMENTÁRIO:

De um modo geral, utilizando a notação sigma, podemos escrever:

$$P(X \leq x) = F(x) = \sum_{x=0}^{n} \binom{n}{x} p^x (1-p)^{n-x},$$

que corresponde à função cumulativa de probabilidades para o valor focal $X = x$.

No caso anterior, precisamente,

$$P(X \leq 2) = F(x) = \sum_{x=0}^{2} \binom{5}{x} (0{,}49)^x (0{,}51)^{5-x}$$

Esperança e variância de uma distribuição binomial

Utilizando a definição de esperança matemática e a definição de variância probabilística, que correspondem às fórmulas (2.10) e (2.11), chegamos facilmente às seguintes relações:

$$\mathbb{E}(X) = np \qquad (2.18)$$

$$\mathbb{V}(X) = np(1-p) \qquad (2.19)$$

Independência de eventos na distribuição binomial

Uma condição *sine qua non* para a caracterização da distribuição binomial de probabilidades é a independência das extrações nos ensaios de Bernoulli considerados. Neste momento, cabe uma reflexão acerca dos experimentos (aleatórios) considerados quanto à questão da reposição nas extrações:

PROPOSIÇÃO 2.2: Seja um experimento aleatório qualquer sobre um dado espaço de amostras. Podemos considerar duas situações distintas quanto à sua memória (probabilística):

○ EXPERIMENTOS **COM** REPOSIÇÃO: A população permanece sempre a mesma e acontece, então, a verdadeira independência de eventos;

○ EXPERIMENTOS **SEM** REPOSIÇÃO: A população muda a cada extração de modo que os eventos se tornam dependentes entre si.

Diz-se que os experimentos **com** reposição **não têm memória**, enquanto os experimentos **sem** reposição **possuem memória**.

Exemplo 2.7

Duas extrações seguidas, sem reposição, sobre o conjunto 0; 0; 1; 1:

$P(1|0) = {}^{2}/_{3} \cong 0{,}67$

$P(1|1) = {}^{1}/_{3} \cong 0{,}33$

Note que $P(1|0) \neq P(1|1)$. A segunda extração é claramente influenciada pela primeira.

□

Exemplo 2.8

Duas extrações seguidas sem reposição sobre o conjunto que contém 1 milhão de zeros e 1 milhão de uns.

$P(1|0) = {}^{1.000.000}/_{1.999.999} \cong 0{,}50000025$

$P(1|1) = {}^{999.999}/_{1.999.999} \cong 0{,}49999975$

Note que $p(1|0) \cong p(1|1)$. A segunda extração praticamente não sofre a influência da primeira.

Deste modo, justifica-se o seguinte critério para a independência de extrações:

"Diz-se que, quando uma amostra é extraída de uma população finita, as extrações dos itens da amostra podem ser tratadas como independentes se a amostra compreender menos de 5% da população." □

A tabela de probabilidades binomiais acumuladas

Muitas vezes, quando calculamos as probabilidades binomiais, chegamos a números difíceis de calcular, mesmo com uma calculadora científica, como $0{,}75^{14}$, ou ainda, $\binom{20}{9}$. E a situação piora ainda mais quando precisamos calcular somatórios de probabilidades binomiais. Por exemplo, para $x = 10$ e $n = 14$ o valor de $P(X \geq 10)$ será dado pela expressão:

$$P(X \geq 10) = P(X = 10) + P(X = 11) + P(X = 12) + P(X = 13) + P(X = 14)$$

Para contornar esse tipo de problema é que foram criadas as Tabelas de Probabilidades Binomiais Acumuladas cuja estética se apresenta na figura logo abaixo:

Figura 2.44 – Tabela da Distribuição Binomial Cumulativa.

$F(x) = P(X \leq x)$

		p												
n	*x*	0,05	0,10	0,20	0,25	0,30	0,40	0,50	0,60	0,70	0,75	0,80	0,90	0,95
12	0	0,540	0,282	0,069	0,032	0,014	0,002	0,000	0,000	0,000	0,000	0,000	0,000	0,000
	1	0,882	0,659	0,275	0,158	0,085	0,020	0,003	0,000	0,000	0,000	0,000	0,000	0,000
	2	0,980	0,889	0,558	0,391	0,253	0,083	0,019	0,003	0,000	0,000	0,000	0,000	0,000
	3	0,998	0,974	0,795	0,649	0,493	0,225	0,073	0,015	0,002	0,000	0,000	0,000	0,000
	4	1,000	0,996	0,927	0,842	0,724	0,438	0,194	0,057	0,009	0,003	0,001	0,000	0,000
	5	1,000	0,999	0,981	0,946	0,882	0,665	0,387	0,158	0,039	0,014	0,004	0,000	0,000
	6	1,000	1,000	0,996	0,986	0,961	0,842	0,613	0,335	0,118	0,054	0,019	0,001	0,000
	7	1,000	1,000	0,999	0,997	0,991	0,943	0,806	0,562	0,276	0,158	0,073	0,004	0,000
	8	1,000	1,000	1,000	1,000	0,998	0,985	0,927	0,775	0,507	0,351	0,205	0,026	0,002
	9	1,000	1,000	1,000	1,000	1,000	0,997	0,981	0,917	0,747	0,609	0,442	0,111	0,020
	10	1,000	1,000	1,000	1,000	1,000	1,000	0,997	0,980	0,915	0,842	0,725	0,341	0,118
	11	1,000	1,000	1,000	1,000	1,000	1,000	1,000	0,998	0,986	0,968	0,931	0,718	0,460
	12	1,000	1,000	1,000	1,000	1,000	1,000	1,000	1,000	1,000	1,000	1,000	1,000	1,000
13	0	0,513	0,254	0,055	0,024	0,010	0,001	0,000	0,000	0,000	0,000	0,000	0,000	0,000
	1	0,865	0,621	0,234	0,127	0,064	0,013	0,002	0,000	0,000	0,000	0,000	0,000	0,000
	2	0,975	0,866	0,502	0,333	0,202	0,058	0,011	0,001	0,000	0,000	0,000	0,000	0,000
	3	0,997	0,966	0,747	0,584	0,421	0,169	0,046	0,008	0,001	0,000	0,000	0,000	0,000
	4	1,000	0,994	0,901	0,794	0,654	0,353	0,133	0,032	0,004	0,001	0,000	0,000	0,000
	5	1,000	0,999	0,970	0,920	0,835	0,574	0,291	0,098	0,018	0,006	0,001	0,000	0,000
	6	1,000	1,000	0,993	0,976	0,938	0,771	0,500	0,229	0,062	0,024	0,007	0,000	0,000
	7	1,000	1,000	0,999	0,994	0,982	0,902	0,709	0,426	0,165	0,080	0,030	0,001	0,000
	8	1,000	1,000	1,000	0,999	0,996	0,968	0,867	0,647	0,346	0,206	0,099	0,006	0,000
	9	1,000	1,000	1,000	1,000	0,999	0,992	0,954	0,831	0,579	0,416	0,253	0,034	0,003
	10	1,000	1,000	1,000	1,000	1,000	0,999	0,989	0,942	0,798	0,667	0,498	0,134	0,025
	11	1,000	1,000	1,000	1,000	1,000	1,000	0,998	0,987	0,936	0,873	0,766	0,379	0,135
	12	1,000	1,000	1,000	1,000	1,000	1,000	1,000	0,999	0,990	0,976	0,945	0,746	0,487
	13	1,000	1,000	1,000	1,000	1,000	1,000	1,000	1,000	1,000	1,000	1,000	1,000	1,000

Fonte: Navidi (2012).

Como se pode ver, na coluna da esquerda, constam os valores de n (chamaremos de blocos) e, à sua direita, nas linhas, constam todos os possíveis valores de x para aquele n particular. Nas colunas, são colocados alguns valores mais comuns de p e, no corpo da tabela, se encontram as probabilidades acumuladas, ou seja, $F(x) = P(X \leq x)$. Por exemplo, se $X \sim Bin(13; 0{,}60)$, então $F(4) = P(X \leq 4) = 0{,}032$, basta fazer a leitura no bloco 13, na linha 4 e coluna 0,60. Além disso, $F(5) = P(X \leq 5) = 0{,}098$, pois esse valor consta no corpo da tabela no bloco 13, linha 5 e coluna 0,60. A partir daí, fica fácil calcular o valor de $P(X = 5)$. Observe: $P(X = 5) = F(5) - F(4) = 0{,}098 - 0{,}032 = 0{,}066$ (6,6%)

Vale a pena frisar que há, pelo menos duas desvantagens no uso de tabelas. A primeira delas é o número de casas decimais que, por vezes, é pequeno (no caso anterior, ela só nos ofereceu três casas decimais), e a segunda desvantagem é que a tabela nos fornece apenas alguns valores mais comuns de p , de modo que, eventualmente, podemos procurar um valor que não consta nela.

Exercício Resolvido 2.19

Um processo de manufatura produz 10.000 rebites de aço inoxidável durante um dia. Sabe-se que 8% dos rebites fabricados por esse processo não atendem à especificação de resistência mecânica. Uma amostra aleatória simples de 20 rebites será embalada para envio a um cliente. Um engenheiro de qualidade deseja saber a probabilidade de a encomenda ter exatamente três rebites defeituosos.

a) Obtenha o resultado com uma calculadora;

b) Obtenha o resultado com a ajuda da Tabela de Probabilidades Binomiais Acumuladas.

Sugestão de Solução.

A variável aleatória em jogo é discreta (*v.a.d.*):

$X =$ Número de rebites defeituosos dentro da amostra

Observe que não há reposição, porém a proporção relativa que concerne à amostra é:

$$\frac{n}{N} = \frac{20}{10.000} = \frac{1}{500} \quad \therefore \quad \frac{n}{N} = 0{,}2\% < 5\%$$

n: tamanho da amostra;

N: tamanho da população.

Portanto, a distribuição de probabilidades é do tipo:

i) $n = 20$ ensaios de Bernoulli;

ii) Aproximadamente independentes entre si;

iii) $p = 0{,}08$ para todos os ensaios.

$$\therefore \quad X \sim Bin(20; 0{,}08)$$

a)

Utilizando a função de massa e com a ajuda de uma calculadora, fazemos:

$$P(X = 3) = \binom{20}{3}(0{,}08)^3(0{,}92)^{17}$$

$$P(X = 3) \cong 0{,}1414\ (14{,}14\%)$$

b)

$$X \sim Bin(20; 0{,}08)$$

$$P(X = 3) = P(X \leq 3) - P(X \leq 2) = ?$$

$$P(X = 3) = F(3) - F(2) = ?$$

Fazendo a leitura na tabela:

Figura 2.45 – Leitura da tabela de distribuição binomial cumulativa.

TABELA DA DISTRIBUIÇÃO BINOMIAL CUMULATIVA : $F(x) = P(X \leq x)$					
n	*x*	0,06	0,07	0,08	0,09
20	0				
	1				
	2			0,788 $F(2) = P(X \leq 2)$	
	3			0,929 $F(3) = P(X \leq 3)$	
	4				

Fonte: Os autores (2024).

Portanto,

$$P(X = 3) = F(3) - F(2) \cong 0{,}929 - 0{,}788$$

$$P(X = 3) \cong 0{,}141\ (14{,}1\%)$$

□

■ **COMENTÁRIO:**

Com a tabela, nós chegamos ao mesmo resultado com uma casa decimal a menos de precisão.

Exercício Resolvido 2.20

Três em cada quatro alunos de uma universidade fizeram cursinho antes de prestar vestibular. Se 16 alunos são selecionados ao acaso, qual é a probabilidade de que:

a) Exatamente 12 alunos tenham feito cursinho;

b) Pelo menos 12 tenham feito cursinho;

c) No máximo 13 tenham feito cursinho;

d) Em um grupo de 80 alunos escolhidos ao acaso, qual é o número esperado de alunos que fizeram cursinho? E a variância?

Sugestão de Solução.

a)

Observando o contexto do problema proposto, percebemos que a escolha aleatória de um aluno na perspectiva de ele ter ou não feito cursinho antes de entrar na universidade constitui um ensaio de Bernoulli. Nesse caso,

$E.A. =$ Sorteio de um aluno qualquer da universidade.

$\Omega = \{$Todos os estudantes da universidade$\}$

$E = \{$Todos os alunos que fizeram cursinho antes de entrar na universidade$\}$

$$X = \begin{cases} 0, \text{se o aluno não fez cursinho (insucesso);} \\ 1, \text{se o aluno fez cursinho (sucesso).} \end{cases}$$

Percebemos, ainda, que

i) O experimento aleatório em questão formada por 12 *ensaios de Bernoulli*;

ii) Se a população universitária é muito grande, então a amostra de 16 estudantes certamente representa menos de 5% da população, logo cada um dos ensaios é aproximadamente *independente* dos demais;

iii) Cada ensaio possui a mesma probabilidade de sucesso $p = {}^{3}/_{4} = 0{,}75$, que é constante, pois o processo não é estocástico.

Sendo assim, concluímos que $X \sim Bin(16; 0{,}75)$ e vale a função de massa (função distribuição de probabilidades):

$$P(X = x) = \binom{n}{x} p^{x}(1 - p)^{n-x}$$

$$P(X = 12) = \binom{16}{12}(0{,}75)^{12}(0{,}25)^{16-12}$$

$$P(X = 12) = \frac{16!}{12!\,4!}\left(\frac{3}{4}\right)^{12} . \left(\frac{1}{4}\right)^{4} = \frac{15 * 7 * 13 * 3^{11}}{4^{15}}$$

$$\therefore\ P(X = 12) \cong 0{,}2252\ (22{,}52\%)$$

■ **COMENTÁRIO:**

Na tabela da distribuição binomial acumulada, basta fazer $P(X = 12) = F(12) - F(11)$. No caso de $F(12) = P(X \leq 12)$ basta identificar o valor que consta no corpo da tabela, exatamente no bloco $n = 16$, na linha $x = 12$ e na coluna $p = 0{,}75$. Com $F(11)$, o raciocínio é análogo.

b)

Como foi colocado anteriormente:

i) X representa o número de alunos que fizeram cursinho.

ii) p: probabilidade de um aluno, selecionado ao acaso, ter feito cursinho: $p = 0{,}75$.

iii) $X \sim Bin(16; 0{,}75)$ ou seja, a variável aleatória X tem distribuição binomial com parâmetros n = 16 e p = 0,75.

$$p(x) = P(X = x) = \binom{n}{x} p^x (1-p)^{n-x}, x = 0; 1; \ldots; n$$

x: número de alunos que fizeram cursinho dentro do grupo considerado;
n: número total de alunos selecionados, que compõem o grupo;
p: proporção de alunos que fizeram cursinho, dentro do grupo (probabilidade de cada sucesso).

Assim, a probabilidade de que pelo menos 12 tenham feito cursinho é dada por:

$$\text{P}(\text{X} \geq 12) = \text{P}(\text{X} = 12) + \text{P}(\text{X} = 13) + \text{P}(\text{X} = 14) + \text{P}(\text{X} = 15) + \text{P}(\text{X} = 16)$$

$$\text{P}(\text{X} \geq 12) = 0{,}2252 + 0{,}2079 + 0{,}1336 + \cdots + 0{,}0535 + 0{,}0100 = 0{,}6302\ (63{,}02\%)$$

■ **COMENTÁRIO:**

Utilizando a tabela, partimos do $(\boldsymbol{d_1})$ para fazer $P(X \geq 12) = 1 - P(X < 12)$, que nos permite fazer $P(X \geq 12) = 1 - P(X \leq 11)$, ou seja, $P(X \geq 12) = 1 - F(11)$.

c)

i) Utilizando a função de distribuição apresentada no item (a) temos,

$$P(X \leq 13) = P(X = 0) + P(X = 1) + \cdots + P(X = 13)$$

$$P(X \leq 13) = 0{,}0000 + \cdots + 0{,}2079 = 0{,}8029$$

ou

ii) Pelo $(\boldsymbol{d_1})$:

$$P(X \leq 13) = 1 - P(X \geq 14)$$

$$P(X \leq 13) = 1 - [P(X = 14) + P(X = 15) + P(X = 16)]$$

$$P(X \leq 13) \cong 0{,}8029$$

ou

iii) Pela Tabela de Probabilidades Acumuladas:

$$P(X \leq 13) = F(13)$$

d)

Y: número de alunos que fizeram cursinho entre os 80 selecionados

$Y \sim Bin(80; 0{,}75)$

O número esperado de alunos que fizeram cursinho é dado por:

$\mu = \mathbb{E}(X) = np = 80.0{,}75 = 60$ alunos (que fizeram cursinho).

A variância probabilística é dada por:

$\sigma_X^2 = \mathbb{V}(X) = np(1 - p) = 15$ alunos^2.

□

DESAFIO 2.4

Dentro do contexto do problema anterior, qual o número de alunos que devemos selecionar para formar um grupo onde a probabilidade de encontrar 10 estudantes que fizeram cursinho é de aproximadamente 95%? Descreva as dificuldades matemáticas que esse problema oferece e explique a forma de contorná-las.

2.11.4 Distribuição de Poisson

Outra situação particular em que surgem sérias dificuldades nos cálculos envolvendo a distribuição binomial é o caso dos chamados eventos raros, situações que envolvem um número muito grande de "tentativas", ou seja, de ensaios de Bernoulli, e uma probabilidade de sucesso muito baixa. Nesses casos, vale mais a pena construir um modelo aproximado e cujos cálculos nos conduzem a resultados satisfatórios.

A literatura normalmente descreve a distribuição de Poisson como uma distribuição de probabilidade discreta que expressa a probabilidade de um número de eventos ocorrer em um intervalo fixo de tempo ou de espaço, dado que esses eventos ocorrem com uma taxa média conhecida e independente do tempo desde o último evento.

Na prática, o fato de a distribuição em jogo aderir a uma distribuição binomial com n grande e p pequeno é suficiente para caracterizar a viabilidade do modelo de Poisson, todavia, existem algumas condições que facilitam a sua identificação:

1. A variável aleatória X representa o número de vezes que um evento ocorre em um determinado intervalo de tempo, área, volume etc. Deseja-se calcular a probabilidade de tal evento aleatório ocorrer para um valor específico $p(x) = P(X = x)$;

2. A probabilidade de o evento ocorrer é a mesma para cada intervalo considerado;

3. O número de ocorrências em um intervalo de tempo/espaço é independente do outro.

Como já foi posto anteriormente, por simplicidade, representaremos as funções de massa com P maiúsculo, como segue:

DEFINIÇÃO 2.27: Sempre que uma v.a. X segue uma distribuição binomial com n muito grande e p pequeno, ela pode ser aproximada a uma distribuição de Poisson com parâmetro $\lambda = np$, ou seja, $X \sim Po(\lambda)$:

$$p(x) = P(X = x) = \begin{cases} e^{-\lambda}\dfrac{\lambda^x}{x!} & , x = 0,1,\dots,n; \\ 0 & , \text{caso contrário.} \end{cases} \qquad (2.20)$$

□

Observe a seguinte aproximação:

TEOREMA 2.7: Seja uma v.a. X distribuída segundo a regra binomial, $X \sim Bin(n;p)$:

$$P(X=x)=\binom{n}{x}p^x(1-p)^{n-x}$$

Ou seja,

$$P(X=x)=\frac{n!}{x!\,(n-x)!}p^x(1-p)^{n-x}$$

Manipulando as variáveis:

$$P(X=x)=\frac{n!}{x!\,(n-x)!}p^x\frac{n^x}{n^x}(1-\frac{np}{n})^{n-x}$$

Ou ainda,

$$P(X=x)=\frac{(np)^x}{x!}\frac{n!}{n^x(n-x)!}(1-\frac{np}{n})^n(1-\frac{np}{n})^{-x}$$

Admitindo o parâmetro único $\lambda = np$ como a taxa média (ou frequência média) de ocorrência do evento favorável nos n ensaios realizados:

$$P(X=x)=\frac{\lambda^x}{x!}\frac{n!}{n^x(n-x)!}(1-\frac{\lambda}{n})^n(1-\frac{\lambda}{n})^{-x}$$

Dizemos que se $n \to +\infty$ e p suficientemente pequeno, então $P_{Bin} \to P_{Po}$:

$$\lim_{n\to+\infty} P(X=x)=\lim_{n\to+\infty}\frac{\lambda^x}{x!}\frac{n!}{n^x(n-x)!}(1-\frac{\lambda}{n})^n(1-\frac{\lambda}{n})^{-x}$$

$$\lim_{n\to+\infty} P(X=x)=\frac{\lambda^x}{x!}\lim_{n\to+\infty}\frac{n!}{n^x(n-x)!}\lim_{n\to+\infty}(1-\frac{\lambda}{n})^n\lim_{n\to+\infty}(1-\frac{\lambda}{n})^{-x}$$

Neste caso, o limite do primeiro membro, que é limite da distribuição binomial, é de fato, a probabilidade da distribuição de Poisson, já os três limites da direita, são os seguintes:

i) $\lim_{n\to+\infty}\frac{n!}{n^x(n-x)!}=\lim_{n\to+\infty}\frac{n(n-1)...(n-x+1)}{n.n....n}=1$

ii) $\lim_{n\to+\infty}(1-\frac{\lambda}{n})^n=e^{-\lambda}$

iii) $\lim_{n\to+\infty}(1-\frac{\lambda}{n})^{-x}=1$

E, portanto,

$$P(X = x) \cong e^{-\lambda}\frac{\lambda^x}{x!}, \qquad \lambda = np \tag{2.21}$$

Diz-se, então, que a v.a. X segue a distribuição de Poisson de parâmetro λ : $X \sim Po(\lambda)$.

c.q.d.

■ **COMENTÁRIO:** Uma ressalva importante a ser feita acerca da demonstração anterior é que ela considera $x \lll n$, de modo que a aproximação será tanto melhor quanto for menor o valor desejado de x. Veja o limite i). Suponha hipoteticamente que $x \cong 1\%.n$. Nesse caso, o limite i) dará um valor menor que 1 e, por conseguinte, a aproximação de Poisson irá superar significativamente o valor binomial de referência. Prove essa afirmação!

DESAFIO 2.5

Averigue, no caso particular acima proposto, o que acontecerá com o limite iii).

Observe o exemplo seguinte adaptado de Navidi (2012). Nele, nós nos deparamos com números superlativos e difíceis de calcular mesmo com uma calculadora científica. Utilizando a distribuição de Poisson, as contas diminuem bastante e o resultado é satisfatoriamente preciso:

Exercício Resolvido 2.21

Uma amostra de material radioativo contém 10.000 átomos instáveis. A probabilidade de um átomo decair em 1 minuto é de 0,0002. Qual é a probabilidade de exatamente 3 átomos descaírem em 1 minuto?

Sugestão de Solução.

PRIMEIRA SOLUÇÃO

Seja a v.a. X que conta o número de decaimentos radioativos da amostra no intervalo de tempo de 1 minuto. Admitindo o estado de cada átomo como um ensaio de Bernoulli com probabilidade de decaimento constante, então $X \sim Bin(10.000; 0{,}0002)$:

$$P(X = x) = \binom{n}{x} p^x (1-p)^{n-x}$$

$$P(X = 3) = \binom{10000}{3} 0{,}0002^3 (0{,}9998)^{9997}$$

$$P(X = 3) = \frac{10.000!}{3!\,9997!} 0{,}0002^3 (0{,}9998)^{9997}$$

$$P(X = 3) \cong \mathbf{0{,}18047} \text{ (Referência)}$$

SEGUNDA SOLUÇÃO

Considerando que $n = 10.000$ é um valor bastante alto, que $p = 0{,}0002$ é um valor pequeno, e que o valor de $x = 3$ também não é elevado, concluímos que essa distribuição binomial fica bem aproximada por uma distribuição de Poisson de parâmetro $\lambda = np = 2$, ou seja, $X \sim Po(\lambda)$:

$$P(X = x) \cong e^{-\lambda} \frac{\lambda^x}{x!}$$

$$P(X = 3) \cong e^{-2} \frac{2^3}{3!} = \frac{8}{6e^2}$$

$$P(X = 3) \cong \mathbf{0{,}18045} \text{ (Aproximação)}$$

Perceba que a diferença aconteceu somente na **quinta casa decimal**. Na prática, um erro de apenas

$$\varepsilon_{\%} = \frac{A - R}{R} \times 100\% \tag{2.22}$$

A: Valor aproximado;

R: Valor de referência.

$\varepsilon_{\%}$: Erro percentual da aproximação (feita).

$$\varepsilon_{\%} = \frac{\mathbf{0{,}18045} - \mathbf{0{,}18047}}{\mathbf{0{,}18047}} \times 100\% \cong -0{,}01\%$$

□

▪ COMENTÁRIO:

Vamos agora, resolver o mesmo problema anterior, só que com $x = 100$:

i) Utilizando a distribuição Binomial:

$$P(X = x) = \binom{n}{x} p^x (1-p)^{n-x}$$

$$P(X = 100) = \binom{10000}{100} 0{,}0002^{100}(0{,}9998)^{9900}$$

$$P(X = 100) \cong 1,\mathbf{1}411.10^{-129} \text{ (Referência)}$$

ii) Utilizando a distribuição de Poisson: $\lambda = np = 2$

$$P(X = x) \cong e^{-\lambda}\frac{\lambda^x}{x!}$$

$$P(X = 100) \cong e^{-2}\frac{2^{100}}{100!}$$

$$P(X = 100) \cong 1,\mathbf{8}383.10^{-129}\text{(Aproximação)}$$

iii) Comparando os resultados:

$$\varepsilon_{\%} = \frac{1{,}8383 - 1{,}1411}{1{,}1411} \times 100\% \cong +61{,}10\%$$

A diferença, agora, está na **primeira casa decimal** e supera a marca de 61%.

2.12 Distribuições contínuas de probabilidades

Por vezes, lidamos com variáveis aleatórias contínuas, ou seja, variáveis cujos valores pertencem ao corpo dos números reais, variáveis que precisamos medir como tempo, massa, comprimento, área, volume etc. Nesses casos o histograma de probabilidades e o gráfico de bastões degeneram em uma curva contínua. Nesses casos, costumamos plotar uma curva chamada função densidade de probabilidade, de modo que a área debaixo dela corresponde à probabilidade intervalar, ou seja, à probabilidade de a variável aleatória assumir algum dos valores do intervalo de interesse. Nas distribuições de *v.a.c.s* não faz mais sentido falar em *probabilidades pontuais*, algo como $P(X = 10)$, mas sim em *probabilidades intervalares*, como, por exemplo, $P(9 < X < 11)$ ou então $P(8 < X < 12)$. Isso acontece porque, a rigor, a área debaixo de um ponto, no gráfico da *f.d.p.*, é sempre nula.

Seja o gráfico de bastões com grande apinhamento, ou seja, com bastões muito próximos:

Figura 2.46 – Bastões apinhados.

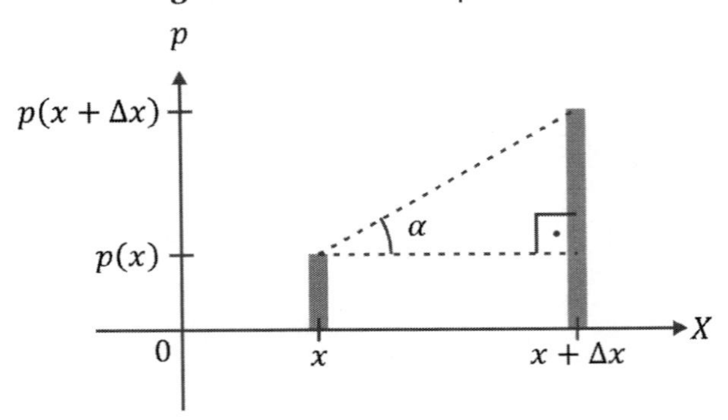

Fonte: Os autores (2024).

Definamos uma função $f^*(x)$ que dá a inclinação relativa dos bastões e uma função $f(x)$ que dá o seu limite:

$$f^*(x) = tg(\alpha),$$

$$\lim_{\Delta x \to 0} f^*(x) = \lim_{\Delta x \to 0} \frac{p(x+\Delta x) - p(x)}{\Delta x}$$

$$f(x) = \frac{dp}{dx} \text{ para } p = p(x) \text{ contínua.}$$

Se $dp = f(x)dx$, então valerá

$$p(x) = \int f(x)dx \quad \text{(uma função real de variável real)}$$

e, portanto,

$$P(a \leq X \leq b) = \int_a^b f(x)dx = F(b) - F(a) \quad \text{(um número real)}$$

f = função densidade de probabilidade de X (*f.d.p.* ou *p.d.f.*);
F = função cumulativa de probabilidades de X (*c.d.f.*);
p = função de massa (de probabilidade) de X ou função distribuição de probabilidades de X (*p.m.f.*);
P = probabilidade intervalar ou probabilidade de uma distribuição contínua.

DEFINIÇÃO 2.28: Uma variável aleatória X contínua em $[a, b] \subset \mathbb{R}$ admite f como uma função densidade de probabilidade (*f.d.p.*) se acontecer:
(i) $f(x) \geq 0 \;\; se \; x \; \in [a, b]$;
(ii) $\int_{-\infty}^{+\infty} f(x)dx = 1$.

Figura 2.47 – Função densidade de probabilidade (*f.d.p.*).

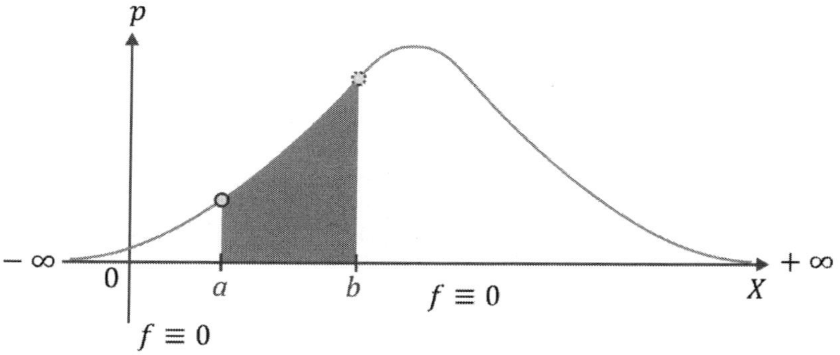

Fonte: Os autores (2024).

No inglês, tal função é chamada de "*probability density function*" (*p.d.f.*).

DEFINIÇÃO 2.28: Seja X uma *v.a.c.* com densidade de probabilidade $f(x)$, então a função distribuição cumulativa de probabilidade de X é a função:

$$F(x) = P(X \leq x) = \int_{-\infty}^{x} f(t)dt$$

Figura 2.48 – Probabilidades acumuladas.

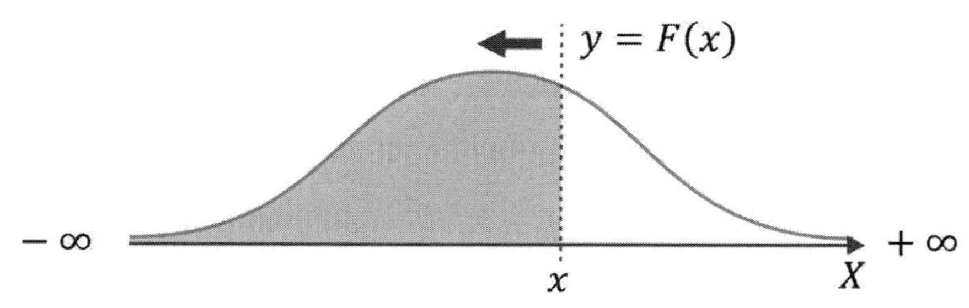

Fonte: Os autores (2024).

De um modo geral, para $a < b$:

$$(i) P(a \leq X \leq b) = P(a \leq X < b) = P(a < X \leq b) = P(a < X < b) = \int_{a}^{b} f(x)dx$$

Isso acontece porque a área delimitada por um segmento de reta é nula, de modo que, bola aberta ou bola fechada não influenciarão o resultado. Imagine um quadrado de lado 3 cm . A sua área será 9 cm^2. Se excluirmos três de seus lados, retirando apenas os segmentos e preservando dois dos vértices consecutivos, a área permanecerá inalterada: 9 cm^2:

Figura 2.49 – Um quadrado com segmentos excluídos.

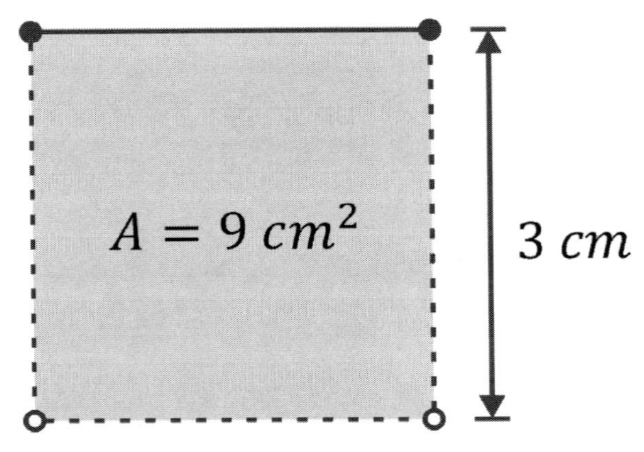

Fonte: Os autores (2024).

(ii) $P(X \leq b) = P(X < b) = \int_{-\infty}^{b} f(x)dx$

(iii) $P(X \geq a) = P(X > a) = \int_{a}^{+\infty} f(x)dx$

Figura 2.50 – A inclusão ou exclusão de um ponto extremo é irrelevante no cálculo da probabilidade em distribuições contínuas.

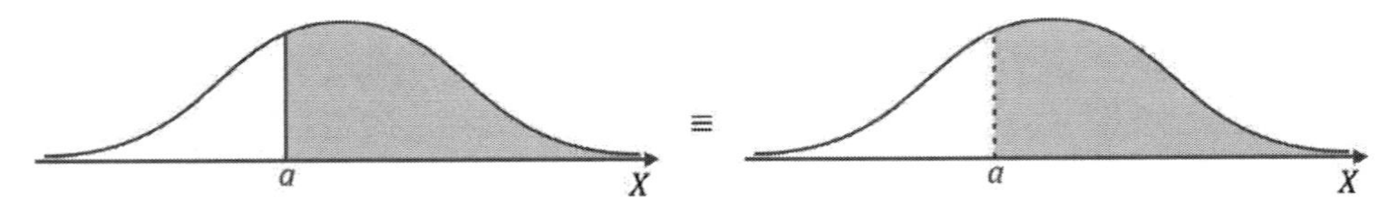

Fonte: Os autores (2024).

2.12.1 Média para variáveis aleatórias contínuas (esperança matemática)

Das variáveis aleatórias discretas sabemos que

$$\mathbb{E}(X) = \sum_{x} x_i P(X = x_i)$$

Adaptando para o mundo contínuo onde $dp = f(x)dx$ temos:

$$\mathbb{E}(X) = \int_{-\infty}^{+\infty} xf(x)dx\,, \qquad X \text{ é uma } v.a.c. \tag{2.23}$$

Observe que, no caso de uma função identicamente nula na extrema esquerda e na extrema direita, a integral imprópria degenera em uma integral simples definida:

Figura 2.51 – A integral imprópria pode degenerar em uma integral simples.

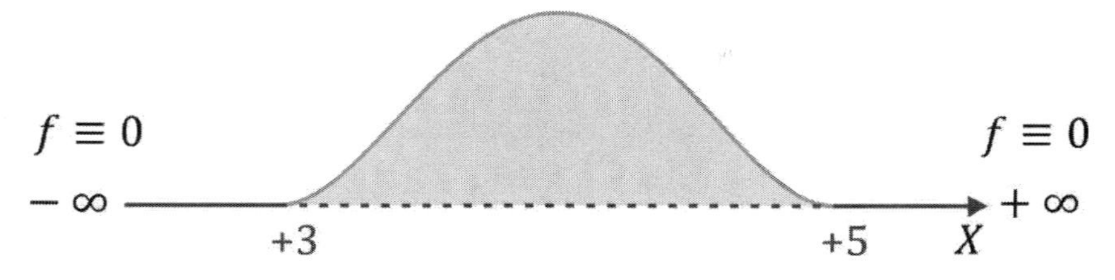

Fonte: Os autores (2024).

$$\int_{-\infty}^{+\infty} xf(x)dx = \int_{3}^{5} xf(x)dx$$

2.12.2 Variâncias de distribuições contínuas de probabilidades

Do caso discreto:
$$\mathbb{V}(X) = \sum_{x} [X - \mathbb{E}(X)]^2 . P(X = x)$$

No caso contínuo, com $dp = f(x)dx$:

$$\mathbb{V}(X) = \int_{-\infty}^{+\infty} [X - \mathbb{E}(X)]^2 f(x)dx, \qquad X \text{ é uma } v.a.c.$$

Identicamente, se $\mathbb{V}(X) = \sum_x {x_i}^2 P(X = x_i) - \mathbb{E}^2(X)$:

Então,
$$\mathbb{V}(X) = \int_{-\infty}^{+\infty} x^2 f(x)dx - \mathbb{E}^2(X) \text{ (Fórmula desenvolvida)} \qquad (2.24)$$

Ou seja,
$$\mathbb{V}(X) = \mathbb{E}(X^2) - \mathbb{E}^2(X) \qquad (2.12)$$

□

Exercício Resolvido 2.22
Seja a situação hipotética em que certo estudante utilizou o método experimental para calcular a função densidade de probabilidades de um fóton oriundo de um laser atravessar uma certa fenda e encontrou a função que consta logo abaixo. As medidas estão em (μm). Responda às questões que seguem:

$$f(x) = \begin{cases} 0 \text{ , se } x \leq 1; \\ -\dfrac{2}{9}(x^2 - 5x + 4) \text{ , se } 1 < x < 4; \\ 0 \text{ , se } x \geq 4. \end{cases}$$

Figura 2.52 – Função densidade de probabilidade (*f.d.p.*) do fóton.

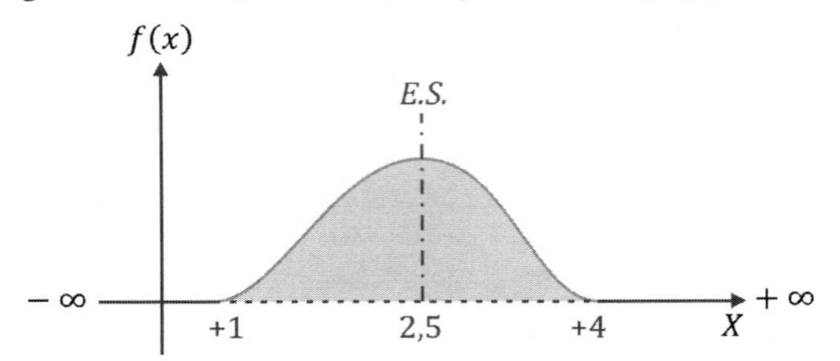

Fonte: Os autores (2024).

Figura 2.53 – Movimento do fóton, sujeito a colisões com as moléculas do ar e sujeito a um erro de paralaxe do laser suficientemente pequeno.

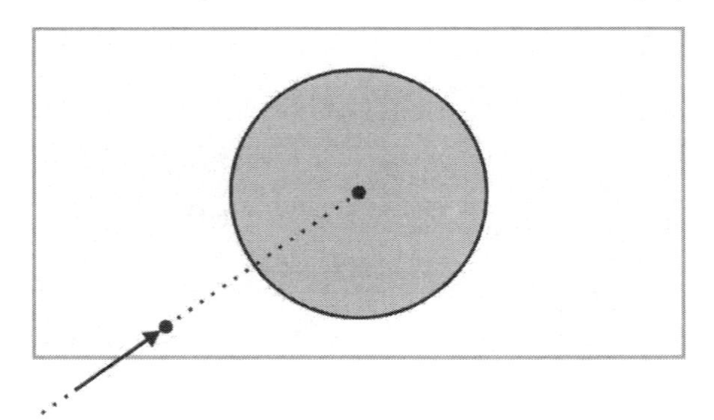

Fonte: Os autores (2024).

a) Mostre se a função acima representa ou não uma função densidade de probabilidade;

b) Calcule a esperança da variável aleatória X e interprete-a;

c) Calcule a variância probabilística de X;

d) Encontre $P(X \geq 2)$. Como expressar essa quantidade em termos de função cumulativa de probabilidades?

Sugestão de Solução.

a)

$$f.d.p.: \ (i) \ f \geq 0 \ e \ (ii) \int_{-\infty}^{+\infty} f(x)dx = 1$$

No caso, provaremos primeiro que a função proposta é não negativa e, em seguida, que a integral imprópria degenera em uma integral simples de valor unitário:

(i) $1 < x < 4$: $x > 1$ e $x < 4$

(ii) $x - 1 > 0$ e $x - 4 < 0$: $(x-1) \times (x-4) < 0 \rightarrow x^2 - 5x + 4 < 0$

$$x^2 - 5x + 4 < 0 \therefore -\frac{2}{9}(x^2 - 5x + 4 < 0) > 0, x \in [1{,}4] \ \therefore \ f(x) \geq 0, \forall x \in R$$

$$\text{(iii)} \int_{-\infty}^{+\infty} -\frac{2}{9}(x^2 - 5x + 4).dx = -\frac{2}{9}\int_{1}^{4}(x^2 - 5x + 4).dx$$

$$\int_{-\infty}^{+\infty} -\frac{2}{9}(x^2 - 5x + 4).dx = -\frac{2}{9}\left(\frac{x^3}{3} - \frac{5x^2}{2} + 4x\right)\Big|_1^4 = 1$$

$$\therefore \ f(x) \text{ é uma } f.d.p.$$

■ **COMENTÁRIO:**

Relembrando o Cálculo Integral:

$$\int_a^b x^n.dx = \left[\frac{x^{n+1}}{n+1}\right]\Big|_a^b = \frac{b^{n+1}}{n+1} - \frac{a^{n+1}}{n+1}$$

b)

Pela definição de esperança matemática:

$$\mathbb{E}(X) = \int_{-\infty}^{+\infty} xf(x)dx$$

$$\mathbb{E}(X) = \int_1^4 x\left(-\frac{2}{9}\right)(x^2 - 5x + 4)dx = -\frac{2}{9}\int_1^4 x(x^2 - 5x + 4)dx$$

$$\mathbb{E}(X) = -\frac{2}{9}\int_1^4 (x^3 - 5x^2 + 4x)dx$$

$$\mathbb{E}(X) = -\frac{2}{9}\left[\frac{x^4}{4} - \frac{5x^3}{3} + \frac{4x^2}{2}\right]\Big|_1^4 = -\frac{2}{9}\left(\frac{255}{4} - \frac{315}{3} + \frac{60}{2}\right)$$

$$\mathbb{E}(X) = -\frac{2}{9}(63{,}75 - 105 + 30) = \frac{5}{2} \quad \therefore \quad \mathbb{E}(X) = +2{,}50\ \mu m$$

c)

Identicamente, pela definição de variância probabilística:

$$\mathbb{V}(X) = \int_{-\infty}^{+\infty} x^2.f(x).dx - \mathbb{E}^2(X)$$

$$\mathbb{V}(X) = \int_{1}^{4} x^2.\left(-\frac{2}{9}\right).(x^2 - 5x + 4).dx - (2{,}5)^2$$

$$\mathbb{V}(X) = -\frac{2}{9}\int_{1}^{4} x^2(x^2 - 5x + 4)dx - 6{,}25$$

$$\mathbb{V}(X) = -\frac{2}{9}\int_{1}^{4} (x^4 - 5x^3 + 4x^2)dx - 6{,}25$$

$$\mathbb{V}(X) \cong -\frac{2}{9}(-29{,}866667 - 0{,}283333) - 6{,}25$$

$$\therefore \quad \mathbb{V}(X) \cong +0{,}45\ \mu m$$

■ **COMENTÁRIO:**

O desvio padrão probabilístico será:

$$\mathbb{D}(X) = \sqrt{\mathbb{V}(X)} = \sqrt{0{,}45} \quad \therefore \quad \mathbb{D}(X) \cong +0{,}67\ \mu m$$

d)

Seja a função anticumulativa de probabilidades:

$$G(2) = P(X > 2) = P(X \geq 2) = \int_{2}^{+\infty} f(t)dt$$

$$G(2) = P(X \geq 2) = \int_{2}^{+\infty} -\frac{2}{9}(t^2 - 5t + 4)dt$$

$$G(2) = P(X \geq 2) = -\frac{2}{9}\left[\frac{t^3}{3} - \frac{5t^2}{2} + 4t\right]\Big|_2^4$$

$$G(2) = P(X \geq 2) \cong -\frac{2}{9}(-2{,}666667 - 0{,}666667)$$

$$G(2) = P(X \geq 2) \cong 0{,}7407 \quad (74{,}07\%)$$

■ **COMENTÁRIO:**

Relembrando a construção de gráficos que incluem funções quadráticas:

$$y = -\frac{2}{9}(x^2 - 5x + 4), \qquad D =]1; 4[$$

1º) concavidade: $A = -\frac{2}{9} < 0 \therefore$

2º) Raízes:

$$\left(-\frac{2}{9}\right).(x^2 - 5x + 4) = 0 \rightarrow x^2 - 5x + 4 = 0$$

$$(x - 1).(x - 4) = 0 \therefore x_1 = 1 \ e \ x_2 = 4$$

3º) Vértice:

$$V(x_V; y_V) = V\left(-\frac{b}{2a}; -\frac{\Delta}{4a}\right)$$

$$a = -\frac{2}{9}; b = \frac{10}{9}; c = -\frac{8}{9}$$

4º) Gráfico:

Figura 2.54 – Função densidade de probabilidades referente às posições por onde o fóton pode passar ao longo da placa.

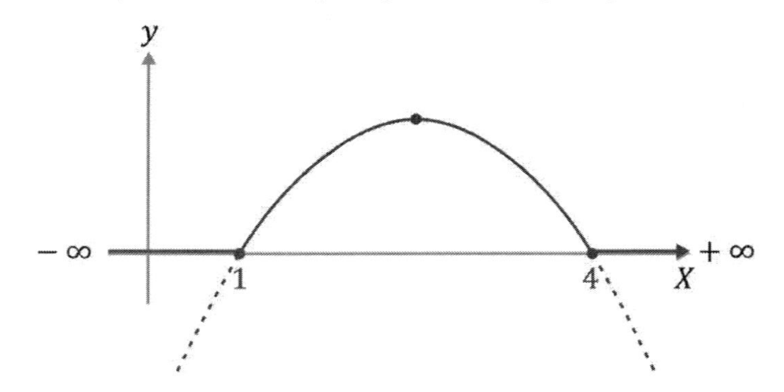

Fonte: Os autores (2024).

□

2.13 Principais distribuições contínuas de probabilidades

Existe um número muito grande de curvas de *f.d.p.s* recorrentes na natureza. Separamos aqui três modalidades úteis e que costumam ser cobradas em concursos públicos: a distribuição uniforme, a distribuição exponencial e a distribuição normal de Gauss.

2.13.1 Distribuição Uniforme

A distribuição contínua mais simples que existe é a distribuição uniforme. Ela se mostra útil especialmente em simulações computacionais.

DEFINIÇÃO 2.29: Se $X \sim U(a;b)$, então a sua função densidade de probabilidade (*f.d.p.*) é dada por:

$$f(x) = \begin{cases} \dfrac{1}{b-a}, & a < x < b; \\ 0, & \text{caso contrário.} \end{cases}$$

Dizemos, nesse caso, que X está uniformemente distribuída no intervalo $(a;b)$.

Nesse caso, pelas fórmulas (2.23) e (2.24) , valerá:

$$\mathbb{E}(X) = \frac{a+b}{2} \tag{2.25}$$

$$\mathbb{V}(X) = \frac{(b-a)^2}{12} \tag{2.26}$$

O gráfico da sua *f.d.p.* será

Figura 2.55 – Função densidade de probabilidade da distribuição uniforme.

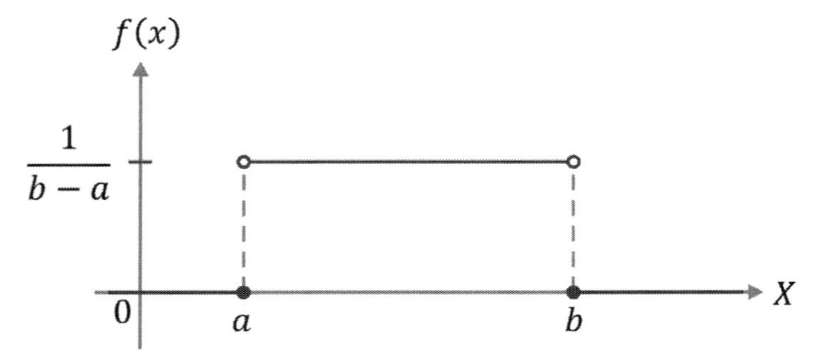

Fonte: Os autores (2024).

Função distribuição acumulada da distribuição uniforme

Podemos mostrar facilmente que a *f.d.a.* será dada por

$$F(x) = \begin{cases} 0, & \text{se } x \leq a \\ \dfrac{x-a}{b-a}, & \text{se } a < x < b; \\ 1, & \text{se } x \geq b. \end{cases}$$

Nesse caso, posicionamos as igualdades coerentemente com a definição da *f.d.p.*

□

Exercício Resolvido 2.23

Alfredo é aluno do curso de engenharia e toma o ônibus para a faculdade todos os dias pela manhã. O ônibus sempre passa no ponto de parada entre as 6:05 horas e as 6:25 da manhã indistintamente, ou seja, não há motivos que favoreçam a passagem mais cedo ou mais tarde. Certo dia, Alfredo chegou ao ponto de ônibus precisamente às 6:18 horas.

a) Qual a probabilidade de ele ainda conseguir tomar a condução?

b) Qual a função de distribuição acumulada?

c) Calcule o valor esperado da *v.a.c.*;

d) Calcule a variância da *v.a.c.*

Sugestão de Solução.

a)

Consideremos a seguinte *v.a.c.*:

$X =$ instante em que o ônibus passa pela parada onde Alfredo espera;

Perceba que X sempre assumirá um valor real dentro do intervalo $[5; 25]$ minutos para além das 6:00 da manhã, ou seja, $X \in [5; 25]$ minutos.

Desejamos calcular o valor de $P(X > 18) = ?$

Admitimos que $X \sim U(5; 25)$ e, então $a = 5$ e $b = 25$ e a *f.d.p.* será

$$f(x) = \begin{cases} \dfrac{1}{b-a}, & a < x < b; \\ 0, & \text{caso contrário.} \end{cases}$$

$$f(x) = \begin{cases} \dfrac{1}{20}, & 5 < x < 25 \quad ; \\ 0, & \text{caso contrário.} \end{cases}$$

Deste modo, fazemos

$$P(X > 18) = P(18 < X < 25) = \int_{18}^{25} \frac{1}{20} dx = \frac{x}{20} |_{18}^{25}$$

$$P(X > 18) = \frac{25}{20} - \frac{18}{20} = \frac{7}{20} = 0{,}35 \ (35\%)$$

Graficamente:

Figura 2.56 – Função densidade de probabilidade do ER 2.23.

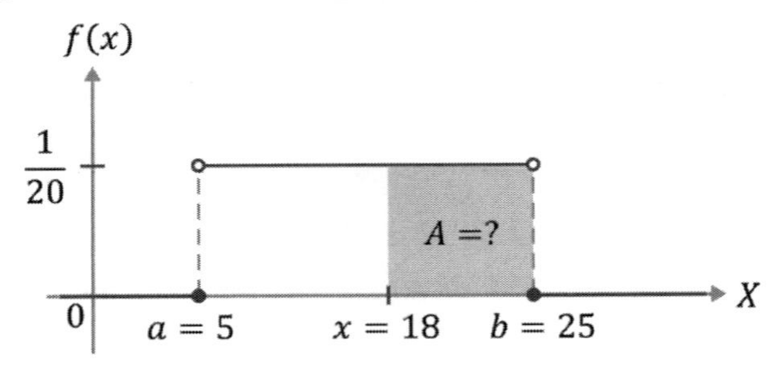

Fonte: Os autores (2024).

b)

Sabemos que

$$F(x) = \begin{cases} 0, & \text{se } x \leq a \\ \dfrac{x-a}{b-a}, & \text{se } a < x < b; \\ 1, & \text{se } x \geq b. \end{cases}$$

Então vale

$$F(x) = \begin{cases} 0, & \text{se } x \leq 5 \\ \dfrac{x-5}{20}, & \text{se } 5 < x < 25; \\ 1, & \text{se } x \geq 25. \end{cases}$$

Nesse caso, poderíamos chegar no mesmo resultado simplesmente fazendo

$$P(X > 18) = 1 - P(X \leq 18) = 1 - F(18)$$

Mas como $5 < 18 \leq 25$, então

$$P(X > 18) = 1 - \frac{18-5}{20} = 1 - \frac{13}{20} = 1 - 0{,}65$$

$$P(X > 18) = 0{,}35\ (35\%)$$

O gráfico de $F(x)$ é o seguinte:

Figura 2.57 – Função distribuição acumulada do ER 2.23.

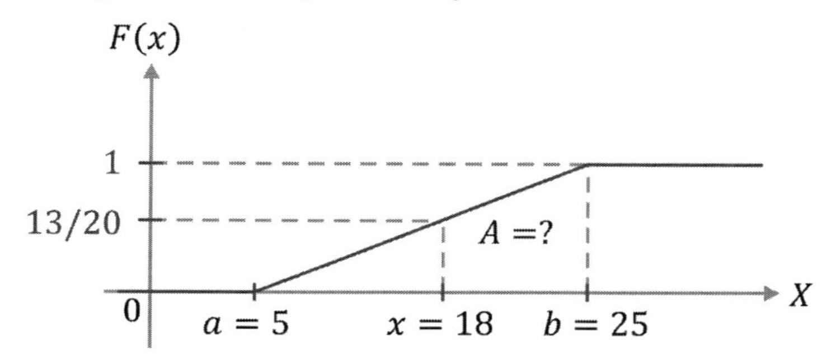

Fonte: Os autores (2024).

c)

O valor esperado será dado por

$$\mathbb{E}(X) = \frac{a+b}{2} = \frac{5+25}{2}$$

$$\mathbb{E}(X) = 15 \text{ minutos (após as 6:00 horas)}$$

d)

A variância probabilística será

$$\mathbb{V}(X) = \frac{(b-a)^2}{12} = \frac{(25-5)^2}{12} = \frac{400}{12}$$

$$\mathbb{V}(X) = 33{,}33\ (\text{minutos})^2.$$

□

2.13.2 Distribuição Exponencial

Outra distribuição relevante e frequente em trabalhos acadêmicos é a distribuição exponencial. Dentro da indústria, ela costuma ser utilizada quando se trata de confiabilidade de sistemas, porém ela possui diversas outras aplicações práticas como, por exemplo, na modelagem de redes sociais de internet.

DEFINIÇÃO 2.30: Se $X \sim Exp(\lambda)$, então a sua função densidade de probabilidade (*f.d.p.*) é dada por:

$$f(x) = \begin{cases} \lambda e^{-\lambda x}, & x \geq 0; \\ 0, & x < 0. \end{cases}$$

Considerando as fórmulas (2.23) e (2.24), a esperança e a variância de tal distribuição serão dadas por:

$$\mathbb{E}(X) = \frac{1}{\lambda} \tag{2.27}$$

$$\mathbb{V}(X) = \left(\frac{1}{\lambda}\right)^2 \tag{2.28}$$

O gráfico da sua *f.d.p.* será do tipo

Figura 2.58 – Função densidade de probabilidade da distribuição exponencial.

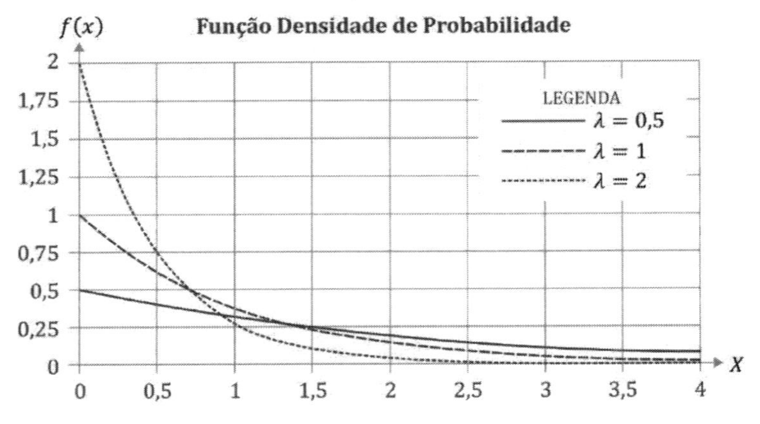

Fonte: Os autores (2024).

É muito comum nos depararmos com distribuições discretas que admitem um ajuste exponencial, como por exemplo, no caso dos estudos que envolvem influenciadores digitais e seus seguidores. Observe, na figura, como o ajuste nos leva a uma margem de erro razoavelmente pequena:

Figura 2.59 – Confronto entre uma distribuição discreta e o seu ajuste exponencial.

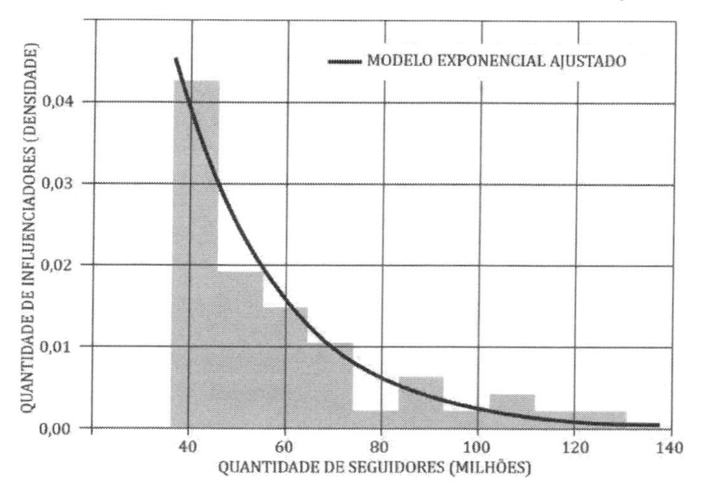

Fonte: Os autores (2024).

Função de distribuição cumulativa

TEOREMA 2.8: Seja X uma *v.a.c.* do tipo $X \sim Exp(\lambda)$. Então a função distribuição acumulada de probabilidades (*f.d.a.*) será dada por

$$F(x) = P(X \leq x) = \begin{cases} 1 - e^{-\lambda x}, & x \geq 0; \\ 0, & x < 0. \end{cases} \quad (2.29)$$

Demonstração:

Sabemos que, se $X \sim Exp(\lambda)$, então, para $t \in \mathbb{R}$, a distribuição exponencial atende à regra:

$$f(t) = \begin{cases} \lambda e^{-\lambda t}, & t \geq 0; \\ 0, & t < 0. \end{cases}$$

Dentro do regime exponencial, a probabilidade acumulada será dada por

$$F(x) = P(X \leq x) = \int_{-\infty}^{x} f(t)dt$$

$$\therefore \quad F(x) = P(X \leq x)$$
$$= \begin{cases} 1 - e^{-\lambda x}, & x \geq 0; \\ 0, & x < 0. \end{cases}$$

c.q.d.

Propriedade da Falta de Memória

Suponha que a vida útil de uma lâmpada segue uma distribuição exponencial de probabilidades. Imagine que se calculou a probabilidade de ela durar mais que 15 meses e após transcorridos 10 meses de bom funcionamento, a pergunta foi refeita, da seguinte maneira: "qual a probabilidade de a lâmpada durar mais que 5 meses?" A questão é a seguinte: essa nova probabilidade será maior ou menor que a probabilidade calculada inicialmente?

A primeira impressão que temos é que seria necessário o cálculo de uma probabilidade condicional e o seu resultado seria uma probabilidade menor que a inicial, todavia, prova-se que distribuições de probabilidade exponenciais não têm memória, de modo que o tempo transcorrido entre as observações não irá alterar o modo de calcular a probabilidade, que continuará o mesmo. Ou seja, para obter a resposta, basta utilizar diretamente a função de massa:

$$f(t) = \frac{\lambda}{e^{\lambda t}}, \qquad t_2 < t_1 \Rightarrow f(t_2) > f(t_1)$$

e a probabilidade irá aumentar.

TEOREMA 2.9: (Teorema da Ausência de Memória) Seja uma *v.a.* X distribuída segundo a regra exponencial $X \sim Exp(\lambda)$, então $P(X > x + a | X > a) = P(X > x), \ \forall x, a \geq 0$.

Demonstração:

Partimos da definição de probabilidade condicional:

$$P(X > x + a | X > a) = \frac{P[(X > x + a) \cap (X > a)]}{P(X > a)}$$

Mas como

$$(X > x + a) \subset (X > a) \Rightarrow P[(X > x + a) \cap (X > a)] = P(X > x + a)$$

Então,

$$P(X > x + a | X > a) = \frac{P(X > x + a)}{P(X > a)} = \frac{e^{-\lambda(x+a)}}{e^{-\lambda a}}$$

$$P(X > x + a | X > a) = \frac{e^{-\lambda x} . e^{-\lambda a}}{e^{-\lambda a}} = e^{-\lambda x}$$

$$P(X > x + a | X > a) = P(X > x)$$

c.q.d.

Exercício Resolvido 2.24

A duração de vida de uma lâmpada segue uma distribuição exponencial com média igual a 10 meses.

a) Qual é a probabilidade de que a lâmpada dure mais do que 15 meses?

b) Se transcorreram 10 meses, e ela ainda permanece funcionando normalmente, qual é a probabilidade de que ela dure mais 5 meses?

Sugestão de Solução.

a)

Adotaremos como variável aleatória contínua:

$X =$ tempo total de vida útil da lâmpada;

De acordo com o enunciado, $X \sim Exp(\lambda)$. E como $\mathbb{E}(X) = 10$ meses, segue que

$$\mathbb{E}(X) = \frac{1}{\lambda} = 10 \Rightarrow \lambda = 0{,}1 \text{ meses}^{-1}$$

Então,

$$P(X > x) = 1 - P(X \leq x)\,; \quad P(X > x) = 1 - \left(1 - e^{-\lambda x}\right) = e^{-\lambda x}$$

$$P(X > 15) = e^{-\lambda 15} = e^{-\frac{3}{2}} \cong 0{,}22 \ \ (22\%)$$

b)

Devido à falta de memória da distribuição, com $x = 5$ e $a = 10$, segue que

$$P(X > x + a | X > a) = P(X > x)$$

$$P(X > 5 + 10 | X > 10) = P(X > 5)$$

$$P(X > 15 | X > 10) = P(X > 5)$$

$$P(X > 15 | X > 10) = e^{-\lambda 5} = e^{-0{,}5} \cong 0{,}60 \ \ (60\%)$$

□

DESAFIO 2.6

Existe outra distribuição de probabilidades, que não a exponencial, e que possua a propriedade de falta de memória? Prove sua afirmação.

2.13.3 Distribuição normal (ou gaussiana)

A distribuição normal de Gauss é uma das distribuições de probabilidades mais comuns na natureza e se define como segue:

DEFINIÇÃO 2.31: Se $X \sim N(\mu; \sigma^2)$, então a sua função densidade de probabilidade (*f.d.p.*) é dada por:

$$f(x) = \frac{1}{\sigma\sqrt{2\pi}} e^{-\frac{(x-\mu)^2}{2\sigma^2}}$$

onde $\mathbb{E}(X) = \mu$ representa a média populacional ou *esperança* do *dataset* e $\sigma_X^2 = \sigma^2$ representa a sua variância.

Tais distribuições possuem quatro características fundamentais:

i) A curva é simétrica em torno da esperança (que coincide com seu valor modal);

ii) A curva estritamente crescente à esquerda e estritamente decrescente à direita dela;

iii) A curva possui pontos de inflexão nas abscissas $\mu - \sigma$ e $\mu + \sigma$;

iv) As duas assíntotas laterais coincidem e têm ordenada nula, ou seja, $\lim_{x \to -\infty} f(x) = \lim_{x \to +\infty} f(x) = 0$.

Diversas distribuições discretas com grande quantidade de valores possíveis para X em um domínio pequeno tendem a uma distribuição contínua. Isso acontece frequentemente com as distribuições binomiais que tendem a distribuições normais. Veja a figura que segue:

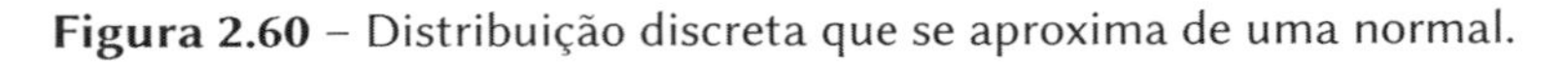

Figura 2.60 – Distribuição discreta que se aproxima de uma normal.

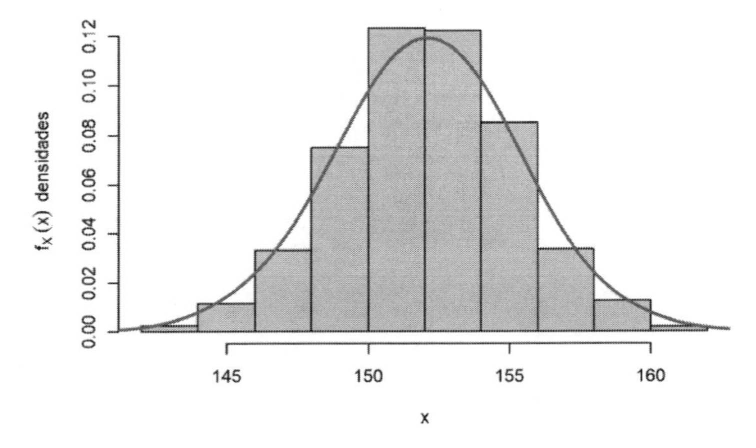

Fonte: Os autores (2024).

A Distribuição Normal Padrão

Trata-se da distribuição do tipo $Z \sim N(1; 0)$ e que é obtida a partir da transformação linear

$$Z = \frac{X - \mu}{\sigma}$$

Procede-se sempre assim: os valores de interesse na variável natural X devem ser primeiro normalizados para, em seguida, consultarmos a probabilidade pronta em uma tabela chamada de **Tabela Z**. Isso acontece porque as integrais da *f.d.p.*, que dão as probabilidades de interesse, não são elementares e, por isso mesmo, elas são calculadas previamente via métodos numéricos e, em seguida, tabuladas.

TEOREMA 2.10: As áreas sob o gráfico da gaussiana, quaisquer que sejam os seus parâmetros são aproximadamente iguais a

Intervalo em X	Área sob o Gráfico
$\mu - \sigma$ a $\mu + \sigma$	68,26%
$\mu - 2\sigma$ a $\mu + 2\sigma$	95,44%
$\mu - 3\sigma$ a $\mu + 3\sigma$	99,73%

Demonstração:

Basta resolver a integral que segue nos intervalos considerados:

$$P(a \leq X \leq b) = \int_a^b \frac{1}{\sigma\sqrt{2\pi}} e^{-\frac{(x-\mu)^2}{2\sigma^2}} dx$$

Repare que as integrais, por serem não elementares, demandam o uso de métodos numéricos para serem avaliadas. Deixamos ao encargo do leitor escolher uma técnica adequada, calcular um valor particular e conferir na tabela Z.

c.q.d.

■ **COMENTÁRIO:**

Graficamente, teríamos:

Figura 2.61 – Áreas sob a curva normal.

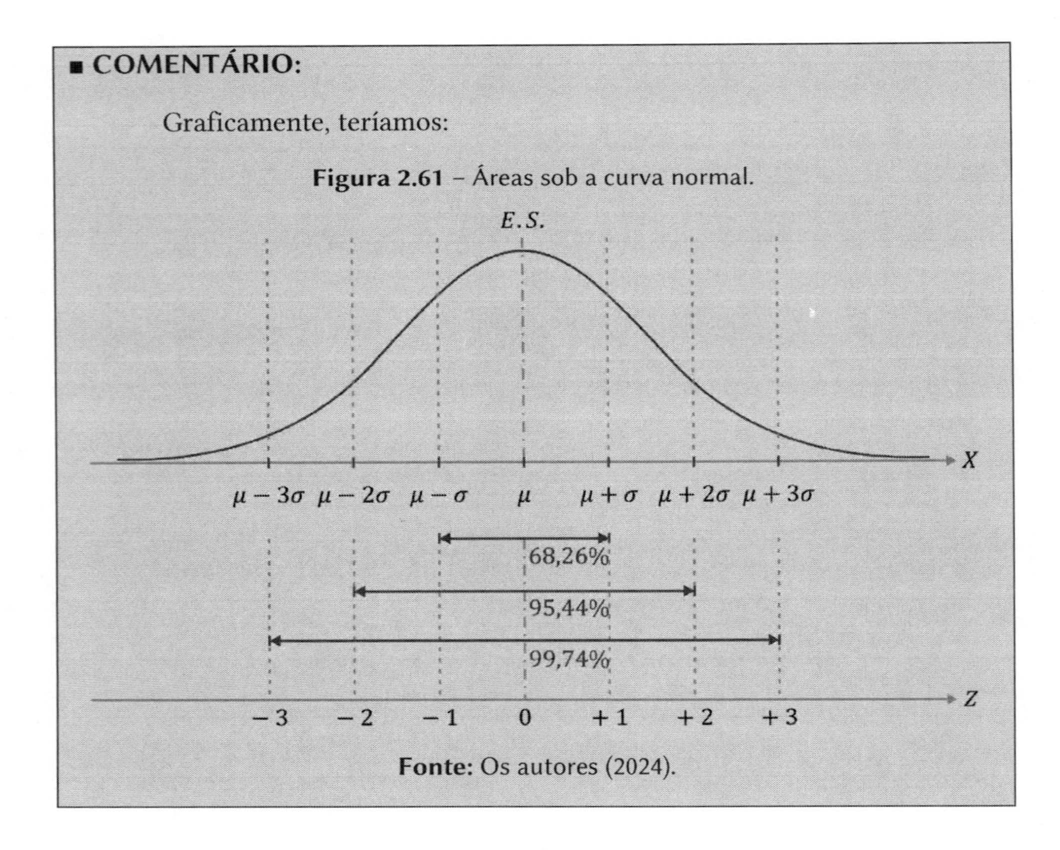

Fonte: Os autores (2024).

Distribuição normal acumulada

Seja uma população normal padronizada:

$$z = \frac{x-\mu}{\sigma} \text{ (escore z da distribuição)}$$

$$X \sim N(\mu; \sigma) \leftrightarrows Z \sim N(0; 1)$$

É muito comum, quando se trata de distribuições normais padronizadas, de representarmos $f(x)$ como $\varphi(z)$ e $F(x)$ como $\phi(z)$.Veja como fica a distribuição acumulada:

i) $f(x) = \frac{1}{\sqrt{2\pi\sigma^2}} e^{-\frac{1}{2} * (\frac{x-\mu}{\sigma})^2} \Rightarrow \varphi(z) = \frac{1}{\sqrt{2\pi}} e^{-\frac{z^2}{2}}$ $(f.d.p)$

ii) $F(x) = P(X \leq x) = \int_{-\infty}^{x} \frac{1}{\sqrt{2\pi\sigma}} e^{-\frac{1}{2} \times \left(\frac{x-\mu}{\sigma}\right)^2} dx$

Ou seja,

$$\Phi(Z) = P(Z \leq z) = \int_{-\infty}^{z} \frac{1}{\sqrt{2\pi}} e^{-\frac{t^2}{2}} dt \quad (f.d.a.)$$

Graficamente:

Figura 2.62 – Função distribuição acumulada (ou cumulativa).

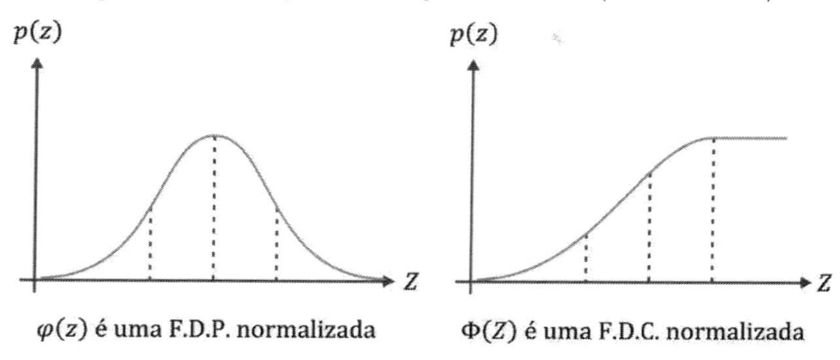

Fonte: Os autores (2024).

A tabela Z

Muitas vezes precisamos calcular a probabilidade intervalar:

$$P(a < X < b) = \int_a^b \frac{1}{\sqrt{2\pi\sigma^2}} e^{-\frac{1}{2}\left(\frac{x-\mu}{\sigma}\right)^2} dx$$

Como já foi dito anteriormente, a integral $\int e^{-\frac{z^2}{2}} dz$ não é elementar (não possui solução analítica), então buscamos os valores desejados em tabelas prontas, que já trazem os resultados das integrais em diversos intervalos. No caso, utilizaremos a tabela Z, que pode apresentar os resultados das integrais definidas de duas formas:

1. Tabela referenciada ao zero:

Este tipo de tabela computa a área total sob a curva entre a origem e o valor focal de Z (valor de nosso interesse). Nas linhas, a tabela Z computa as unidades e os décimos do valor focal, já nas colunas, encontram-se as casas centesimais. Por exemplo, na tabela abaixo, podemos depreender que $P(0 < Z < 0{,}32) = +0{,}1255$ (12,55%):

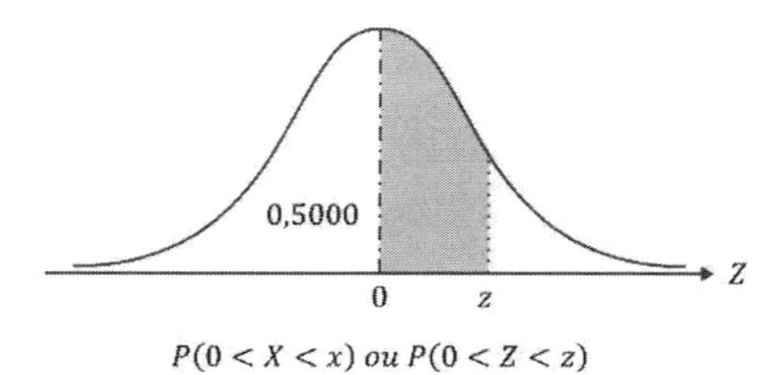

Z	0	1	2	3
0,0	0,0000			
0,1				
0,2				
0,3			0,1255	
0,4				0,1664

Para obter valores de áreas desde o $-\infty$, basta somar com meia gaussiana, que possui área $0{,}5000$ (50%). Nesta obra, trabalharemos sempre com quatro casas decimais para produzir percentagens com duas casas:

Exemplo 2.9

Observe as possibilidades que a tabela Z nos oferece:

$P(0 \leq Z \leq 0{,}43) = 0{,}1664\ (16{,}64\%)$

$P(0 < Z < 0{,}43) = 0{,}1664\ (16{,}64\%)$

$P(Z < 0{,}43) = +0{,}1664 + 0{,}500 = 0{,}6664$

$P(Z > 0{,}43) = +0{,}5000 - 0{,}1664 = 0{,}3336\ (33{,}36\%)$

$P(Z \geq 0{,}43) = 0{,}3336\ (33{,}36\%)$

$P(Z \leq 0{,}43) = 0{,}6664$

$P(Z < 0{,}32) = +0{,}1255 + 0{,}5000 = 0{,}6255$

$P(0{,}32 < Z < 0{,}43) = P(Z < 0{,}43) - P(Z < 0{,}32) = 0{,}664 - 0{,}6255 = 0{,}0409$

Relembrando:

i) $F(x) = P(X \leq x)$(tabelada)

ii) $G(x) = P(X > x)$

iii) $G = 1 - F$.

□

2. Tabela referenciada ao $-\infty$

Neste caso, as integrais que constam no corpo da tabela são calculadas previamente desde o $-\infty$ e, para referenciar à origem, basta subtrair de meia gaussiana 0,5000. Da tabela que segue, podemos depreender imediatamente que $P(Z < 0{,}43) = +0{,}6664$:

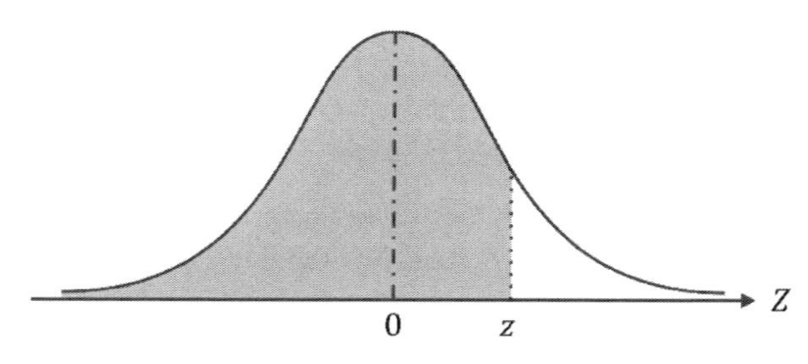

$P(X < x)$ ou $P(Z < z)$

Z	0,00	0,01	0,02	0,03
0,0	0,5000			
0,1				
0,2				
0,3				
0,4				0,6664

Exemplo 2.10

Observe o cálculo das probabilidades análogas às do exemplo anterior:

a) $P(0 \leq Z \leq 0{,}43) = 0{,}1664$ (16,64%).

b) $P(Z < 0{,}43) = 0{,}6664$.

c) $P(Z \leq 0{,}43) = 0{,}6664$.

d) $P(0{,}00 < Z > 0{,}43) = +0{,}6664 - 0{,}5000 = 0{,}1664$.

e) $P(0 \leq Z \leq 0{,}43) = 0{,}1664$.

f) $P(Z \geq 0{,}43) = 1{,}0000 - 0{,}6664 = 0{,}3336$.

g) $P(Z > 0{,}43) = 0{,}3336$.

h) $P(Z \geq 0{,}43) = 0{,}3336$.

□

Exercício Resolvido 2.25

Determine a área compreendida entre $z_1 = 0{,}71$ e $z_2 = 1{,}28$ na curva normal padronizada.

Sugestão de Solução.

Esquema geral:

Figura 2.63 – A área sob a curva normal corresponde a uma probabilidade intervalar.

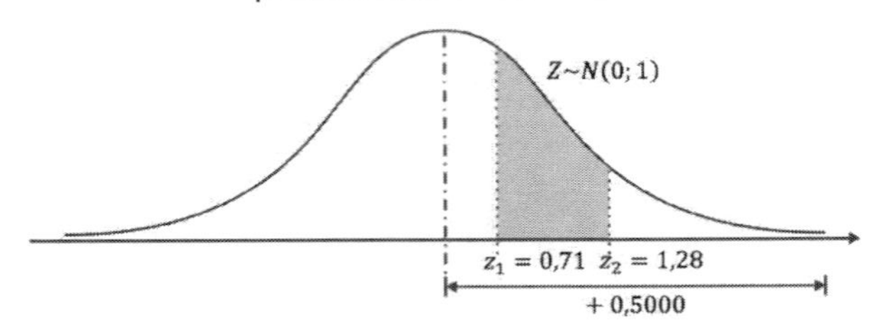

Fonte: Os autores (2024).

$$P(0{,}71 < Z < 1{,}28) = P(0 < Z < 1{,}28) - P(0 < Z < 0{,}71)$$

Tabela Z referenciada ao zero:

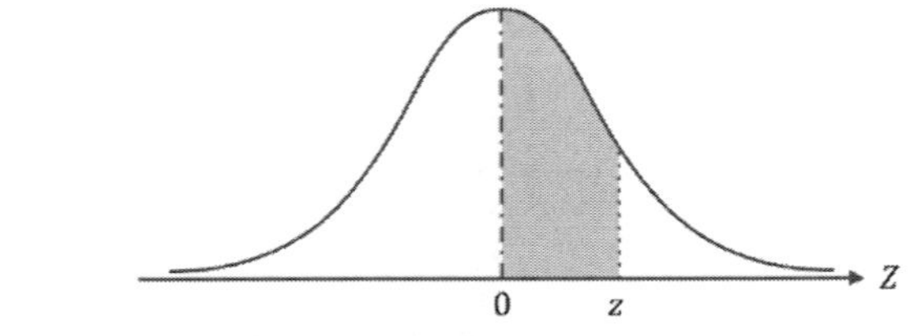

Z	0,00	0,01	0,02	...	0,07	0,08	0,09
0,5							
0,6							
0,7		0,2611					
...							
1,1							
1,2						0,3997	
...							

$$P(0{,}71 < Z < 1{,}28) = 0{,}3997 - 0{,}2611 = 0{,}1386\ (13{,}86\%)$$

□

■ **COMENTÁRIO:**

Estamos trabalhando sempre com quatro casas decimais para produzir percentagens com duas casas.

Exercício Resolvido 2.26

Qual é o escore z correspondente ao terceiro quartil da distribuição normal padronizada?

Sugestão de Solução.

O terceiro quartil possui 75% dos dados à sua esquerda. Seja o seguinte *dataset*:

Figura 2.64 – O terceiro quartil, por definição, possui 75% dos dados do rol ou 75% das probabilidades da distribuição à sua esquerda.

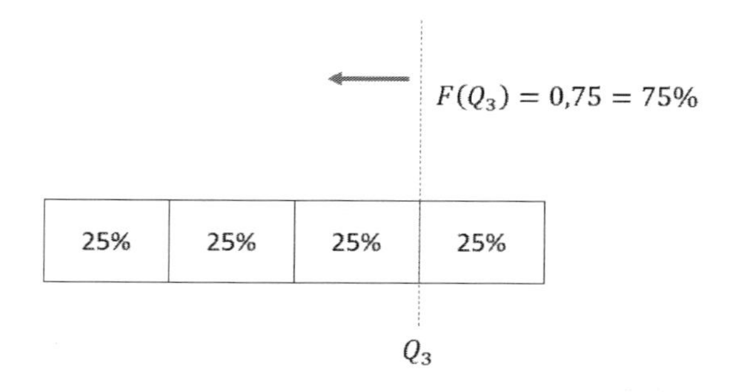

Fonte: Os autores (2024).

Figura 2.65 – O terceiro quartil na distribuição normal de probabilidades.

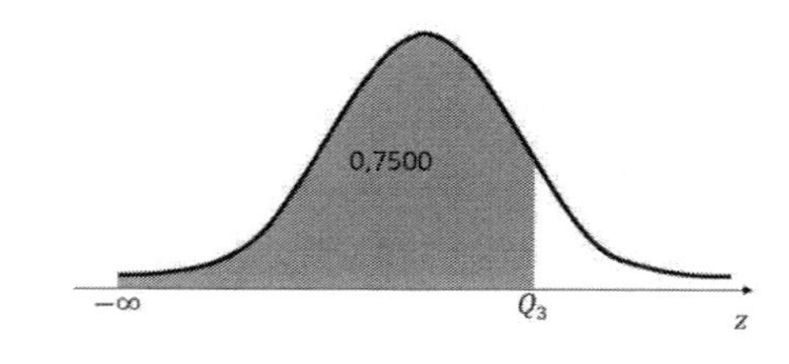

ou

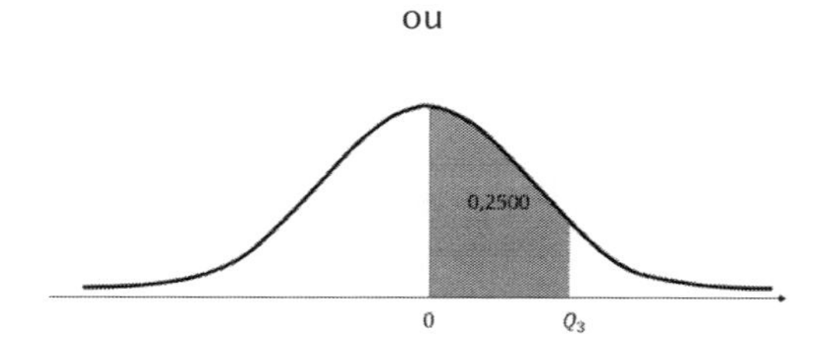

Fonte: Os autores (2024).

Leitura reversa da tabela Z:

z	0,06	0,07	0,08
0,5	0,7123	0,7157	0,7190
0,6	0,7454	0,7486	0,7517
0,7	0,7764	0,7794	0,7823

Valor inferior: $\Delta_{infeior} = 0{,}7500 - 0{,}7486 = \mathbf{0,0014}$ (menor diferença)
Valor superior: $\Delta_{superior} = 0{,}7517 - 0{,}7500 = 0{,}0017$

Admitindo que 0,7486 ≅ 0,7500 então $Z_{Q_3} = 0{,}67$

□

■ **COMENTÁRIO:**

Determinemos agora o primeiro quartil a partir do terceiro quartil, que já é conhecido:

Figura 2.66 – O primeiro quartil pode ser deduzido por simetria.

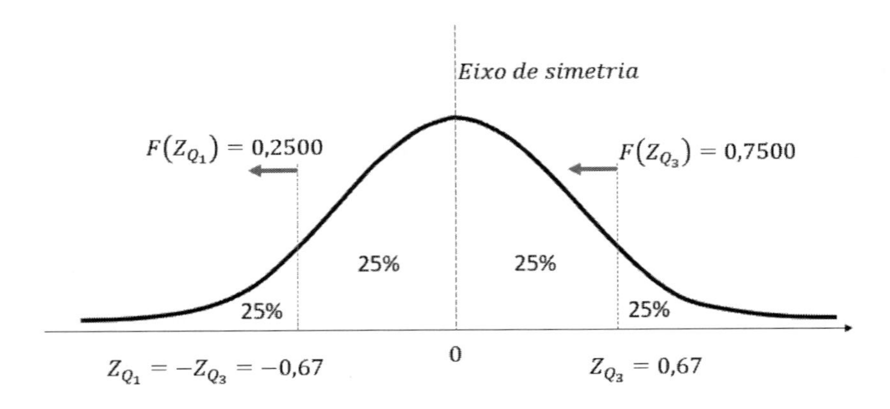

Fonte: Os autores (2024).

Por simetria $Z_{Q_1} = -0{,}67$.

□

Exercício Resolvido 2.27

Determine o valor de X correspondente ao primeiro quartil da distribuição $X \sim N(44; 9)$

Sugestão de Solução.

i) Primeiro quartil: $Z_{Q_1} = -0{,}67$ (variável normalizada/padronizada)

ii) Na variável natural:

$$Z = \frac{x-\mu}{\sigma} \Rightarrow -0{,}67 = \frac{x-44}{3} \Rightarrow x = 44 - 3 \times 0{,}67 = 41{,}99$$

$x_{Q_3} = 41{,}99$ (25% dos dados da distribuição são menores que 41,99)

□

Exercício Resolvido 2.28

(Adaptado de Navidi, 2012) - Um processo industrial fabrica esferas de rolamento cujos diâmetros apresentam distribuição normal com média 2,505 cm e desvio padrão de 0,008 cm. As especificações comerciais do produto definem seu diâmetro como sendo de (2,5 ± 0,01) cm. Qual a proporção de rolamentos produzidos que não atendem a essa especificação?

Sugestão de Solução.

Variável aleatória: (*v.a.c.*)

X = diâmetro de um rolamento escolhido ao acaso.

Distribuição de probabilidade: $X \sim N(2{,}505; 0{,}008^2)$

Trecho desejado (comercial): $2{,}50 \pm 0{,}01 : [2{,}49; 2{,}51]$

Graficamente:

Figura 2.67 – Normalização da variável aleatória.

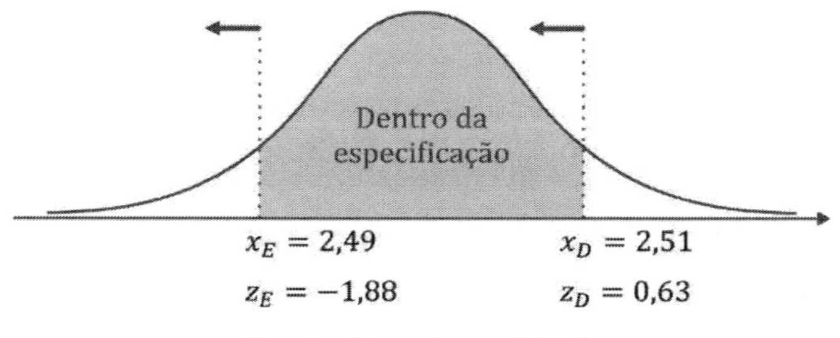

Fonte: Os autores (2024).

$Z_E = \frac{2{,}49-2{,}505}{0{,}008} = -1{,}88$

$Z_D = \frac{2{,}51-2{,}505}{0{,}008} = +0{,}63$

i) Tabela Z:

Figura 2.68 – Probabilidade intervalar.

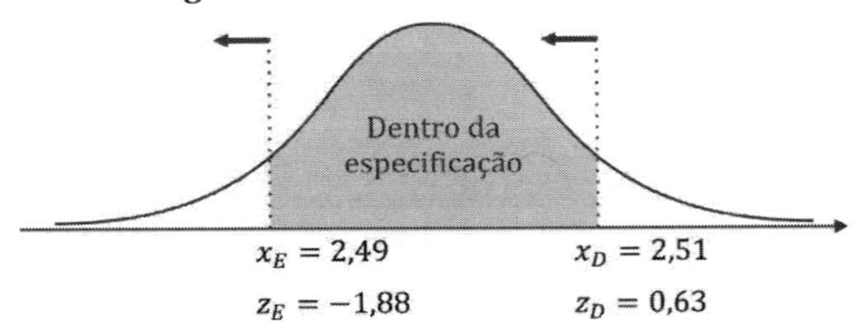

Fonte: Os autores (2024).

$P(Z \leq 0{,}63) = 0{,}7357$

$P(z < -1{,}88) = 0{,}0301$

$P(-1{,}88 \leq z \leq 0{,}63) = 0{,}7357 - 0{,}0301 = 0{,}7056$

$P(2{,}49 \leq x \leq 2{,}51) = 0{,}7056 = 70{,}56\%$ (dentro das especificações)

ii) Desperdício:

$$P(x < 2{,}49 \ \ ou \ \ x > 2{,}51) = 1 - 0{,}7056 = 0{,}2944 = 29{,}44\%$$

Observações:

1. $P(Z \leq 0{,}63) = P(0 < z < 0{,}63) + 0{,}5000 = 0{,}2357 + 0{,}5000 = 0{,}7357$

2. $P(Z \leq -1{,}88) = P(z > 1{,}88) = 0{,}5000 - P(0 < z < 1{,}88) = 0{,}5000 - 0{,}4699 = 0{,}0301$

□

▪ PROVOCAÇÃO:

Como fazer, do ponto de vista das medidas estatísticas, para reduzir o percentual de esferas rejeitadas pelo controle de qualidade?

Resposta:

Figura 2.69 – Otimizando o processo e controlando a qualidade.

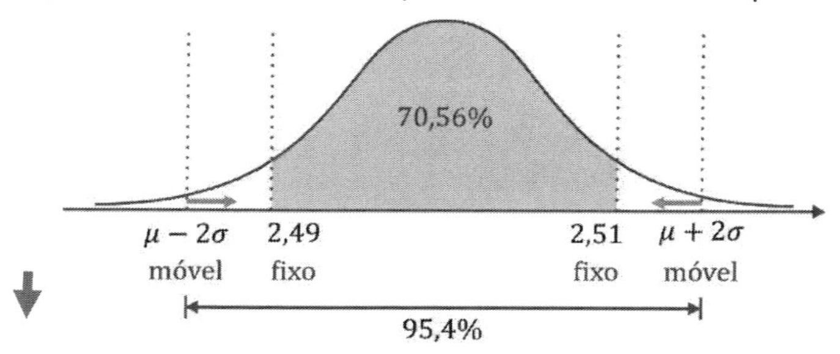

Fonte: Os autores (2024).

i) σ: mede a precisão das medidas dos diâmetros das esferas. O desvio padrão é influenciado pela vibração da máquina dentre outros fatores. Para aumentar o valor da área sombreada, é preciso reduzir o desvio padrão no sentido de diminuir a largura da curva, estreitando-a. Nesse caso, então, é preciso "calçar" bem a base da máquina e instalar bons amortecedores.

ii) μ: $2{,}505 \rightarrow 2{,}500$. A média (ou esperança matemática) mede a acurácia ou exatidão das medidas. Para maximizar a área sombreada acima se faz necessário aproximar o centro da distribuição de probabilidades ao ponto médio do intervalo regulamentar (de validade comercial), deslocando a curva gaussiana para a esquerda. Para tal, se faz necessário calibrar bem a máquina, ajustando o diâmetro nominal à média desejada.

Exercício Resolvido 2.29

Uma central de atendimento telefônico é auditada por engenheiros de qualidade. Eles monitoram cerca de 20.000 ligações e, com o uso de um software dedicado, concluem que o tempo de atendimento a cada cliente segue uma distribuição normal com média 8,5 minutos e desvio padrão 3 minutos. Sendo assim:

a) Qual é a probabilidade de que um atendimento dure menos de 5 minutos?

b) Qual a probabilidade de que dure mais do que 9 minutos?

c) E entre 8 e 10 minutos?

d) 95% das chamadas telefônicas requerem pelo menos quanto tempo de atendimento?

e) 95% das chamadas telefônicas requerem no máximo quanto tempo de atendimento?

f) Se, em um dia, foram atendidas 960 ligações, quantas delas *estima-se* que tenham durado mais de 10 minutos?

Consulte as probabilidades dessa distribuição normal na **Tabela Z** que segue no final desta questão. Ela também consta no Apêndice B desta obra:

Sugestão de Solução.

a)

1º) Variável aleatória:

X = tempo necessário para o atendimento de clientes na dada central telefônica.

2º) Distribuição de probabilidades:

$$X \sim N(8{,}5;\ 3^2)$$

3º) $P(x < 5) = ?$

i) Como $Z = \frac{X-\mu}{\sigma}$ segue:

$$P(X < 5) = P\left(Z < \frac{5 - 8{,}5}{3}\right) \cong P(Z < -1{,}17)$$

ii) Por simetria:

$$P(X < 5) \cong P(Z < -1{,}17) = P(Z > +1{,}17)$$

Figura 2.70 – As caudas da gaussiana.

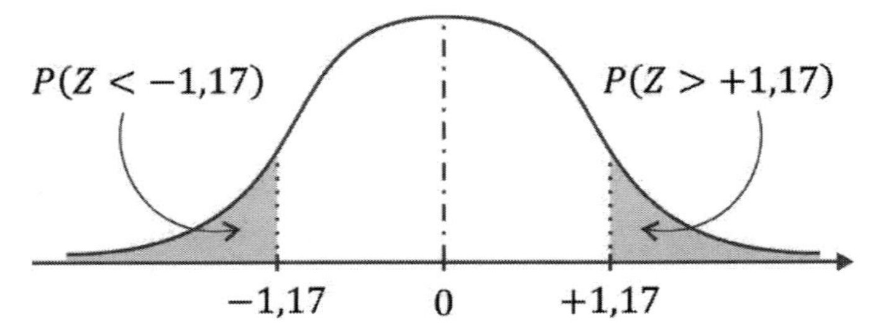

Fonte: Os autores (2024).

iii) A partir do desdobramento ($\boldsymbol{d_1}$) dos axiomas de Kolmogórov:

$$P(X < 5) \cong P(Z > +1{,}17) = 1 - P(Z \leq +1{,}17)$$

iv) Consultando a tabela Z de referência zero:

$$P(X < 5) = 1 - (0{,}3790 + 0{,}5000)$$

$P(X < 5) = 0{,}1210\ (12{,}10\%)$

Figura 2.71 – Utilizando a ideia de simetria.

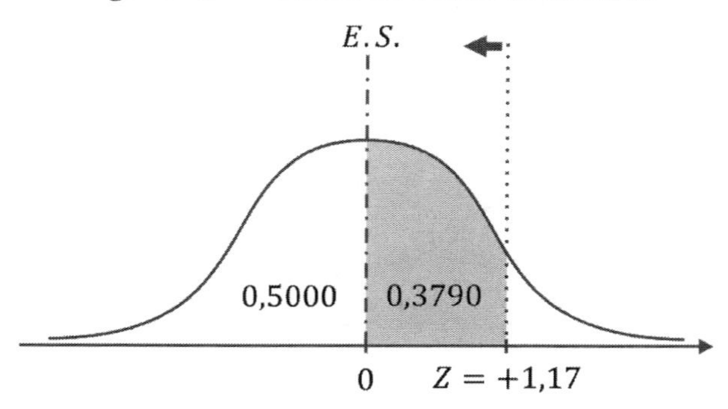

Fonte: Os autores (2024).

b) $P(X > 9) = ?$

i) $P(X > 9) = P\left(Z > \frac{9-8{,}5}{3}\right) \cong P(Z > 0{,}17)$

$$P(X > 9) = 1 - P(Z \leq +0{,}17)$$

ii) Consultando a tabela Z referenciada ao zero:

Figura 2.72 – Somando áreas.

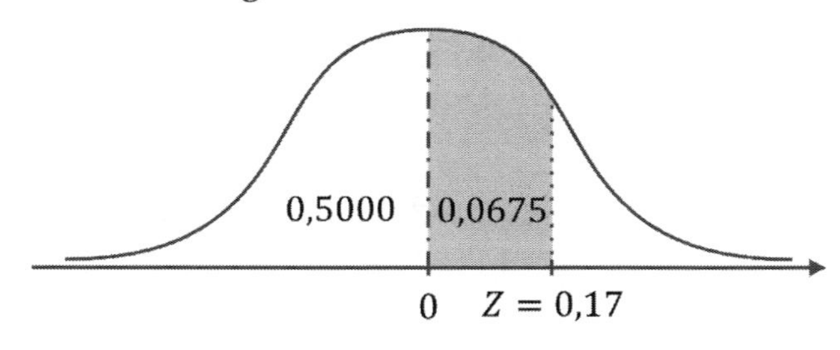

$P(Z \leq 0{,}17) = 0{,}5675$

Fonte: Os autores (2024).

Figura 2.73 – A área da cauda é a área complementar.

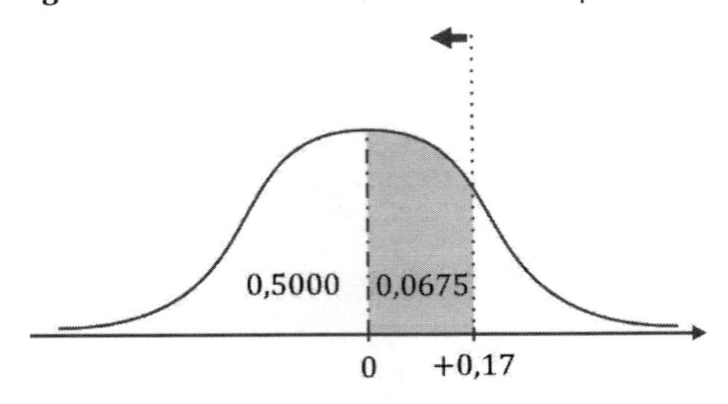

Fonte: Os autores (2024).

$$P(X > 9) = 1 - (0{,}0675 + 0{,}5000)$$

$$P(X > 9) = +0{,}4325 \; ou \; 43{,}25\%$$

c) $P(8 < X < 10) = ?$

i) $P(8 < X < 10) = P\left(\frac{8-8{,}5}{3} < Z < \frac{10-8{,}5}{3}\right)$,

$P(8 < X < 10) = P(-0{,}17 < Z < +0{,}5) = ?$

ii) $P(8 < X < 10) = P(Z < 0{,}5) - P(Z < -0{,}17) = ?$

Figura 2.74 – Diferença de áreas.

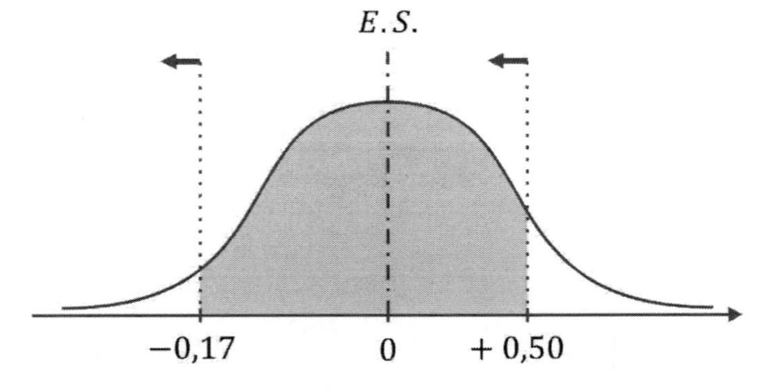

Fonte: Os autores (2024).

$$P(-0{,}17 < Z < +0{,}50) = P(Z < 0{,}50) - P(Z < -0{,}17)$$

ii) $P(8 < X < 10) = P(Z < 0,5) - [1 - P(Z \leq 0,17)]$,

$$P(8 < X < 10) = P(Z < 0,5) + P(Z \leq 0,17) - 1,$$

$$\rhd P(Z < 0,5) = 0,1915 + 0,5000 = 0,6915$$

$$\rhd P(Z \leq 0,17) = 0,0675 + 0,5000 = 0,5675$$

Então,

$$P(8 < X < 10) = 0,6915 + 0,5675 - 1$$

$$P(8 < X < 10) = 0,2590 \quad (25,90\%)$$

d) $P(X > x) = 0,95\,, \quad x_{MIN} = ?\,(piso)$

i) Graficamente:

Figura 2.75 – Problema reverso da distribuição normal.

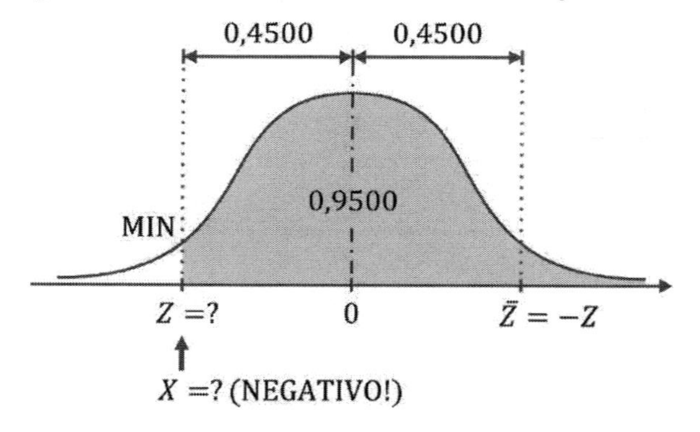

Fonte: Os autores (2024).

ii) $P(X > x) = 0,9500 \Rightarrow P\left(Z > \frac{X-8,5}{3}\right) = 0,9500$

iii) Tabela Z referenciada ao zero:

$\bar{Z}$	0,04	0,05
1,5	...	...
1,6	0,4495	0,4505
1,7	...	...

$$\Delta_{inf} = 0{,}4500 - 0{,}4495 = +0{,}0005 \;\therefore\; \bar{Z} = +1{,}64;$$

$$\Delta_{sup} = 0{,}4505 - 0{,}4500 = +0{,}0005 \;\therefore\; \bar{Z} = +1{,}65.$$

Então

$$\bar{Z} = +1{,}645 \Rightarrow Z = -1{,}645.$$

iv) Valor de X:

$$\frac{X-8{,}5}{3} = -1{,}645 \Rightarrow X = 8{,}5 - 4{,}935,\; X = 3{,}565.$$

Portanto, 95% das chamadas duram pelo menos 3,57 minutos (ou mais de 3,57 min).

e) Graficamente:

Figura 2.76 – Visualização gráfica da solução.

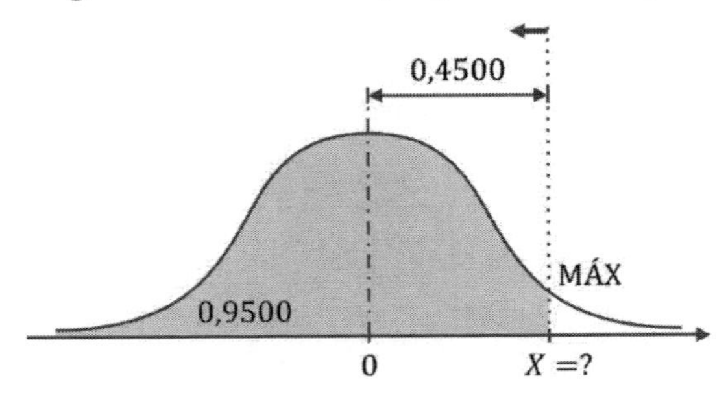

Fonte: Os autores (2024).

i) $P(X < x) = 0{,}9500 \Rightarrow P(0 < X < x) = 0{,}4500$

ii) $P(0 < X < x) = P(0 < Z < z) = P\left(0 < Z < \frac{X-8{,}5}{3}\right) = 0{,}4500$

iii) Tabela Z referenciada ao zero:

Z	0,04	0,05
1,6	0,4495	0,4505

$$\Delta_{inf} = 0{,}4500 - 0{,}4495 = 0{,}0005 \;\therefore\; Z = +1{,}64;$$

$$\Delta_{sup} = 0{,}4505 - 0{,}4500 = 0{,}0005 \;\therefore\; Z = +1{,}65.$$

iv) $\bar{Z} = \frac{X-8{,}5}{3} = 1{,}645 \Rightarrow X = 8{,}5 + 3 \times 1{,}645,$

$$X \cong 13{,}44\, min$$

Portanto, 95% das ligações atendidas levam até (no máximo) 13,44 minutos para serem atendidas.

f)

i)

$$P(X > 10) = P\left(Z > \frac{10 - 8{,}5}{3}\right) = P(Z > 0{,}50) =?$$

$$P(X > 10) = 0{,}3085\ (30{,}85\%)$$

ii) Como foi posto anteriormente, toda a estimativa probabilística tem o seguinte formato:

$$P(E) = \frac{\#E}{\#\Omega} \Rightarrow \#E = P(E).\#\Omega$$

$$\widehat{N} = P(Associada).N \qquad (2.8)$$

onde,

$\widehat{N}$: Estimativa do valor que será assumido pela variável aleatória em jogo;

P(Associada): Probabilidade associada ao evento aleatório em questão;

N: Tamanho da amostra envolvida.

Sendo assim:

$$\widehat{N} = 0{,}3085 \times 960,$$

$$\widehat{N} = 296\ ligações.$$

□

■ **TABELA:** Segue a Tabela Z (de referência no zero) onde fizemos nossas consultas:

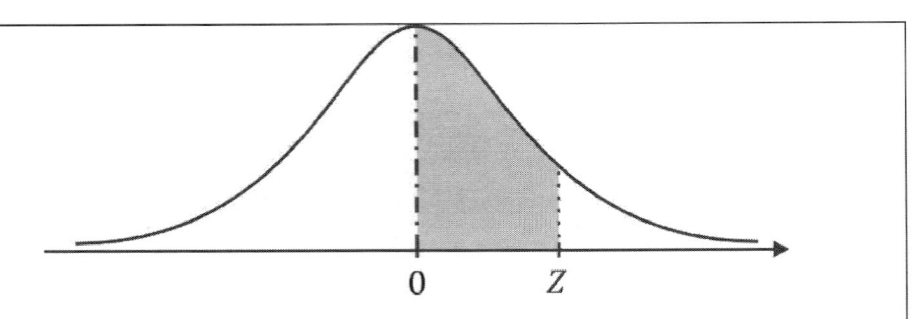

Áreas sob a curva normal padrão

Z	0,00	0,01	0,02	0,03	0,04	0,05	0,06	0,07	0,08	0,09
0,0	0,0000	0,0040	0,0080	0,0120	0,0160	0,0199	0,0239	0,0279	0,0319	0,0359
0,1	0,0398	0,0438	0,0478	0,0517	0,0557	0,0596	0,0636	0,0675	0,0714	0,0753
0,2	0,0793	0,0832	0,0871	0,0910	0,0948	0,987	0,1026	0,1064	0,1103	0,1141
0,3	0,1179	0,1217	0,1255	0,1293	0,1331	0,1368	0,1406	0,1443	0,1480	0,1517
0,4	0,1554	0,1591	0,1628	0,1664	0,1700	0,1736	0,1772	0,1808	0,1844	0,1879
0,5	0,1915	0,1950	0,1985	0,2019	0,2054	0,2088	0,2123	0,2157	0,2190	0,2224
0,6	0,2257	0,2291	0,2324	0,2357	0,2389	0,2422	0,2454	0,2486	0,2517	0,2549
0,7	0,2580	0,2611	0,2642	0,2673	0,2704	0,2734	0,2764	0,2794	0,2823	0,2852
0,8	0,2881	0,2910	0,2939	0,2967	0,2995	0,3023	0,3051	0,3078	0,3106	0,3133
0,9	0,3159	0,3186	0,3212	0,3238	0,3264	0,3289	0,3315	0,3340	0,3365	0,3389
1,0	0,3413	0,3438	0,3461	0,3485	0,3508	0,3531	0,3554	0,3577	0,3599	0,3621
1,1	0,3643	0,3665	0,3686	0,3708	0,3729	0,3749	0,3770	0,3790	0,3810	0,3830
1,2	0,3849	0,3869	0,3888	0,3907	0,3925	0,3944	0,3962	0,3980	0,3997	0,4015
1,3	0,4032	0,4049	0,4066	0,4082	0,4099	0,4115	0,4131	0,4147	0,4162	0,4177
1,4	0,4192	0,4207	0,4222	0,4236	0,4251	0,4265	0,4279	0,4292	0,4306	0,4219
1,5	0,4332	0,4345	0,4357	0,4370	0,4382	0,4394	0,4406	0,4418	0,4429	0,4441
1,6	0,4452	0,4463	0,4474	0,4484	0,4495	0,4505	0,4515	0,4525	0,4535	0,4545
1,7	0,4554	0,4564	0,4573	0,4582	0,4591	0,4599	0,4608	0,4616	0,4625	0,4633
1,8	0,4641	0,4649	0,4656	0,4664	0,4671	0,4678	0,4686	0,4693	0,4699	0,4706
1,9	0,4713	0,4719	0,4726	0,4732	0,4738	0,4744	0,4750	0,4756	0,4761	0,4767
2,0	0,4772	0,4778	0,4783	0,4788	0,4793	0,4798	0,4803	0,4808	0,4812	0,4817
2,1	0,4821	0,4826	0,4830	0,4834	0,4838	0,4842	0,4846	0,4850	0,4854	0,4857
2,2	0,4861	0,4864	0,4868	0,4871	0,4875	0,4878	0,4881	0,4884	0,4887	0,4890
2,3	0,4893	0,4896	0,4898	0,4901	0,4904	0,4906	0,4909	0,4911	0,4913	0,4916
2,4	0,4918	0,4920	0,4922	0,4925	0,4927	0,4929	0,4931	0,4932	0,4934	0,4946
2,5	0,4938	0,4940	0,4941	0,4943	0,4945	0,4946	0,4948	0,4949	0,4951	0,4952
2,6	0,4953	0,4955	0,4956	0,4957	0,4959	0,4960	0,4961	0,4962	0,4963	0,4964
2,7	0,4965	0,4966	0,4967	0,4968	0,4969	0,4970	0,4971	0,4972	0,4973	0,4974
2,8	0,4974	0,4975	0,4976	0,4977	0,4977	0,4978	0,4979	0,4979	0,4980	0,4981
2,9	0,4981	0,4982	0,4982	0,4983	0,4984	0,4984	0,4985	0,4985	0,4986	0,4986
3,0	0,4987	0,4987	0,4987	0,4988	0,4988	0,4989	0,4989	0,4989	0,4990	0,4990
3,1	0,4990	0,4991	0,4991	0,4991	0,4992	0,4992	0,4992	0,4992	0,4993	0,4993
3,2	0,4993	0,4993	0,4994	0,4994	0,4994	0,4994	0,4994	0,4995	0,4995	0,4995
3,3	0,4995	0,4995	0,4995	0,4996	0,4996	0,4996	0,4996	0,4996	0,4996	0,4997
3,4	0,4997	0,4997	0,4997	0,4997	0,4997	0,4997	0,4997	0,4997	0,4997	0,4998
3,5	0,4998	0,4998	0,4999	0,4999	0,4999	0,4999	0,4999	0,4999	0,4999	0,4999
3,9	0,5000									

2.13.4 Teorema do Limite Central

Também chamado de Teorema Central do Limite (TCL), constitui, com certeza, o resultado mais importante da Estatística, de modo que diversos teoremas de ampla utilidade o utilizam em suas demonstrações, ou seja, dependem dele para serem válidos. A sua primeira versão, restrita às distribuições binomiais, foi apresentada pelo matemático francês Abraham De Moivre (1667-1754) em um memorável artigo publicado em 1733. Apesar da importância, a comunidade científica não deu muita atenção ao resultado, de modo que ele caiu na obscuridade, sendo resgatado mais tarde por Pierre Laplace (1749-1827), que explorou o resultado em uma publicação de 1812, porém, mais uma vez a descoberta foi subestimada, ressurgindo somente em 1901 pelas mãos do matemático russo Alexandr Lyapunov (1857-1918), que definiu o resultado em termos gerais. Muitos outros matemáticos deram contribuições ao resultado, como Siméon Dénis Poisson (1781-1840), Friedrich W. Bessel (1784-1846), Augustin-Louis Cauchy (1789-1857), Jarl Waldemar Lindeberg (1876-1932) e Richard E. von Mises (1883-1953), porém o termo Teorema Central do Limite, tal qual o conhecemos hoje, foi cunhado somente em 1920 por George Pólya (1887-1985).

O Teorema do Limite Central determina que, se extrairmos amostras suficientemente grandes de uma dada população, então a distribuição da média delas é aproximadamente normal, não importando qual é o tipo de distribuição que segue a variável aleatória original.

Explicando de forma mais detalhada: seja $\Omega = \{\omega_a; \omega_b; \omega_c; \ldots; \omega_\theta\}$ uma população e seja X uma variável aleatória de interesse do estatístico cujos pontos amostrais associados seguem uma distribuição de probabilidades qualquer de média μ e variância σ^2. Suponha que extraímos uma amostra aleatória dessa população do tipo $\{x_1; x_2; x_3; \ldots; x_n\}$, $x_i = \omega_j$, $n < \theta$. Imagine, agora, que esse experimento é repetido várias vezes, de modo que o primeiro valor da amostra se torna uma variável aleatória X_1, o segundo valor, X_2 e assim por diante. A variável aleatória que representa a coleção de todas as médias amostrais será $\bar{X}$. Então, $\bar{X} \sim N\left(\mu, \frac{\sigma^2}{n}\right)$.

TEOREMA 2.11: Seja $X_1, X_2, \ldots, X_n$ uma coleção de variáveis aleatórias, *distribuídas de forma qualquer no mesmo espaço de probabilidades*, todas com a mesma média μ e a mesma variância σ^2, ou seja, independentes e identicamente distribuídas (*i.i.d.*), ambas as medidas finitas.[11]. Seja também $\bar{X} = \frac{X_1+X_2+\cdots+X_n}{n}$ a coleção de todas as médias amostrais possíveis de tamanho n

[11] Alguns autores preferem impor o segundo momento finito, $E(X_i^2) < +\infty$.

sobre a população de origem. Então, *para n suficientemente grande*, a variável aleatória soma amostral $S_n = X_1 + X_2 + \cdots + X_n$, estará distribuída segundo a regra normal:

$$S_n \sim N(n\mu, n\sigma^2), \text{ aproximadamente.}$$

Equivalentemente, a variável aleatória $\bar{X}$ está necessariamente distribuída de modo semelhante:

$$\bar{X} \sim N\left(\mu, \frac{\sigma^2}{n}\right), \text{ aproximadamente.}$$

Demonstração:

A demonstração deste teorema inclui conceitos avançados como *função característica* e *função geradora de momentos* e, além disso, demanda o cálculo de *uma integral em variáveis complexas* e o uso da *transformada de Fourier*, de modo que preferimos omitir o seu detalhamento apenas incluindo, no texto teórico, dois exercícios de aplicação resolvidos.

□

Perceba, na figura que segue, como as diversas distribuições de probabilidade se aproximam da normalidade à medida que o tamanho n da amostra aumenta, bastando, para isso, que sejam *i.i.d.*:

Figura 2.77 – Validade do TCL para três tipos diferentes de distribuição.

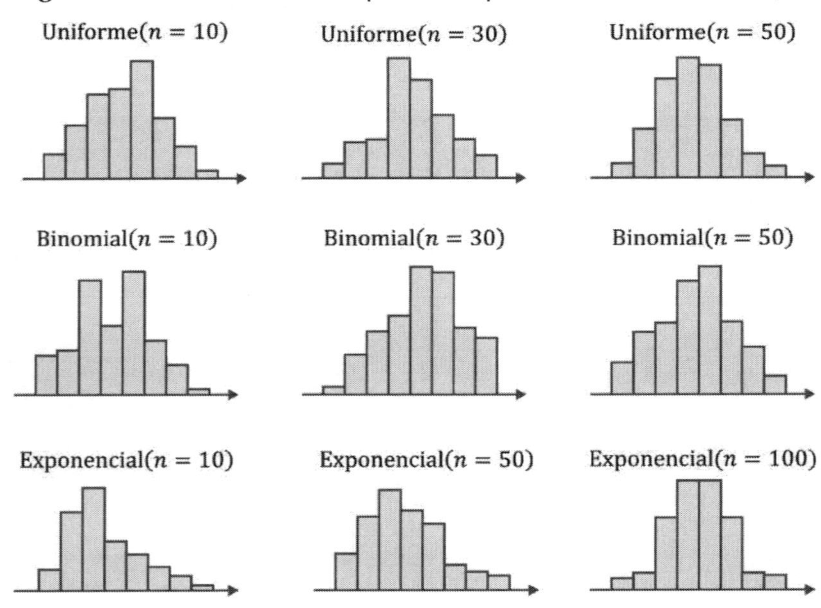

Fonte: Magalhães e Lima (2015).

Cumpre dizer que, se a distribuição que rege a população de origem for normal ou então aproximadamente normal, um tamanho razoavelmente pequeno de n (menor que 30 dados) será suficiente para garantir a validade do TCL, já que a convergência da distribuição será rápida, porém se a população seguir uma regra muito diferente da normal, por exemplo, com grande assimetria, a convergência será mais lenta e, consequentemente, o teorema se mostrará válido somente com um valor elevado de n (mais que 30 dados).

Exercício Resolvido 2.30

Uma loja que comercializa roupas de luxo recebe em média 16 clientes por dia com desvio padrão de 4 clientes segundo uma distribuição de probabilidades desconhecida.

a) Calcule a probabilidade aproximada de, em um período de 30 dias, a loja receber mais do que 530 clientes.

b) Calcule também a probabilidade aproximada de, nesse mesmo período, a média de clientes ultrapassar a marca de 18 clientes.

Sugestão de Solução.

Cálculos preliminares:

Seja a *v.a.* D que conta o número de clientes que a loja recebe em um dia:

$$D_1, D_2, D_3, \ldots, D_{30}$$

Temos que:

$$\mathbb{E}(D) = \mu_D = 16 \ \text{clientes/dia}$$
$$\mathbb{V}(D) = \sigma_D^2 = 4^2 = 16 \ (\text{clientes/dia})^2$$
$$\mathbb{D}(D) = \sigma_D = 16 \ \text{clientes/dia.}$$

Soma Amostral:

Seja a *v.a.* M que conta o número de clientes que a loja recebe em 30 dias:

$$S_n \sim N(n\mu; n\sigma^2) \qquad \text{aproximadamente.}$$
$$M \sim N(30\mu_D; 30\sigma_D^2) \qquad \text{aproximadamente.}$$

Temos que:

$$\mathbb{E}(M) = \mu_M = 30.\mu_D = 30.16 = 480 \ \text{clientes/mês}$$

$$\mathbb{V}(M) = \sigma_M^2 = 30.\sigma_D^2 = 30.4^2 = 30.16 = 480 \text{ (clientes/mês)}^2$$

$$\mathbb{D}(M) = \sigma_M = \sqrt{V(M)} = \sqrt{480} \cong 21{,}91 \text{ clientes/mês}$$

Média Amostral:

$$\overline{D} = \frac{D_1 + D_2 + D_3 + \cdots + D_{30}}{30}$$

$$\overline{D} \sim N\left(\mu_D; \frac{\sigma_D^2}{30}\right) \quad \text{aproximadamente.}$$

$$\overline{D} \sim N\left(16; \frac{16}{30}\right) \quad \text{aproximadamente.}$$

$$\overline{D} \sim N(16; 0{,}5333) \text{ aproximadamente.}$$

Seja a *v.a.* $\overline{D}$ o número médio de clientes diários que a loja recebe em 30 dias.

$$\mathbb{E}(\overline{D}\,) = \mu_D = 16 \text{ clientes/dia}$$

$$\mathbb{V}(\overline{D}\,) = \frac{\sigma_D^2}{n} = \frac{16}{30} \cong 0{,}5333 \text{ (clientes/dia)}^2$$

$$\mathbb{D}(\overline{D}) = \sigma_{\overline{D}} = \sqrt{V(\overline{D})} = \sqrt{0{,}5333} \cong 0{,}73 \text{ clientes/dia}$$

a)

A probabilidade de a loja receber mais do que 530 clientes em 30 dias depende fundamentalmente da função de massa da distribuição de probabilidades que ela segue. Como a sua distribuição é desconhecida, não há como calcular tal probabilidade.

b)

Considerando que $n = 30$ não é um número pequeno, a partir do Teorema Central do Limite (T.C.L.), seja qual for a distribuição de D, a sua média, $\overline{D}$ será distribuída da seguinte forma:

$$\overline{D} \sim N\left(\mu_D, \frac{\sigma_D^2}{n}\right), \text{ aproximadamente.}$$

A probabilidade de a média de clientes ultrapassar 18 clientes por dia fica dada por

$$P(\overline{D} \geq 18) = P\left(Z \geq \frac{18 - \mu_{\overline{D}}}{\sigma_{\overline{D}}}\right)$$

$$P(\bar{D} \geq 18) = P\left(Z \geq \frac{18 - 16}{0,73}\right)$$

$$P(\bar{D} \geq 18) = P(Z \geq 2,74)$$

$$P(\bar{D} \geq 18) = 1 - P(Z \leq 2,74)$$

$$P(\bar{D} \geq 18) = 1 - A(2,74)$$

$$P(\bar{D} \geq 18) = 1 - 0,9969$$

$$P(\bar{D} \geq 18) = 0,0031\ (0,31\%)$$

□

■ **COMENTÁRIO:**

Caso as vendas da loja seguissem a regra normal, a probabilidade de a loja receber mais do que 530 clientes em 30 dias seria dada por

$$P(M \geq 530) = P\left(Z \geq \frac{530 - \mu_M}{\sigma_M}\right)$$

$$P(M \geq 500) = P\left(Z \geq \frac{530 - 480}{21,91}\right)$$

$$P(M \geq 500) = P(Z \geq 2,28)$$

$$P(M \geq 500) = 1 - P(Z \leq 2,28)$$

$$P(M \geq 500) = 1 - A(2,28)$$

$$P(M \geq 500) = 1 - (0,4887 + 0,5000)$$

$$P(M \geq 500) = 1 - 0,9887$$

$$P(M \geq 500) = 0,0113\ (1,13\%)$$

Exercício Resolvido 2.31

(MPE-BA) - Analista técnico - Estatística - Banca: Consulplan – 2023.

Determinado contador recebeu uma demanda com 50 contas para serem auditadas. Sabe-se que os tempos gastos para que ele faça a auditoria em cada conta são variáveis aleatórias independentes e identicamente distribuídas com média de 20 minutos e variância de 16 minutos^2. Ao utilizar o teorema do limite central, qual a probabilidade aproximada de que sejam gastos menos de 450 minutos para auditar 25 contas?

Observação: $\Phi(z) = P(Z \leq z)$, onde $Z \sim N(0{,}1)$.

a) $\phi(2{,}5)$

b) $\phi(1{,}25)$

c) $\phi(0{,}125)$

d) $1 - \phi(2{,}5)$

e) $1 - \phi(0{,}125)$

Sugestão de Solução.

i) Seja a *v.a.* T que mede o tempo para auditar cada conta:

$$T_1, T_2, T_3, \dots, T_{25}$$

Temos que:

$$\mathbb{E}(T) = \mu_T = 20 \text{ minutos/1 conta}$$

$$\mathbb{V}(T) = \sigma_T^2 = 16 \text{ (minutos)}^2/\text{conta}$$

$$\mathbb{D}(T) = \sigma_T = 4 \text{ minutos/conta.}$$

ii) Soma Amostral:

Seja a *v.a.* S que mede o tempo total para auditar $n = 25$ contas:

$$S_n \sim N(n\mu; n\sigma^2) \quad \text{aproximadamente.}$$

$$S \sim N(25\mu_T; 25\sigma_T^2) \text{ aproximadamente.}$$

Temos que:

$$\mathbb{E}(S) = \mu_S = 25.\mu_T = 25.20 = 500 \text{ minutos/25 contas}$$

$$\mathbb{V}(S) = \sigma_S^2 = 25.\sigma_T^2 = 25.4^2 = 25.16 = 400 \text{ (minutos)}^2/25 \text{ contas}$$

$$\mathbb{D}(S) = \sigma_S = \sqrt{V(S)} = \sqrt{400} \cong 20 \text{ minutos/25 contas}$$

iii) Considerando que $n = 25$ não é um número pequeno, a partir do Teorema Central do Limite (T.C.L.), seja qual for a distribuição de T, a sua soma S será distribuída da seguinte forma:

$$S \sim N(500; 400) \text{ aproximadamente.}$$

A probabilidade aproximada de que sejam gastos menos de 450 minutos para auditar 25 contas será

$$P(S < 450) = P\left(Z < \frac{S - \mu_S}{\sigma_S}\right)$$

$$P(S < 450) = P\left(Z < \frac{450 - 500}{20}\right)$$

$$P(S < 450) = P(Z < -2{,}50)$$

$$P(S < 450) = P(Z > +2{,}50)$$

$$P(S < 450) = 1 - P(Z < 2{,}50)$$

$$P(S < 450) = 1 - \phi(2{,}50)$$

Resposta: **Item d).**

DESAFIO 2.7

Em muitas situações, o cálculo das probabilidades com a distribuição de Poisson se torna trabalhoso em virtude do grande número de parcelas a serem calculadas, por exemplo, em casos do tipo $P(X < 80) = P(X = 0) + P(X = 1) + \cdots + P(X = 79)$.

a) Demonstre matematicamente em que situações é possível aproximar uma distribuição de Poisson a uma distribuição normal, permitindo um cálculo rápido, com precisão de *duas casas decimais.*

b) Assista à **aula m)**, do YouTube, que consta na lista abaixo e faça a aproximação resolvendo o exercício da central telefônica:

"Uma central telefônica recebe 125 chamadas por hora. Calcule a probabilidade dessa central telefônica receber menos de 80 chamadas na próxima hora." (Com precisão de 2 casas decimais).

Sugestões de videoaulas

a) Definição rigorosa de Probabilidade
https://www.youtube.com/watch?v=UE3NoE_gN6s&t=75s

b) Valor Esperado
https://www.youtube.com/watch?v=bm5PJBlY9Ns

c) Variância e Desvio Padrão
https://www.youtube.com/watch?v=oj_MkXKLPSk&t=99s

d) O problema dos aniversários
https://www.youtube.com/watch?v=bQT-KTseOOw

e) Aula 1.6 | Probabilidade: Introdução e Teoremas | Prof. Lisiane Selau
https://www.youtube.com/watch?v=ejMvaoUZigI

f) Aula 1.7 | Probabilidade Condicional e Teorema de Bayes | Prof. Lisiane Selau
https://www.youtube.com/watch?v=wcMZtwAubsA

g) Estatística - Aula 05 - Teoremas de probabilidade
https://www.youtube.com/watch?v=Q6PQkFYiCRs&t=156s

h) Estatística - Aula 06 - Exercícios sobre probabilidade
https://www.youtube.com/watch?v=WEUzStGJIiQ

i) Estatística - Distribuições de probabilidade: variável aleatória discreta e contínua
https://www.youtube.com/watch?v=kkbgGt8UkzY

j) Probabilidade e Estatística – Distribuição Normal
https://youtu.be/cCcMW278cW0

k) Variáveis Aleatórias – Distribuição Normal
https://youtu.be/QLcevuW3ZHo

l) Aproximação Poisson da binomial
https://youtu.be/LA21uKo2WeE

m) APROXIMAÇÃO da Distribuição de POISSON pela Distribuição NORMAL
https://www.youtube.com/watch?v=u_v927N5S-E

n) Estatística e Probabilidade – O teorema central do limite
https://youtu.be/34qb9m0NeNc

o) Teorema do Limite Central
https://youtu.be/t31I49KYFDo

p) Inferência Estatística: Prova do Teorema Central do limite
https://youtu.be/aJcyQjskvqo

Referências

DEVORE, Jay L. **Probabilidade e Estatística para Engenharia e Ciências**. São Paulo: Editora Cengage Learning, 2015.

EQUIPE COM – OBMEP. **Permutação Caótica:** Explorando o tema. Clubes de Matemática da OBMEP: Disseminando o estudo da matemática. Disponível em: https://bit.ly/45BMmcR. Acesso em: 11. Mar, 2023.

HACKING, Ian. **The Emergence of Probability**. 2 ed. Cambridge University Press, 2006.

HAZZAN, Samuel. **Fundamentos de Matemática Elementar**, v.5: combinatória, probabilidade. 8. ed. São Paulo: Atual, 2013.

LEVINE, David M.; STEPHAN, David F.; Szabat, Kathryn A. **Estatística**: teoria e aplicações usando MS Excel em português. 7 ed. São Paulo: LTC, 2017.

MAGALHÃES, Marcos N.; LIMA, Antônio Carlos P. **Noções de Probabilidade e Estatística**. 7 ed. São Paulo: Edusp, 2015.

MEYER, Paul L. **Probabilidade:** aplicações à estatística. Rio de Janeiro: LTC, 1983.

MORGADO, Augusto C. et al. **Análise Combinatória e Probabilidade**: com as soluções dos exercícios. 10 ed. Rio de Janeiro: Editora SBM, 2016.

NAVIDI, William. **Probabilidade e Estatística para Ciências Exatas**. Porto Alegre: Editoras Bookman e Mc-Graw Hill, 2012.

ROSS, Sheldon. **Probabilidade**: um curso moderno com aplicações. Porto Alegre: Editora Bookman, 2010.

SANTOS, José Plínio O.; MELLO, Margarida P.; MURARI, Idani T.C. **Introdução à Análise Combinatória**. 4 ed. Rio de Janeiro: Ciência Moderna, 2008.

SPIEGEL, M. R.; SCHILLER, J.; SRINIVASAN, A. **Probabilidade e Estatística**: 897 problemas resolvidos. 3 ed. Porto Alegre: Bookman, 2013. 440 p. (Coleção Schaum).

XIMENES, Emanoelle. **Distribuição de Poisson**. ACADEMIA.EDU. Disponível em: https://bit.ly/3XEouDy. Acesso em 21/06/2023.

Questões de Concursos

2.1 (IFPI – Edital 86/2019) (Q42)

Um dado foi lançado 4 vezes. Sabendo-se que no primeiro lançamento, de um valor par como resultado, qual a probabilidade de terem caído mais números pares do que ímpares ao final dos 4 lançamentos.

a) 1/8.

b) 3/8.

c) 1/4.

d) 1/2.

e) 3/4.

Sugestão de Solução.

$$P(x = k) = \binom{n}{k} \times p^k \times q^{n-k}$$

$$\binom{n}{k} = \frac{n!}{k! \times (n-k)!}$$

$$(\text{Par, Par, Par, Par}) \text{ ou } (\text{Par, Par, Par, Ímpar})$$

$$n = 3$$

$$p = 50\% \text{ ou } 0{,}5 = \frac{1}{2}$$

$$q = 50\% \text{ ou } 0{,}5 = \frac{1}{2}$$

$$P(x = 3) = \binom{3}{3} . \left(\frac{1}{2}\right)^3 . \left(\frac{1}{2}\right)^{3-3} = 1 . \frac{1}{8} . \left(\frac{1}{2}\right)^0 = 1 . \frac{1}{8} . 1 = \frac{1}{8}$$

$$P(x = 2) = \binom{3}{2} . \left(\frac{1}{2}\right)^2 . \left(\frac{1}{2}\right)^{3-2} = \frac{3!}{2! \times (3-2)!} . \frac{1}{4} . \frac{1}{2} = 3 . \frac{1}{4} . \frac{1}{2} = \frac{3}{8}$$

$$P(x = 3 \text{ ou } x = 2) = \frac{1}{8} + \frac{3}{8} = \frac{4}{8} = \frac{1}{2}.$$

Gabarito: **Item d).**

2.2 (IFPI – Edital 73/2022) (Q31)

De março de 2011 até junho de 2022, a Seleção Brasileira de Futebol masculino teve a seu favor 45 pênaltis marcados, e destes 51% foram batidos pelo jogador Neymar, totalizando 23 cobranças. Sabe-se que Neymar converteu 20 das 23 cobranças, obtendo assim um aproveitamento positivo de 87%. Já, nos outros 22 pênaltis marcados a favor da Seleção Brasileira e batidos por outros jogadores, o aproveitamento foi de 68% de acertos, assim, os outros jogadores juntos marcaram 15 gols de pênalti, nesse mesmo período. Considere que esses percentuais de aproveitamento se mantenham durante todo o ano de 2022. Se durante a Copa de 2022, no Catar, um pênalti for marcado a favor do Brasil e este for desperdiçado, qual a probabilidade de ser batido pelo Neymar?

a) 15,7%.

b) 20,7%.

c) 29,7%.

d) 40,7%.

e) 45,7%.

2.3 (IFPI – Edital 20/2011) (Q29)

Seis dados de cores distintas são lançados simultaneamente. Calcule e assinale a probabilidade de que 3 faces contenham um mesmo valor, duas outras contenham um outro valor e a restante contenha um valor distinto dos 2 anteriores.

a) 5/972.

b) 5/486.

c) 25/648.

d) 25/162.

e) 25/81.

Sugestão de Solução.

Figura QC 2.3 – Dados.

Fonte: Os autores (2024).

Sabendo que a definição de probabilidade de ocorrer um evento E dentro de um universo U é dada por

$$P(E) = \frac{n(E)}{n(U)}$$

Neste caso o n(U) é dado por

$$6 \times 6 \times 6 \times 6 \times 6 \times 6 = 6^6$$

Para determinar n(E) devemos observar que E corresponde a 3 faces terem o mesmo valor, 2 outras um mesmo valor diferente e a face restante um outro valor distinto.

Podemos considerar as seguintes possibilidades

$$6 \times 1 \times 1 \times 5 \times 1 \times 4 = 120$$

Temos 120 opções de escolha dos valores das faces sendo que ao escolher o número da primeira face, onde temos 6 possibilidades, as próximas duas tem apenas 1 possibilidade, ao escolher a quarta face temos 5 possibilidades e a quinta face apenas uma possibilidade, a última face tem 4 possibilidades que correspondem aos números restantes.

Porém perceba que existe a permutação das faces, onde temos 3 faces repetidas e mais 2 faces repetidas, ou seja,

$$P_6^{3,2} = \frac{6!}{3! \times 2!} = 6 \times 5 \times 2 = 60$$

Logo o total de maneiras distintas de ocorrer o evento E é dada por 60 × 120 = 7200

E a probabilidade procurada é dada por

$$P(E) = \frac{7200}{6^6} = \frac{7200}{6 \times 6 \times 6 \times 6^3} = \frac{100}{3 \times 6^3} = \frac{25}{3 \times 3 \times 3 \times 6} = \frac{25}{162}$$

Gabarito: **Item d)**.

2.4 (FUNRIO-IFPI – Edital 01/2014) (Q13)

Uma caixa contém dez bolas brancas e trinta bolas vermelhas. Cinco bolas são retiradas da caixa de forma aleatória e sem reposição. Qual o valor aproximado da probabilidade de que pelo menos uma das bolas retiradas seja branca?

a) 0,90.

b) 0,76.

c) 0,62.

d) 0,44.

e) 0,25.

2.5 (FUNRIO-IFPI – Edital 01/2014) (Q12)

Dentro de uma urna há 8 bolas numeradas de 1 até 8. Três bolas são sorteadas aleatoriamente e sem reposição. Qual a probabilidade do número formado com os algarismos das bolas sorteadas seja maior do que 500 e menor do que 700?

a) 0,15.

b) 0,25.

c) 0,30.

d) 0,35.

e) 0,40.

Sugestão de Soluções.

Do conceito de probabilidades, temos

$$P(E) = \frac{n(E)}{n(U)},$$

onde:

$$n(E) = 42 + 42 = 84$$

e

$$n(U) = 8 \times 7 \times 6 = 336,$$

Portanto,

$$P(E) = \frac{84}{336} = \frac{42}{168} = \frac{21}{84} = \frac{3}{12} = 0,25.$$

Resposta: **Item b)**.

2.6 (CSEP-IFPI – Edital 86/2019)

Um dado foi lançado 4 vezes. Sabendo que, no primeiro lançamento, deu um valor par como resultado, qual a probabilidade de terem saído mais números pares do que ímpares ao final dos 4 lançamentos?

a) 1/8.

b) 3/8.

c) 1/4.

d) 1/2.

e) 3/4.

2.7 (IFPI ESTATÍSTICA – Edital 01/2014) (Q19)

Questão 19 A variável aleatória discreta *X* assume valores no conjunto dos números naturais (0,1, 2, ...), sendo Pr(X=n) = p^{n+1}, em que Pr(X = n) é a probabilidade de *X* assumir o valor n. Qual a probabilidade de *X* ser maior ou igual a 1?

a) 0,45.

b) 0,50.

c) 0,55.

d) 0,58.

e) 0,60.

Sugestão de Solução.

A probabilidade de *X* ser maior ou igual a 1é complementar à probabilidade de *X* ser menor que 1, pois as duas englobam todas as possibilidades existentes, assim temos

$$Pr(X \geq 1) + Pr(X < 1) = 1$$

$$Pr(X \geq 1) = 1 - Pr(X < 1)$$

A probabilidade de X < 1 corresponde a probabilidade de X = 0 que é dada por

$$\Pr(X = 0) = p^{0+1} = p$$

Logo a probabilidade de X ≥ 1 é dada por

$$Pr(X \geq 0) = 1 - p$$

Observe que o valor de p está no intervalo $0 \leq p \leq 1$ e que

$$p^1 + p^2 + p^3 + p^4 + p^5 + \cdots = 1$$

Que corresponde a uma série geométrica de $a_0 = p\ e\ r = p$ cuja soma é dada por

$$p^1 + p^2 + p^3 + p^4 + p^5 + \cdots = \frac{p}{1-p} = 1$$

$$p = 1 \times (1 - p)$$

$$p = 1 - p$$

$$2p = 1$$

$$p = \frac{1}{2} = 50\%$$

Gabarito: **Item b)**.

2.8 (IFPI ESTATÍSTICA – Edital 2014) (Q21)

Uma fila de 200 pessoas foi formada aleatoriamente. Nela há dois estatísticos. Qual a probabilidade de eles não serem vizinhos de fila?

a) 99,5%.

b) 99%.

c) 98%.

d) 97,5%.

e) 97%.

2.9 (IFPI ESTATÍSTICA – Edital 2014) (Q19)

Uma prova contém uma questão em que o aluno deve responder se ela é falsa ou verdadeira. Dos alunos de uma turma, 50% sabem a resposta. Um aluno da turma é escolhido ao acaso.

A probabilidade de que ele tenha acertado é de aproximadamente:

a) 14,3%.

b) 25%.

c) 50%.

d) 75%.

e) 87,5%.

Sugestão de Solução.

A maneira segura de resolver essa questão é pelo Teorema da Probabilidade Total. Para isso, no entanto, se faz necessário identificar a partição do espaço amostral:

Ω: {Todos os alunos da turma};

R: {Os alunos da turma que sabem a resposta da questão}

$\bar{R}$: {Os alunos da turma que não sabem a resposta da questão}

A: {Os alunos que acertaram a questão}

Figura QC 2.9 – Partição.

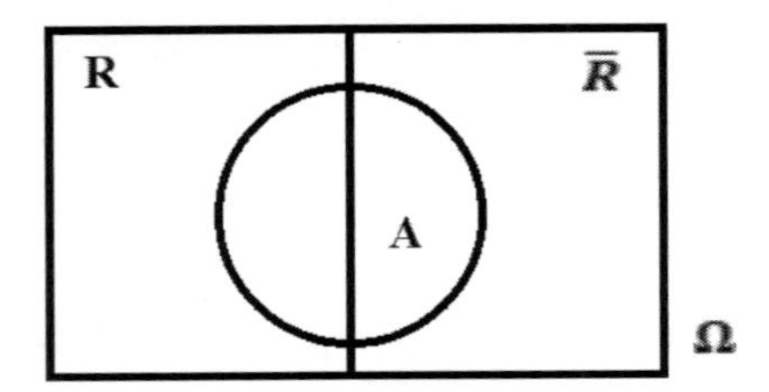

Fonte: Os autores, 2023.

Nesse caso, a partição é do tipo

$$\mathcal{P} = \{R; \bar{R}\}$$

Valerá, portanto, a relação

$$P(A) = P(R).P(A|R) + P(\bar{R}).P(A|\bar{R})$$

A probabilidade de um aluno qualquer, escolhido aleatoriamente conhecer a resposta é de $P(R) = 0{,}50$. Identicamente, a probabilidade do evento complementar será $P(\bar{R}) = 0{,}50$ e a probabilidade de ele acertar a resposta dado que a conhece é 100%, ou seja, $P(A|R) = 1$. Para chegarmos ao gabarito oficial, devemos admitir que a probabilidade de um aluno acertar a questão sem saber a sua resposta, é de 50%, ou seja, $P(A|\bar{R}) = 0{,}50$. Repare que, a rigor, isso não é óbvio, já que há questões mais fáceis e questões mais difíceis e, além disso, existe uma heterogeneidade natural no nível intelectual dos alunos de uma turma. Entendemos aqui que a banca raciocinou da seguinte forma: *"Se há uma resposta correta e uma resposta errada possíveis, então existe um caso favorável e dois casos possíveis, logo a probabilidade de acerto é 50%."* Perceba a fragilidade dessa argumentação na prática, sobretudo quando levamos em conta que essa dicotomia não foi explicitada no enunciado da questão. Todavia, seguindo essa linha de raciocínio e até por falta de dados adicionais, teríamos:

$$P(A) = P(R).P(A|R) + P(\bar{R}).P(A|\bar{R})$$

$$P(A) = 0{,}50.1 + 0{,}50.0{,}50 = 0{,}75$$

Gabarito: **Item d)**.

2.10 (IFPI ESTATÍSTICA – Edital 2014) (Q19)

Uma prova contém uma questão em que o aluno deve responder se ela é falsa ou verdadeira. Dos alunos de uma turma, 50% sabem a resposta. Um aluno da turma é escolhido ao acaso.

Dado que o aluno acertou a questão, a probabilidade de que ele tenha "chutado" é de aproximadamente:

a) 25%.

b) 33,3%.

c) 50%.

d) 66,6%.

e) 75%.

2.11 (IFPA – Edital 01 de 2015) (Q27)

Um paraquedista, a uma certa altura, tem a probabilidade de cair em uma região circular com 2 km de raio. Sabendo que no centro da região circular passa um rio de 200 m de largura, a probabilidade de o paraquedista não cair no rio é aproximadamente de:

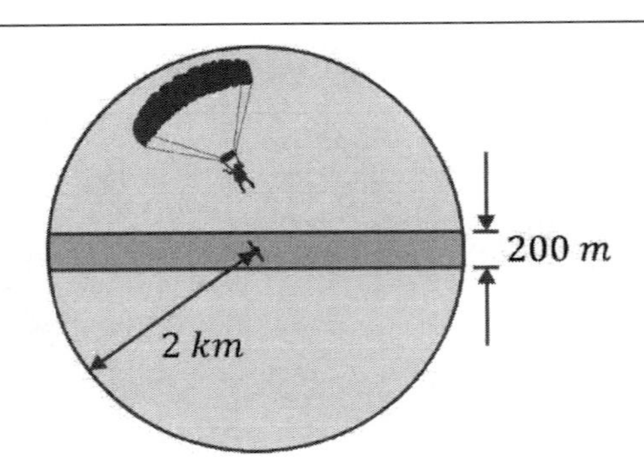

a) $\frac{1}{10\pi}$.

b) $\frac{1}{5\pi}$.

c) $\frac{2}{5\pi}$.

d) $\frac{5\pi-1}{5\pi}$.

e) $\frac{10\pi-1}{10\pi}$.

Sugestão de Solução.

Temos que a probabilidade é igual a 1 menos a área do retângulo dividida pela área do círculo:

$$p = 1 - \left(\frac{0{,}2.4}{\pi.2^2}\right) = 1 - \frac{0{,}8}{4\pi} = 1 - \frac{1}{5\pi},$$

$$p = \frac{(5\pi - 1)}{5\pi}.$$

Gabarito: **Item d)**.

2.12 (IFPA – Edital 01 de 2015) (Q39)

Um grupo de estudantes do IFPA precisa fazer uma atividade de campo que durará 5 dias seguidos e estão preocupados com a possibilidade de chover. Assim, com intuito de tentar prever o clima, os alunos fizeram um grande número de registros. Desta forma, determinaram que a probabilidade de um dia chuvoso seguido por um dia ensolarado é de $2/3$, e a probabilidade de um dia chuvoso seguido por outro dia chuvoso é de $1/2$. Dessa maneira, obtiveram a seguinte tabela de probabilidades:

	DIA ENSOLARADO	DIA CHUVOSO
DIA ENSOLARADO	1/3	1/2
DIA CHUVOSO	2/3	1/2

A partir da informação da probabilidade de um dia, os alunos verificaram que é possível estimar se um dia n será chuvoso ou ensolarado através da tabela de probabilidades, chamada de matriz de transição $T_{2\times 2}$. Para isso, é necessário saber o estado inicial. Supondo que o dia 0 (um dia antes do 1º dia da atividade de campo) está chuvoso, ou seja, o estado inicial é $x^{(0)} = \begin{bmatrix} 0 \\ 1 \end{bmatrix}$ então o dia da atividade de campo que possui a maior probabilidade de chover é:

a) 1º dia.

b) 2º dia.

c) 3º dia.

d) 4º dia.

e) 5º dia.

2.13 (FADESP IFPA – Edital 008 de 2018) (Q50)

As 20 vagas de um estacionamento são organizadas em 4 fileiras de 5 vagas cada, sendo as vagas da primeira fileira numeradas de um a cinco [1 a 5], da segunda fileira de seis a dez [6 a 10] e assim sucessivamente. Quatro veículos entram no estacionamento vazio. A probabilidade de que os quatros veículos estacionem em vagas numeradas com números primos, e em fileiras distintas é

a) 4/1615.

b) 137/1615.

c) 1232/14535.

d) 9857/116280.

e) 27/323.

Sugestão de Solução.

A probabilidade de ocorrer o evento E "que os quatros veículos estacionem em vagas numeradas com números primos, e em fileiras distintas" é dada por

$$P(E) = \frac{n(E)}{n(U)}$$

Onde n(U) corresponde a todas as formar em que os 4 veículos podem estacionar e o n(E) corresponde ao número de formas com que os 4 veículos podem estacionar nas vagas numeradas com números primos em fileiras distintas.

Sabendo que a forma deste estacionamento é

1	2	3	4	5
6	7	8	9	10
11	12	13	14	15
16	17	18	19	20

O n(U) corresponde a uma combinação simples de 20 elementos em grupos de 4 elementos cada, ou seja

$$n(U) = C_{20,4} = \frac{20!}{4! \times (20-4)!} = \frac{20!}{4! \times 16!} = 5 \times 19 \times 3 \times 17 = 4845$$

Sendo que as vagas com números primos são

1	2	3	4	5
6	7	8	9	10
11	12	13	14	15
16	17	18	19	20

Para a determinação das vagas com números primos temos uma combinação simples de 8 números em grupos de 4, ou seja

$$C_{8,4} = \frac{8!}{4! \times (8-4)!} = \frac{8!}{4! \times 4!} = 7 \times 2 \times 5 = 70$$

Porém precisamos retiras deste total os casos em que os carros não estacionam em fileiras distintas, o que ocorre quando

1 – Quando temos três carros na primeira fileira

$$1 \times 5 = 5$$

2 – Quando temos dois carros na primeira fileira

$$C_{3,2} \times C_{5,2} = 3 \times 10 = 30$$

3 – Quando temos um carro na primeira fileira e dois carros na terceira fileira

$$3 \times 1 \times 3 = 9$$

4 – Quando temos um carro na primeira fileira e dois carros na quarta fileira

$$3 \times 3 \times 1 = 9$$

5 – Quando temos dois carros na terceira fileira

$$1 \times 3 \times 1 = 3$$

6 – Quando temos dois carros na quarta fileira

$$1 \times 1 \times 3 = 3$$

Assim o n(E) é igual a

$$70 - 5 - 30 - 9 - 9 - 3 - 3 + 1 = 12$$

E a probabilidade de ocorrer E é dada por

$$P(E) = \frac{12}{4845} = \frac{4}{1615}$$

Gabarito: **Item a)**.

2.14 (FADESP IFPA – Edital 008 de 2018) (Q51)

As 20 vagas de um estacionamento são numeradas de 1 a 20. Cinco veículos entram no estacionamento vazio. A probabilidade de que os cinco veículos estacionem em vagas numeradas com números primos é

a) 7/1938.

b) 1/323.

c) 1/969.

d) 4/2907.

e) 5/1938.

2.15 IFPA – Edital 22 de 2019) (Q25)

Oito seleções (A,B,C,D,E,F,G e H) competem em um torneio de futebol. Na primeira rodada, serão realizadas quatro partidas, nas quais os adversários são escolhidos por sorteio. Todos possuem a mesma chance de serem escolhidos. Qual é a probabilidade da seleção B enfrentar a seleção A na primeira rodada?

a) 1/8.

b) 1/7.

c) 1/6.

d) 1/5.

e) 1/4.

Sugestão de Solução:

Considere um sorteio no qual a seleção B foi sorteada. As opções para o adversário da seleção B são qualquer uma das sete seleções do torneio, inclusive a seleção A, logo a probabilidade é dada por i caso favorável em sete casos possíveis, ou seja

$$(AB, AC, AD, AE, AF, AG, AH)$$

Assim temos que

$$P(E) = \frac{1}{7}$$

Gabarito: **Item b)**.

2.16 IFPA – Edital 22 de 2019) (Q26)

Dois dados: um maior e "honesto" e outro menor e "viciado", conforme a figura abaixo, são lançados. A probabilidade de se obter a face voltada para cima é proporcional ao número que está voltado para cima, no dado "viciado". Já, no "honesto", a probabilidade de se obter a face voltada para cima é a mesma para qualquer número. Somando os números obtidos no maior e menor, determine a probabilidade de ser obtida a soma dez:

Figura QC 2.16 – Dados.

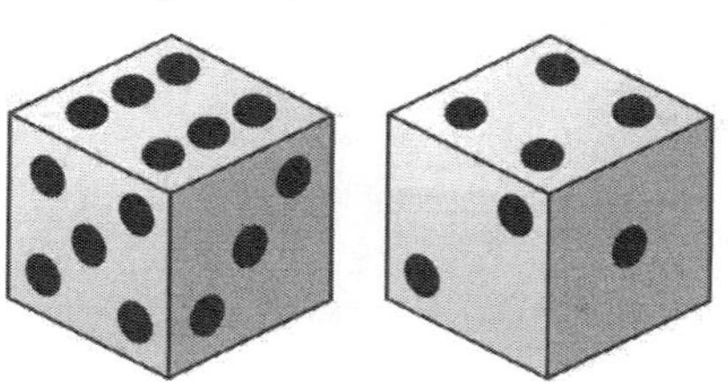

Fonte: Os autores (2024).

a) 5/42.

b) 5/21.

c) 8/21.

d) 5/63.

e) 21/7.

2.17 (IFPA – Edital 22 de 2019) (Q27)

Em uma brincadeira de "amigo oculto", cinco pessoas (A, B, C, D e E) escrevem, cada uma, o seu nome em um pedaço de papel e o depositam num recipiente, de onde, posteriormente, cada uma retirará aleatoriamente um dos pedaços de papel. Por exemplo, A retira B, B retira C, C retira D, D retira E e, por último, E retira A. Essa permutação BCDEA, em Matemática, é denominada de permutação caótica, ou seja, ninguém pode retirar o seu próprio nome. Determine qual a probabilidade de ninguém pegar seu próprio nome?

a) 1/2.

b) 3/8.

c) 11/30.

d) 1/3.

e) 3/40.

Sugestão de Solução.

Considerando a fórmula geral que conta o número de permutações caóticas como

$$D_n = n!\left[\frac{1}{0!} - \frac{1}{1!} + \frac{1}{2!} - \frac{1}{3!} + \cdots + \frac{(-1)^n}{n!}\right]$$

Sendo assim,

$$D_5 = 5!\left[\frac{1}{0!} - \frac{1}{1!} + \frac{1}{2!} - \frac{1}{3!} + \frac{1}{4!} - \frac{1}{5!}\right]$$

$$D_5 = 120\left[1 - 1 + \frac{1}{2} - \frac{1}{6} + \frac{1}{24} - \frac{1}{120}\right]$$

$$D_5 = 120\left(\frac{60 - 20 + 5 - 1}{120}\right) = 120\left(\frac{44}{120}\right)$$

$D_5 = 44$ possibilidades favoráveis.

E a probabilidade será

$$P(E) = \frac{\#E}{\#\Omega} = \frac{44}{120} = \frac{11}{30}$$

Resposta: Item c).

■ **COMENTÁRIO:**

O gabarito oficial deu letra e).

Gabarito: **Item e).**

2.18 (IFPA – Edital 22 de 2022) (Q19)

Numa linha de produção de parafusos, três máquinas A, B e C são utilizadas, as quais produzem respectivamente 15%, 60% e 25% do total de parafusos. Dos parafusos produzidos, o percentual defeituoso, nas respectivas máquinas, são 2%, 6% e 5%. Um parafuso é sorteado aleatoriamente e verifica-se que é defeituoso. A probabilidade de que o parafuso tenha vindo da máquina C é de

a) 60/103.

b) 6/103.

c) 75/103.

d) 25/103.

e) 15/103.

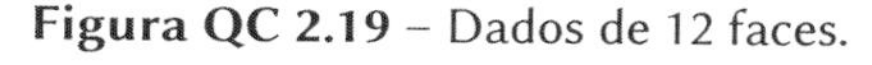

2.19 (IFSul – Edital 168/2015) (Q12)

É sabido que jogadores de RPG usam, entre outros, dados de 12 (doze) faces. Considere um dado viciado de 12 (doze) faces, numeradas de 1 a 12, tal que a probabilidade de sair um número par é o triplo da probabilidade de sair um número ímpar. Sendo assim, a probabilidade de sair o número 7 (sete) em um único no lançamento do dado é de:

Figura QC 2.19 – Dados de 12 faces.

Fonte: Adaptado de IFSul 2015.

a) 1/24.

b) 1/48.

c) 1/4.

d) 5/12.

Sugestão de Solução.

Em um dado honesto com 12 faces cada face tem a mesma probabilidade e a soma destas é igual a uma unidade, ou seja;

$$P(1) + P(2) + P(3) + P(4) + P(5) + P(6) + P(7) + P(8) + P(9) + P(10) + P(11) + P(12) = 1$$

Observe que P(par) + P(ímpar) = 1

No caso do dado viciado temos que as probabilidades de sair números pares é o triplo de sair um número ímpar, logo;

$$P(\text{par}) + P(\text{ímpar}) = 1$$

$$3 \times P(\text{ímpar}) + P(\text{ímpar}) = 1$$

$$4 \times P(\text{ímpar}) = 1$$

$$P(\text{ímpar}) = \frac{1}{4}$$

Sabendo a probabilidade de sair um número ímpar e como temos 6 casos possíveis em um dado de 12 faces temos que

$$P(X = 7) = \frac{\frac{1}{4}}{6} = \frac{1}{24}.$$

Gabarito: **Item a)**.

2.20 (IFSul – Edital 049/2020) (Q27)

Um processo seletivo de uma empresa possui oferta de vagas para os cargos de Auxiliar de Serviços Gerais (A), Motorista de Veículos (M) e Operador de Máquinas (O). Dos 368 candidatos, o número de inscritos nos cargos está apresentado na tabela a seguir:

Cargo	A	M	O	A e M	A e O	M e O	A, M e O
Número de inscritos	157	158	175	42	27	61	8

Selecionando um candidato ao acaso, a probabilidade de ele ter se inscrito em exatamente dois cargos ofertados é de aproximadamente

a) 35,33%.

b) 30,98%.

c) 28,80%.

d) 16,67%.

2.21 (IFSul – Edital 049/2020) (Q35)

Considere duas urnas. A urna A contém 3 bolas vermelhas e 5 bolas azuis, e a urna B contém 5 bolas vermelhas e 4 bolas azuis. Uma bola é retirada da urna A e colocada sem ser vista na urna B. Em seguida, retira-se aleatoriamente uma bola da urna B. Qual é a probabilidade dessa última bola retirada ser azul?

a) 47,5%.

b) 46,25%.

c) 42,25%.

d) 40,5%.

Sugestão de Solução.

Nesse caso, precisamos idealizar as duas urnas separadamente tendo em vista a transferência de uma bola desconhecida:

Figura QC 2.21a – Transferência de uma bola da urna A para a urna B.

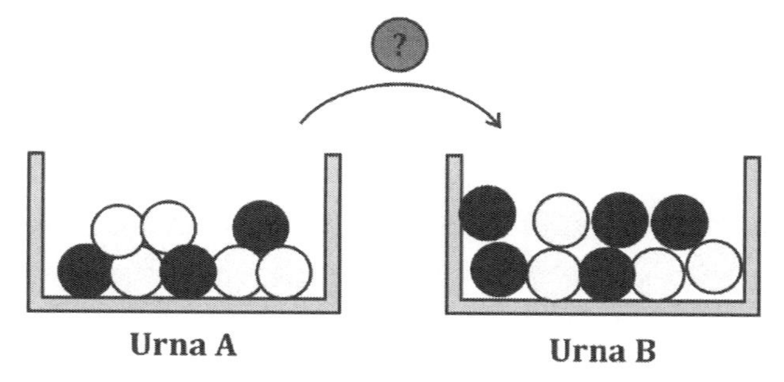

Fonte: Os autores (2024).

Consideremos os seguintes eventos aleatórios:

V: É transferida uma bola vermelha para a urna B;

A: É transferida uma bola azul para a urna B;

Z: É sorteada uma bola azul da urna B após a transferência.

A partição que comporá o espaço de amostras será

$$\mathcal{P} = \{V; A\}$$

Figura QC 2.21b – Partição envolvida no processo aleatório.

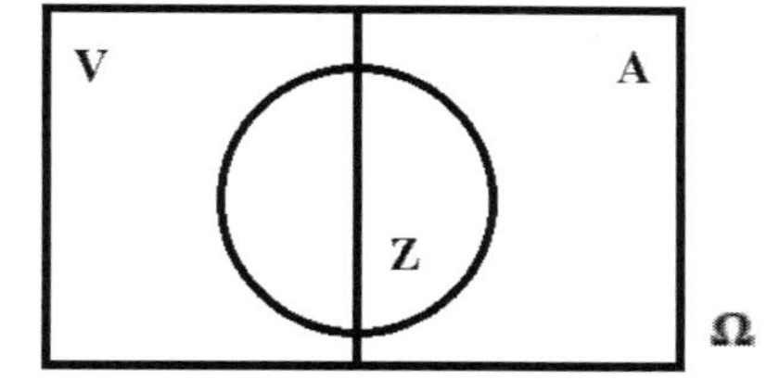

Fonte: Os autores (2024).

i) No caso de ter sido transferida uma bola vermelha para a urna B teremos:

Figura QC 2.21c – Caso tenha sido transferida uma bola vermelha.

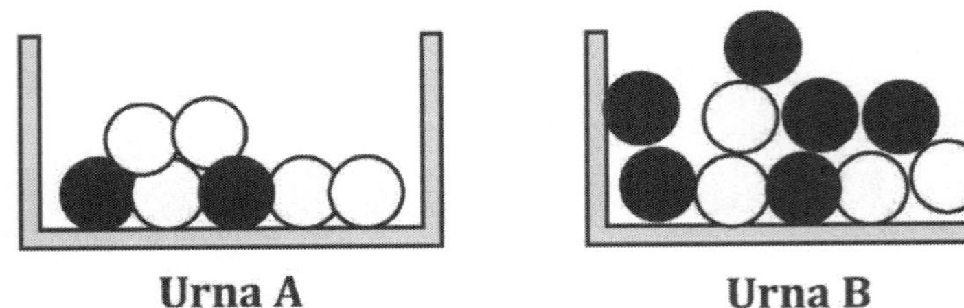

Fonte: Os autores (2024).

$P(V) = {}^{3}/_{8}$ (probabilidade de ser escolhida uma bola vermelha, no início);

$P(Z|V) = {}^{4}/_{10}$ (probabilidade de sortearmos uma bola azul dada a transferência de uma vermelha).

ii) Já no caso de ter sido transferida uma bola azul:

Figura QC 2.21d – Caso tenha sido transferida uma bola azul.

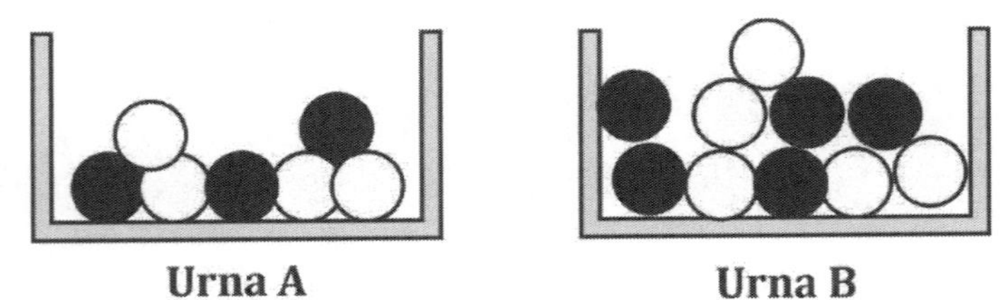

Fonte: Os autores (2024).

$P(A) = {}^{5}/_{8}$ (probabilidade de ser escolhida uma bola azul, no início);

$P(Z|A) = {}^{5}/_{10}$ (probabilidade de sortearmos uma bola azul dada a transferência de uma azul).

Pelo Teorema da Probabilidade Total vale:

$$P(Z) = P(V).P(Z|V) + P(A).P(Z|A)$$

$$P(Z) = \frac{3}{8}.\frac{4}{10} + \frac{5}{8}.\frac{5}{10}$$

$$P(Z) = \frac{37}{80} = 0{,}4625$$

Gabarito: **Item b)**.

2.22 (IFAC – Edital 2012) (Q29)

De um baralho completo são retirados os 4 ases de naipes distintos. Essas quatro cartas são embaralhadas e dispostas, voltadas para baixo, sobre uma mesa, por duas vezes. A cada vez que se dispõem as cartas é virada uma delas aleatoriamente. Qual a probabilidade de ser virada, nessas duas vezes, uma mesma carta?

a) uma em dezesseis.

b) uma em oito.

c) duas em três.

d) uma em quatro.

e) uma em cinquenta e duas.

2.23 (COPEMA/IFAL – Edital 01/2010) (Q23)

Tem-se um lote de 8 peças defeituosas. Quer-se acrescentar a esse lote c peças perfeitas, de modo que, retirando ao acaso e sem reposição, duas peças do novo lote, a probabilidade de serem ambas defeituosas seja menor que 20%. Assim o menor valor possível de c é:

a) 14.

b) 11.

c) 12.

d) 13.

e) 10.

Sugestão de Solução.

Com 8 peças defeituosas e c peças perfeitas, na primeira extração, a probabilidade de retirar uma peça defeituosa será $^{8}/_{(8+c)}$.

Na segunda extração, como não houve reposição, a probabilidade de tirar outra peça defeituosa, será $^{7}/_{(7+c)}$.

Para a ocorrência de duas extrações seguidas, sem reposição, com peças defeituosas deve valer

$$\frac{8}{(8+c)} \cdot \frac{7}{(7+c)} < 0{,}20, \qquad c \in \mathbb{N}^*$$

$$\frac{56}{(8+c).(7+c)} < \frac{1}{5}, \qquad c \in \mathbb{N}^*$$

$$\frac{56}{(8+c).(7+c)} - \frac{1}{5} < 0, \qquad c \in \mathbb{N}^*$$

$$\frac{c^2 + 15c - 224}{c^2 + 15c + 56} > 0, \qquad c \in \mathbb{N}^*$$

que corresponde a uma inequação quociente. As raízes aproximadas do numerador são -24,24 e +9,24, já as raízes do denominador são -7 e -8.

Analisando o sinal do numerador e do denominador e considerando que c é necessariamente um número positivo (na verdade, um natural não nulo), observamos que o menor valor possível para ele é 10. Veja a região hachureada do diagrama:

Figura QC 2.23 – Análise de sinal da inequação racional.

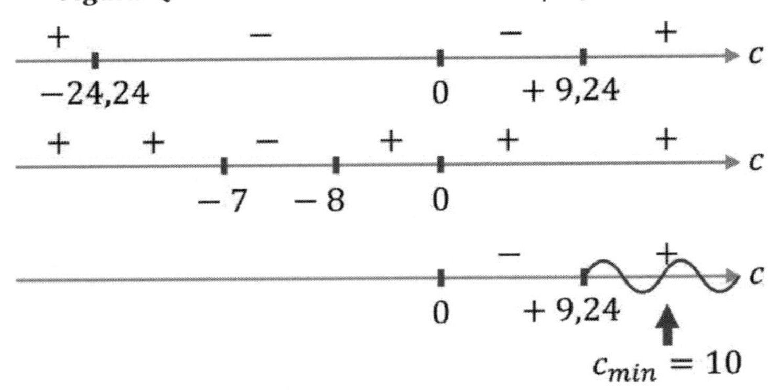

Fonte: Os autores (2024).

Gabarito: **Item e)**.

2.24 (COPEMA/IFAL – Edital 01/2010) (Q28)

Uma urna tem 9 bolas, numeradas com os números de 1 a 9. Pedro e Mariana retiram, simultaneamente, uma bola da urna. Com as bolas retiradas eles formam um número de 2 algarismos, sendo que o número que está escrito na bola de Pedro é o algarismo das dezenas e o número que está escrito na bola de

Mariana é o algarismo das unidades. Sabendo-se que a probabilidade de o número ser ímpar é a/b, então a + b é:

a) 13.

b) 14.

c) 12.

d) 11.

e) 10.

2.25 (IFAL – Edital 06/2011) (Q9)

O sistema de segurança de um dos Campi do IFAL possui dois dispositivos que funcionam de modo independente e que tem probabilidades iguais a 0,25 e 0,35 de falharem. A probabilidade de que pelo menos um dos dois dispositivos não falhe é aproximadamente

a) 0,09.

b) 0,91.

c) 0,25.

d) 0,40.

e) 0,60.

Sugestão de Solução.

Considere a probabilidade complementar de ocorrer A, sendo A o evento 'pelo menos um dos dois dispositivos não falhar', como sendo a probabilidade ocorrer B, sendo B o evento 'todos os dispositivos falharem', assim a probabilidade de que pelo menos um dos dois dispositivos não falharem pode ser dada por $P(A) = 1 - P(B)$.

Como os dispositivos funcionam de modo independente a probabilidade de os dois dispositivos falharem é dada por

$$P(B) = 0{,}25 \times 0{,}35 = 0{,}0875$$

Assim a probabilidades de pelo menos um dos dois dispositivos não falhar é

$$P(A) = 1 - P(B) = 1 - 0{,}0875 = 0{,}9125.$$

Gabarito: **Item b)**.

2.26 (IFAL – Edital 20/2012) (Q32)

Em uma prova de Física a probabilidade de que um aluno A resolva um exercício é de 40%, e a probabilidade de que outro aluno B resolva o mesmo exercício é de 25%. Calcule a probabilidade de que ambos os alunos resolvam o mesmo exercício.

a) 10%.

b) 15%.

c) 30%.

d) 65%.

e) 25%.

2.27 (IFAL – Edital 31/2014) (Q4)

Em certo clube de futebol, sabe-se que 80% dos pênaltis marcados são cobrados por jogadores destros. A probabilidade de um pênalti ser convertido se o cobrador for destro é 40% e de 70% caso o jogador seja canhoto. Se um pênalti acabou de ser marcado, a probabilidade de o pênalti ser convertido é:

a) 0,14.

b) 0,32.

c) 0,46.

d) 0,60.

Sugestão de Solução:

Nesse caso, utilizamos o Teorema da Probabilidade Total diretamente a partir da partição:

$$\mathcal{P} = \{D; C\}$$

Ω: {Todos os pênaltis cobrados por jogadores do time}

D: {O pênalti foi cobrado por jogador destro}

C: {O pênalti foi cobrado por jogador canhoto}

G: {O pênalti foi convertido em gol}

Figura QC 2.27 – Partição envolvida no problema.

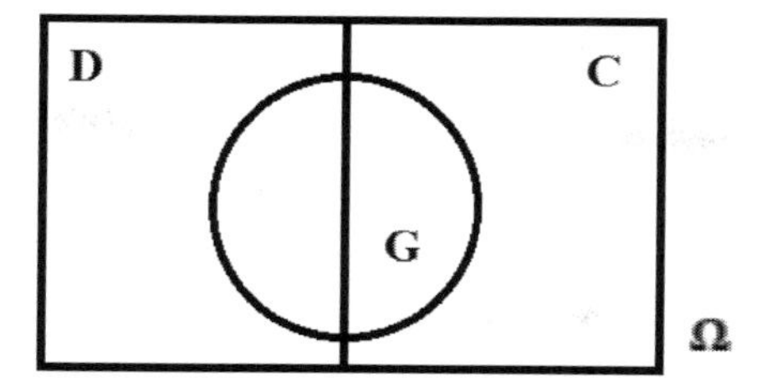

Fonte: Os autores, 2023.

Nesse caso, as probabilidades envolvidas são

$P(D) = 0{,}80$

$P(C) = 0{,}20$

$P(G|D) = 0{,}40$

$P(G|C) = 0{,}70$

Deste modo,

$$P(G) = P(D).P(G|D) + P(C).P(G|C)$$

$$P(G) = 0{,}80.0{,}40 + 0{,}20.0{,}70$$

$$\therefore \ P(G) = 0{,}46$$

Gabarito: **Item c)**.

2.28 (IFAL – Edital 20/2012) (Q1)

Os alunos do curso de Licenciatura em matemática cursam 4 disciplinas no semestre, entre as quais Cálculo Diferencial e Álgebra Linear. As avaliações finais do período serão realizadas numa única semana de junho (segunda a sexta). Admitindo que cada professor escolha o dia da sua avaliação ao acaso, a probabilidade de que não haja mais do que uma avaliação em cada dia é:

a) 4/25.

b) 1/120.

c) 4/125.

d) 2/125.

e) 24/125.

2.29 (COMPERVE/IFRN ESTATÍSTICO – Edital 2010) (Q20)

Em uma Escola funcionam três Cursos Tecnológicos: Mecânica, Enfermagem e Informática. Com base nos registros acadêmicos, sabe-se que 30% dos alunos fazem o Curso de Mecânica, 30% fazem Enfermagem e os demais frequentam o Curso de Informática. Dos alunos que fazem Mecânica, 20% fazem um curso de idiomas em Língua Inglesa. Entre aqueles que fazem Enfermagem, 10% fazem um Curso de Idiomas em Língua Inglesa e no Curso de Informática, 30% fazem um curso de Língua Inglesa. Um aluno é selecionado aleatoriamente nessa Escola e verifica-se que ele faz um Curso de Língua Inglesa. Então a probabilidade de ele ser um aluno do Curso de Enfermagem é:

a) 3/100.

b) 1/7.

c) 7/10.

d) 1/3.

Sugestão de Solução:

Utilizaremos a Regra de Bayes a partir da partição:

$$\mathcal{P} = \{M; E; F\}$$

Ω: {Todos os alunos da escola}

M: {O aluno é do curso de Mecânica}

E: {O aluno é do curso de Enfermagem}

F: {O aluno é do curso de Informática}

I: {O aluno faz curso de Inglês}

Figura QC 2.29 – Tricotomia.

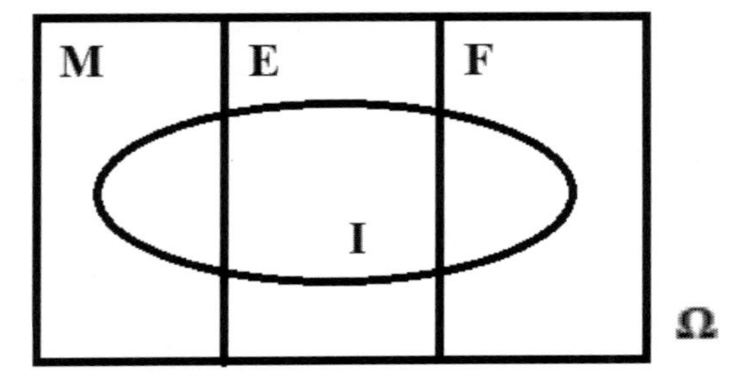

Fonte: Os autores, 2023.

Nesse caso, as probabilidades *a priori* são

$P(M) = 0{,}30$

$P(E) = 0{,}30$

$P(F) = 0{,}40$

As verossimilhanças são:

$P(I|M) = 0{,}20$

$P(I|E) = 0{,}10$

$P(I|F) = 0{,}30$

Deseja-se calcular a probabilidade *a posteriori*,

$P(E|I) =?.$

Deste modo, pela Regra de Bayes, segue que

$$P(E|I) = \frac{P(E).P(I|E)}{P(E).P(I|E) + P(M).P(I|M) + P(F).P(I|F)}$$

$$P(E|I) = \frac{0{,}30.0{,}10}{0{,}30.0{,}10 + 0{,}30.0{,}20 + 0{,}40.0{,}30}$$

$$P(E|I) = \frac{0{,}03}{0{,}03 + 0{,}06 + 0{,}12} = \frac{0{,}03}{0{,}21}$$

$$\therefore \quad P(E|I) = \frac{1}{7}$$

Gabarito: **Item b)**.

2.30 (COMPERVE/IFRN ESTATÍSTICO – Edital 2010) (Q29)

Em famílias com três filhos, considere as variáveis aleatórias: X, o número de filhos do sexo masculino; e Y assumindo valores 1, se o primeiro filho é do sexo masculino, ou 0, se o primeiro filho é do sexo feminino. Então, admitindo-se os princípios de independência e equiprobabilidade em relação ao sexo, a probabilidade condicional P(X=2 / Y=1) é:

a) 1/4.

b) 1/2.

c) 2/3.

d) 3/8.

Gabaritos

2.1	2.2	2.3	2.4	2.5	2.6	2.7	2.8	2.9	2.10
d	c	d	b	B	d	b	b	d	b
2.11	**2.12**	**2.13**	**2.14**	**2.15**	**2.16**	**2.17**	**2.18**	**2.19**	**2.20**
d	c	a	a	b	a	e	d	a	c
2.21	**2.22**	**2.23**	**2.24**	**2.25**	**2.26**	**2.27**	**2.28**	**2.29**	**2.30**
b	d	e	b	b	a	c	e	b	b

APÊNDICE A

TABELA BINOMIAL CUMULATIVA – PARTE I

		p												
n	*x*	0,05	0,10	0,20	0,25	0,30	0,40	0,50	0,60	0,70	0,75	0,80	0,90	0,95
8	0	0,663	0,430	0,168	0,100	0,058	0,017	0,004	0,001	0,000	0,000	0,000	0,000	0,000
	1	0,943	0,813	0,503	0,367	0,225	0,106	0,035	0,009	0,001	0,000	0,000	0,000	0,000
	2	0,994	0,962	0,797	0,679	0,552	0,315	0,145	0,050	0,011	0,004	0,001	0,000	0,000
	3	1,000	0,995	0,944	0,886	0,806	0,594	0,363	0,174	0,058	0,027	0,010	0,000	0,000
	4	1,000	1,000	0,990	0,973	0,942	0,826	0,637	0,406	0,194	0,114	0,056	0,005	0,000
	5	1,000	1,000	0,999	0,996	0,989	0,950	0,855	0,685	0,448	0,321	0,203	0,038	0,006
	6	1,000	1,000	1,000	1,000	0,999	0,991	0,965	0,894	0,745	0,633	0,497	0,187	0,057
	7	1,000	1,000	1,000	1,000	1,000	0,999	0,996	0,983	0,942	0,900	0,832	0,570	0,337
	8	1,000	1,000	1,000	1,000	1,000	1,000	1,000	1,000	1,000	1,000	1,000	1,000	1,000
9	0	0,630	0,387	0,134	0,075	0,040	0,010	0,002	0,000	0,000	0,000	0,000	0,000	0,000
	1	0,929	0,775	0,436	0,300	0,196	0,071	0,020	0,004	0,000	0,000	0,000	0,000	0,000
	2	0,992	0,947	0,738	0,601	0,463	0,232	0,090	0,025	0,004	0,001	0,000	0,000	0,000
	3	0,999	0,992	0,914	0,834	0,730	0,483	0,254	0,099	0,025	0,010	0,003	0,000	0,000
	4	1,000	0,999	0,980	0,951	0,901	0,733	0,500	0,267	0,099	0,049	0,020	0,001	0,000
	5	1,000	1,000	0,997	0,990	0,975	0,901	0,746	0,517	0,270	0,166	0,086	0,008	0,001
	6	1,000	1,000	1,000	0,999	0,996	0,975	0,910	0,768	0,537	0,399	0,262	0,053	0,008
	7	1,000	1,000	1,000	1,000	1,000	0,996	0,980	0,929	0,804	0,700	0,564	0,225	0,071
	8	1,000	1,000	1,000	1,000	1,000	1,000	0,998	0,990	0,960	0,925	0,866	0,613	0,370
	9	1,000	1,000	1,000	1,000	1,000	1,000	1,000	1,000	1,000	1,000	1,000	1,000	1,000
10	0	0,599	0,349	0,107	0,056	0,028	0,006	0,001	0,000	0,000	0,000	0,000	0,000	0,000
	1	0,914	0,736	0,376	0,244	0,149	0,046	0,011	0,002	0,000	0,000	0,000	0,000	0,000
	2	0,988	0,930	0,678	0,526	0,383	0,167	0,055	0,012	0,002	0,000	0,000	0,000	0,000
	3	0,999	0,987	0,879	0,776	0,650	0,382	0,172	0,055	0,011	0,004	0,001	0,000	0,000
	4	1,000	0,998	0,967	0,922	0,850	0,633	0,377	0,166	0,047	0,020	0,006	0,000	0,000
	5	1,000	1,000	0,994	0,980	0,953	0,834	0,623	0,367	0,150	0,078	0,033	0,002	0,000
	6	1,000	1,000	0,999	0,996	0,989	0,945	0,828	0,618	0,350	0,224	0,121	0,013	0,001
	7	1,000	1,000	1,000	1,000	0,998	0,988	0,945	0,833	0,617	0,474	0,322	0,070	0,012
	8	1,000	1,000	1,000	1,000	1,000	0,998	0,989	0,954	0,851	0,756	0,624	0,264	0,086
	9	1,000	1,000	1,000	1,000	1,000	1,000	0,999	0,994	0,972	0,944	0,893	0,651	0,401
	10	1,000	1,000	1,000	1,000	1,000	1,000	1,000	1,000	1,000	1,000	1,000	1,000	1,000
11	0	0,569	0,314	0,086	0,042	0,020	0,004	0,000	0,000	0,000	0,000	0,000	0,000	0,000
	1	0,898	0,697	0,322	0,197	0,113	0,030	0,006	0,001	0,000	0,000	0,000	0,000	0,000
	2	0,985	0,910	0,617	0,455	0,313	0,119	0,033	0,006	0,001	0,000	0,000	0,000	0,000
	3	0,998	0,981	0,839	0,713	0,570	0,296	0,113	0,029	0,004	0,001	0,000	0,000	0,000
	4	1,000	0,997	0,950	0,885	0,790	0,533	0,274	0,099	0,022	0,008	0,002	0,000	0,000
	5	1,000	1,000	0,988	0,966	0,922	0,753	0,500	0,247	0,078	0,034	0,012	0,000	0,000
	6	1,000	1,000	0,998	0,992	0,978	0,901	0,726	0,467	0,210	0,115	0,050	0,003	0,000
	7	1,000	1,000	1,000	0,999	0,996	0,971	0,887	0,704	0,430	0,287	0,161	0,019	0,002
	8	1,000	1,000	1,000	1,000	0,999	0,994	0,967	0,881	0,687	0,545	0,383	0,090	0,015
	9	1,000	1,000	1,000	1,000	1,000	0,999	0,994	0,970	0,887	0,803	0,678	0,303	0,102
	10	1,000	1,000	1,000	1,000	1,000	1,000	1,000	0,996	0,980	0,958	0,914	0,686	0,431
	11	1,000	1,000	1,000	1,000	1,000	1,000	1,000	1,000	1,000	1,000	1,000	1,000	1,000

TABELA BINOMIAL CUMULATIVA – PARTE II

12	0	0,540	0,282	0,069	0,032	0,014	0,002	0,000	0,000	0,000	0,000	0,000	0,000	0,000
	1	0,882	0,659	0,275	0,158	0,085	0,020	0,003	0,000	0,000	0,000	0,000	0,000	0,000
	2	0,980	0,889	0,558	0,391	0,253	0,083	0,019	0,003	0,000	0,000	0,000	0,000	0,000
	3	0,998	0,974	0,795	0,649	0,493	0,225	0,073	0,015	0,002	0,000	0,000	0,000	0,000
	4	1,000	0,996	0,927	0,842	0,724	0,438	0,194	0,057	0,009	0,003	0,001	0,000	0,000
	5	1,000	0,999	0,981	0,946	0,882	0,665	0,387	0,158	0,039	0,014	0,004	0,000	0,000
	6	1,000	1,000	0,996	0,986	0,961	0,842	0,613	0,335	0,118	0,054	0,019	0,001	0,000
	7	1,000	1,000	0,999	0,997	0,991	0,943	0,806	0,562	0,276	0,158	0,073	0,004	0,000
	8	1,000	1,000	1,000	1,000	0,998	0,985	0,927	0,775	0,507	0,351	0,205	0,026	0,002
	9	1,000	1,000	1,000	1,000	1,000	0,997	0,981	0,917	0,747	0,609	0,442	0,111	0,020
	10	1,000	1,000	1,000	1,000	1,000	1,000	0,997	0,980	0,915	0,842	0,725	0,341	0,118
	11	1,000	1,000	1,000	1,000	1,000	1,000	1,000	0,998	0,986	0,968	0,931	0,718	0,460
	12	1,000	1,000	1,000	1,000	1,000	1,000	1,000	1,000	1,000	1,000	1,000	1,000	1,000
13	0	0,513	0,254	0,055	0,024	0,010	0,001	0,000	0,000	0,000	0,000	0,000	0,000	0,000
	1	0,865	0,621	0,234	0,127	0,064	0,013	0,002	0,000	0,000	0,000	0,000	0,000	0,000
	2	0,975	0,866	0,502	0,333	0,202	0,058	0,011	0,001	0,000	0,000	0,000	0,000	0,000
	3	0,997	0,966	0,747	0,584	0,421	0,169	0,046	0,008	0,001	0,000	0,000	0,000	0,000
	4	1,000	0,994	0,901	0,794	0,654	0,353	0,133	0,032	0,004	0,001	0,000	0,000	0,000
	5	1,000	0,999	0,970	0,920	0,835	0,574	0,291	0,098	0,018	0,006	0,001	0,000	0,000
	6	1,000	1,000	0,993	0,976	0,938	0,771	0,500	0,229	0,062	0,024	0,007	0,000	0,000
	7	1,000	1,000	0,999	0,994	0,982	0,902	0,709	0,426	0,165	0,080	0,030	0,001	0,000
	8	1,000	1,000	1,000	0,999	0,996	0,968	0,867	0,647	0,346	0,206	0,099	0,006	0,000
	9	1,000	1,000	1,000	1,000	0,999	0,992	0,954	0,831	0,579	0,416	0,253	0,034	0,003
	10	1,000	1,000	1,000	1,000	1,000	0,999	0,989	0,942	0,798	0,667	0,498	0,134	0,025
	11	1,000	1,000	1,000	1,000	1,000	1,000	0,998	0,987	0,936	0,873	0,766	0,379	0,135
	12	1,000	1,000	1,000	1,000	1,000	1,000	1,000	0,999	0,990	0,976	0,945	0,746	0,487
	13	1,000	1,000	1,000	1,000	1,000	1,000	1,000	1,000	1,000	1,000	1,000	1,000	1,000
14	0	0,488	0,229	0,044	0,018	0,007	0,001	0,000	0,000	0,000	0,000	0,000	0,000	0,000
	1	0,847	0,585	0,198	0,101	0,047	0,008	0,001	0,000	0,000	0,000	0,000	0,000	0,000
	2	0,970	0,842	0,448	0,281	0,161	0,040	0,006	0,001	0,000	0,000	0,000	0,000	0,000
	3	0,996	0,956	0,698	0,521	0,355	0,124	0,029	0,004	0,000	0,000	0,000	0,000	0,000
	4	1,000	0,991	0,870	0,742	0,584	0,279	0,090	0,018	0,002	0,000	0,000	0,000	0,000
	5	1,000	0,999	0,956	0,888	0,781	0,486	0,212	0,058	0,008	0,002	0,000	0,000	0,000
	6	1,000	1,000	0,988	0,962	0,907	0,692	0,395	0,150	0,031	0,010	0,002	0,000	0,000
	7	1,000	1,000	0,998	0,990	0,969	0,850	0,605	0,308	0,093	0,038	0,012	0,000	0,000
	8	1,000	1,000	1,000	0,998	0,992	0,942	0,788	0,514	0,219	0,112	0,044	0,001	0,000
	9	1,000	1,000	1,000	1,000	0,998	0,982	0,910	0,721	0,416	0,258	0,130	0,009	0,000
	10	1,000	1,000	1,000	1,000	1,000	0,996	0,971	0,876	0,645	0,479	0,302	0,044	0,004
	11	1,000	1,000	1,000	1,000	1,000	0,999	0,994	0,960	0,839	0,719	0,552	0,158	0,030
	12	1,000	1,000	1,000	1,000	1,000	1,000	0,999	0,992	0,953	0,899	0,802	0,415	0,153
	13	1,000	1,000	1,000	1,000	1,000	1,000	1,000	0,999	0,993	0,982	0,956	0,771	0,512
	14	1,000	1,000	1,000	1,000	1,000	1,000	1,000	1,000	1,000	1,000	1,000	1,000	1,000

APÊNDICE B

TABELA Z – DISTRIBUIÇÃO NORMAL DE GAUSS PADRONIZADA

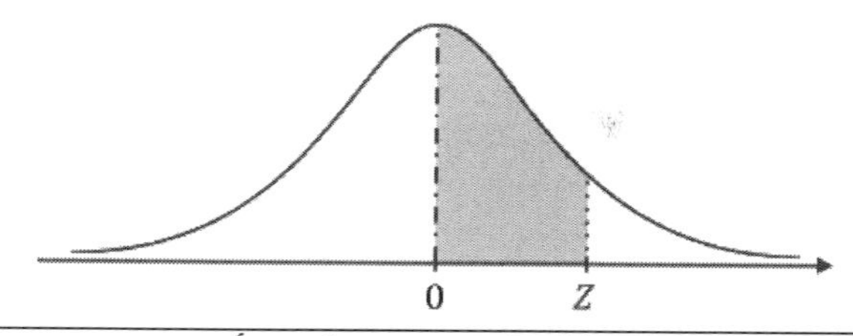

Áreas sob a curva normal padrão										
Z	0,00	0,01	0,02	0,03	0,04	0,05	0,06	0,07	0,08	0,09
0,0	0,0000	0,0040	0,0080	0,0120	0,0160	0,0199	0,0239	0,0279	0,0319	0,0359
0,1	0,0398	0,0438	0,0478	0,0517	0,0557	0,0596	0,0636	0,0675	0,0714	0,0753
0,2	0,0793	0,0832	0,0871	0,0910	0,0948	0,987	0,1026	0,1064	0,1103	0,1141
0,3	0,1179	0,1217	0,1255	0,1293	0,1331	0,1368	0,1406	0,1443	0,1480	0,1517
0,4	0,1554	0,1591	0,1628	0,1664	0,1700	0,1736	0,1772	0,1808	0,1844	0,1879
0,5	0,1915	0,1950	0,1985	0,2019	0,2054	0,2088	0,2123	0,2157	0,2190	0,2224
0,6	0,2257	0,2291	0,2324	0,2357	0,2389	0,2422	0,2454	0,2486	0,2517	0,2549
0,7	0,2580	0,2611	0,2642	0,2673	0,2704	0,2734	0,2764	0,2794	0,2823	0,2852
0,8	0,2881	0,2910	0,2939	0,2967	0,2995	0,3023	0,3051	0,3078	0,3106	0,3133
0,9	0,3159	0,3186	0,3212	0,3238	0,3264	0,3289	0,3315	0,3340	0,3365	0,3389
1,0	0,3413	0,3438	0,3461	0,3485	0,3508	0,3531	0,3554	0,3577	0,3599	0,3621
1,1	0,3643	0,3665	0,3686	0,3708	0,3729	0,3749	0,3770	0,3790	0,3810	0,3830
1,2	0,3849	0,3869	0,3888	0,3907	0,3925	0,3944	0,3962	0,3980	0,3997	0,4015
1,3	0,4032	0,4049	0,4066	0,4082	0,4099	0,4115	0,4131	0,4147	0,4162	0,4177
1,4	0,4192	0,4207	0,4222	0,4236	0,4251	0,4265	0,4279	0,4292	0,4306	0,4219
1,5	0,4332	0,4345	0,4357	0,4370	0,4382	0,4394	0,4406	0,4418	0,4429	0,4441
1,6	0,4452	0,4463	0,4474	0,4484	0,4495	0,4505	0,4515	0,4525	0,4535	0,4545
1,7	0,4554	0,4564	0,4573	0,4582	0,4591	0,4599	0,4608	0,4616	0,4625	0,4633
1,8	0,4641	0,4649	0,4656	0,4664	0,4671	0,4678	0,4686	0,4693	0,4699	0,4706
1,9	0,4713	0,4719	0,4726	0,4732	0,4738	0,4744	0,4750	0,4756	0,4761	0,4767
2,0	0,4772	0,4778	0,4783	0,4788	0,4793	0,4798	0,4803	0,4808	0,4812	0,4817
2,1	0,4821	0,4826	0,4830	0,4834	0,4838	0,4842	0,4846	0,4850	0,4854	0,4857
2,2	0,4861	0,4864	0,4868	0,4871	0,4875	0,4878	0,4881	0,4884	0,4887	0,4890
2,3	0,4893	0,4896	0,4898	0,4901	0,4904	0,4906	0,4909	0,4911	0,4913	0,4916
2,4	0,4918	0,4920	0,4922	0,4925	0,4927	0,4929	0,4931	0,4932	0,4934	0,4946
2,5	0,4938	0,4940	0,4941	0,4943	0,4945	0,4946	0,4948	0,4949	0,4951	0,4952
2,6	0,4953	0,4955	0,4956	0,4957	0,4959	0,4960	0,4961	0,4962	0,4963	0,4964
2,7	0,4965	0,4966	0,4967	0,4968	0,4969	0,4970	0,4971	0,4972	0,4973	0,4974
2,8	0,4974	0,4975	0,4976	0,4977	0,4977	0,4978	0,4979	0,4979	0,4980	0,4981
2,9	0,4981	0,4982	0,4982	0,4983	0,4984	0,4984	0,4985	0,4985	0,4986	0,4986
3,0	0,4987	0,4987	0,4987	0,4988	0,4988	0,4989	0,4989	0,4989	0,4990	0,4990
3,1	0,4990	0,4991	0,4991	0,4991	0,4992	0,4992	0,4992	0,4992	0,4993	0,4993
3,2	0,4993	0,4993	0,4994	0,4994	0,4994	0,4994	0,4994	0,4995	0,4995	0,4995
3,3	0,4995	0,4995	0,4995	0,4996	0,4996	0,4996	0,4996	0,4996	0,4996	0,4997
3,4	0,4997	0,4997	0,4997	0,4997	0,4997	0,4997	0,4997	0,4997	0,4997	0,4998
3,5	0,4998	0,4998	0,4999	0,4999	0,4999	0,4999	0,4999	0,4999	0,4999	0,4999
3,9	0,5000									

Ut in Omnibus Glorificetur Deus (1 Pd 4:11)

1ª. edição:	Julho de 2024
Tiragem:	300 exemplares
Formato:	17x24 cm
Mancha:	13,3 x 21,3 cm
Tipografia:	Libertinus Serif 11
	Libertinus Sans 11
	Open Sans 24
Impressão:	Offset 90 g/m²
Gráfica:	Prime Graph